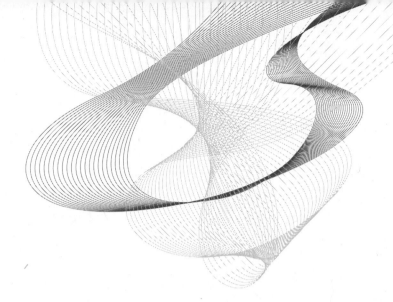

OpenCV算法精解

基于Python与C++

张平◎编著

电子工业出版社
Publishing House of Electronics Industry
北京·BEIJING

内容简介

本书是以 OpenCV 为工具学习数字图像处理的入门书。内容由浅入深，每一章都采用阐述基本概念、数学原理、C++ 实现、Python 实现相结合的方法，使初学者循序渐进地掌握数字图像处理技术。本书既注重基本的概念理论及数学原理，也注重其代码实现及实际应用，力求帮助读者全面系统地掌握图像算法的基本技术，同时为掌握 OpenCV 打下良好的基础。

本书适合入门图像处理和计算机视觉领域的初学者阅读，要求读者具备一定的 C++ 或 Python 编程基础。

未经许可，不得以任何方式复制或抄袭本书之部分或全部内容。
版权所有，侵权必究。

图书在版编目（CIP）数据

OpenCV 算法精解：基于 Python 与 C++ / 张平编著.—北京：电子工业出版社，2017.10
ISBN 978-7-121-32495-6

I. ①O… II. ①张… III. ①图象处理软件－程序设计 IV. ①TP391.41

中国版本图书馆 CIP 数据核字（2017）第 197102 号

策划编辑：郑柳洁
责任编辑：葛　娜
印　　刷：三河市鑫金马印装有限公司
装　　订：三河市鑫金马印装有限公司
出版发行：电子工业出版社
　　　　　北京市海淀区万寿路 173 信箱　　邮编：100036
开　　本：787×980　1/16　印张：26.25　字数：571 千字
版　　次：2017 年 10 月第 1 版
印　　次：2018 年 12 月第 6 次印刷
定　　价：79.00 元

凡所购买电子工业出版社图书有缺损问题，请向购买书店调换。若书店售缺，请与本社发行部联系，联系及邮购电话：（010）88254888，88258888。
质量投诉请发邮件至 zlts@phei.com.cn，盗版侵权举报请发邮件至 dbqq@phei.com.cn。
本书咨询联系方式：（010）51260888-819　faq@phei.com.cn。

前言

数字图像处理,即用计算机对图像进行处理。初期,图像数字化的设备是非常昂贵和复杂的,随着互联网、人工智能、智能硬件等技术的迅猛发展,硬件成本越来越便宜,使得在我们生活中产生了大量的图像和视频,与此同时,计算机视觉技术在人类生活中起到的作用也越来越大,其在商业、工业、医学等领域有着广泛的应用。

如今,连市场上很低价位的智能手机都可以配置一组高分辨率的摄像头,安卓和苹果手机应用市场中出现了大量基于图像处理的 App,比如 Rookie Cam、VSCO、Snapseed 等,这些 App 内均有大量图像处理方法,如图像的裁剪、缩放、旋转、美颜、饱和度和亮度的调整及其各种滤镜方法等,通常可以满足人们日常生活中拍照娱乐的需求。比如淘宝中的"拍立淘"功能,可以用它拍下我们喜欢的物品,然后会自动检索出与其匹配的商品。还有比如基于人脸识别的手机支付、考勤系统等,基于字符识别的智能停车系统等,可见数字图像处理已经慢慢地和我们的生活、娱乐息息相关。

本书整体架构及特色

OpenCV 作为一款开源的计算机视觉开发工具包,在计算机视觉领域扮演着非常重要的角色,它在提供源码的同时,给出了非常完整的 OpenCV 函数手册及其示例手册,这两个文档也是学习 OpenCV 的第一手和最重要的资料。这些优势使得数千名研究人员在视觉领域能够获得更高的生产力,并帮助学生和专业人员快速开发和研究有关的机器视觉项目,而我也是其中的众多受益者之一。

本书大体按照经典教材冈萨雷斯的《数字图像处理(第三版)》和 OpenCV 使用手册(主要是 improc 模块)的知识脉络,并在此基础上加入了某些具体方向的最新方法,试图帮助初学者更加快速、系统地掌握基本的数字图像处理技术的数学原理,以及如何将抽象的数学原理转换为代码实现的方法。然后详细介绍了 OpenCV 实现对应的函数,并分别给出了 C++ 接口和 Python 接口的使用方法,以及 OpenCV 2.X 和 OpenCV 3.X 的区别。

本书面向的读者

本书中图像算法的数学原理部分适合数字图像处理的初学者，示例的 C++ 部分适合具备 C++ 编程基础的读者，示例的 Python 部分适合具备 Python 编程基础的读者，同时对于使用 OpenCV 2.X 版本的读者，书中介绍了 OpenCV 3.X 版本的新特性，这样可以快速过渡到 3.X 版本。

致谢

特别感谢电子工业出版社博文视点的编辑郑柳洁老师，在写这本书的过程中，她不厌其烦地解答我遇到的各种各样的问题，真心感谢她一直以来的支持和肯定。

感谢 CSDN 的白羽中帮助我联系到了博文视点的杨中兴和郑柳洁老师，没有您的帮助，将无法促成这本书的出版。

感谢我的朋友戴传军和张莹莹给这本书提出了宝贵的建议，以及帮助我完成了书中一些非常重要的图表。

感谢我的父母、姐姐一直以来对我生活和工作的支持。

感谢 OpenCV 开源库的所有贡献者。

限于篇幅，加之作者水平有限，疏漏和错误在所难免，恳请读者批评、指正。如果您发现了错误或者有好的建议，请发邮件至 wxcdzhangping@126.com，将不胜感激。

目录

1 OpenCV 入门 1
   1.1 初识 OpenCV 1
      1.1.1 OpenCV 的模块简介 1
      1.1.2 OpenCV 2.4.13 与 3.2 版本的区别 2
   1.2 部署 OpenCV 3
      1.2.1 在 Visual Studio 2015 中配置 OpenCV 3
      1.2.2 OpenCV 2.X C++ API 的第一个示例 10
      1.2.3 OpenCV 3.X C++ API 的第一个示例 12
      1.2.4 在 Anaconda 2 中配置 OpenCV 13
      1.2.5 OpenCV 2.X Python API 的第一个示例 15
      1.2.6 OpenCV 3.X Python API 的第一个示例 16

2 图像数字化 17
   2.1 认识 Numpy 中的 ndarray 17
      2.1.1 构造 ndarray 对象 17
      2.1.2 访问 ndarray 中的值 19
   2.2 认识 OpenCV 中的 Mat 类 21
      2.2.1 初识 Mat 21
      2.2.2 构造单通道 Mat 对象 21
      2.2.3 获得单通道 Mat 的基本信息 23
      2.2.4 访问单通道 Mat 对象中的值 24
      2.2.5 向量类 Vec 29
      2.2.6 构造多通道 Mat 对象 30
      2.2.7 访问多通道 Mat 对象中的值 30
      2.2.8 获得 Mat 中某一区域的值 35
   2.3 矩阵的运算 38

目录

- 2.3.1 加法运算 38
- 2.3.2 减法运算 41
- 2.3.3 点乘运算 42
- 2.3.4 点除运算 44
- 2.3.5 乘法运算 45
- 2.3.6 其他运算 49
- 2.4 灰度图像数字化 50
  - 2.4.1 概述 50
  - 2.4.2 将灰度图像转换为 Mat 51
  - 2.4.3 将灰度图转换为 ndarray 53
- 2.5 彩色图像数字化 53
  - 2.5.1 将 RGB 彩色图像转换为多通道 Mat 54
  - 2.5.2 将 RGB 彩色图转换为二维的 ndarray 55
- 2.6 参考文献 56

3 几何变换 57

- 3.1 仿射变换 57
  - 3.1.1 平移 58
  - 3.1.2 放大和缩小 59
  - 3.1.3 旋转 60
  - 3.1.4 计算仿射矩阵 62
  - 3.1.5 插值算法 65
  - 3.1.6 Python 实现 69
  - 3.1.7 C++ 实现 71
  - 3.1.8 旋转函数 rotate（OpenCV3.X 新特性） 72
- 3.2 投影变换 74
  - 3.2.1 原理详解 74
  - 3.2.2 Python 实现 76
  - 3.2.3 C++ 实现 77
- 3.3 极坐标变换 80
  - 3.3.1 原理详解 80
  - 3.3.2 Python 实现 84
  - 3.3.3 C++ 实现 87

目录

  3.3.4 线性极坐标函数 linearPolar（OpenCV 3.X 新特性）............91
  3.3.5 对数极坐标函数 logPolar（OpenCV 3.X 新特性）............93
 3.4 参考文献............95

4 对比度增强 96

 4.1 灰度直方图............96
  4.1.1 什么是灰度直方图............96
  4.1.2 Python 及 C++ 实现............97
 4.2 线性变换............100
  4.2.1 原理详解............100
  4.2.2 Python 实现............101
  4.2.3 C++ 实现............103
 4.3 直方图正规化............105
  4.3.1 原理详解............105
  4.3.2 Python 实现............105
  4.3.3 C++ 实现............106
  4.3.4 正规化函数 normalize............108
 4.4 伽马变换............111
  4.4.1 原理详解............111
  4.4.2 Python 实现............112
  4.4.3 C++ 实现............113
 4.5 全局直方图均衡化............114
  4.5.1 原理详解............114
  4.5.2 Python 实现............115
  4.5.3 C++ 实现............117
 4.6 限制对比度的自适应直方图均衡化............118
  4.6.1 原理详解............118
  4.6.2 代码实现............119
 4.7 参考文献............121

5 图像平滑 122

 5.1 二维离散卷积............122
  5.1.1 卷积定义及矩阵形式............122
  5.1.2 可分离卷积核............134

目录

5.1.3 离散卷积的性质ㆍㆍㆍㆍㆍㆍㆍㆍㆍㆍㆍㆍㆍㆍㆍㆍㆍㆍㆍㆍㆍㆍㆍㆍㆍㆍㆍㆍㆍㆍ 135

5.2 高斯平滑ㆍㆍㆍㆍㆍㆍㆍㆍㆍㆍㆍㆍㆍㆍㆍㆍㆍㆍㆍㆍㆍㆍㆍㆍㆍㆍㆍㆍㆍㆍㆍㆍㆍㆍㆍㆍㆍㆍ 140
- 5.2.1 高斯卷积核的构建及分离性ㆍㆍㆍㆍㆍㆍㆍㆍㆍㆍㆍㆍㆍㆍㆍㆍㆍㆍㆍ 140
- 5.2.2 高斯卷积核的二项式近似ㆍㆍㆍㆍㆍㆍㆍㆍㆍㆍㆍㆍㆍㆍㆍㆍㆍㆍㆍㆍ 142
- 5.2.3 Python 实现ㆍㆍㆍㆍㆍㆍㆍㆍㆍㆍㆍㆍㆍㆍㆍㆍㆍㆍㆍㆍㆍㆍㆍㆍㆍㆍㆍㆍ 144
- 5.2.4 C++ 实现ㆍㆍㆍㆍㆍㆍㆍㆍㆍㆍㆍㆍㆍㆍㆍㆍㆍㆍㆍㆍㆍㆍㆍㆍㆍㆍㆍㆍㆍ 145

5.3 均值平滑ㆍㆍㆍㆍㆍㆍㆍㆍㆍㆍㆍㆍㆍㆍㆍㆍㆍㆍㆍㆍㆍㆍㆍㆍㆍㆍㆍㆍㆍㆍㆍㆍㆍㆍㆍㆍㆍㆍ 147
- 5.3.1 均值卷积核的构建及分离性ㆍㆍㆍㆍㆍㆍㆍㆍㆍㆍㆍㆍㆍㆍㆍㆍㆍㆍㆍ 147
- 5.3.2 快速均值平滑ㆍㆍㆍㆍㆍㆍㆍㆍㆍㆍㆍㆍㆍㆍㆍㆍㆍㆍㆍㆍㆍㆍㆍㆍㆍㆍㆍ 147
- 5.3.3 Python 实现ㆍㆍㆍㆍㆍㆍㆍㆍㆍㆍㆍㆍㆍㆍㆍㆍㆍㆍㆍㆍㆍㆍㆍㆍㆍㆍㆍㆍ 149
- 5.3.4 C++ 实现ㆍㆍㆍㆍㆍㆍㆍㆍㆍㆍㆍㆍㆍㆍㆍㆍㆍㆍㆍㆍㆍㆍㆍㆍㆍㆍㆍㆍㆍ 151

5.4 中值平滑ㆍㆍㆍㆍㆍㆍㆍㆍㆍㆍㆍㆍㆍㆍㆍㆍㆍㆍㆍㆍㆍㆍㆍㆍㆍㆍㆍㆍㆍㆍㆍㆍㆍㆍㆍㆍㆍㆍ 154
- 5.4.1 原理详解ㆍㆍㆍㆍㆍㆍㆍㆍㆍㆍㆍㆍㆍㆍㆍㆍㆍㆍㆍㆍㆍㆍㆍㆍㆍㆍㆍㆍㆍㆍㆍ 154
- 5.4.2 Python 实现ㆍㆍㆍㆍㆍㆍㆍㆍㆍㆍㆍㆍㆍㆍㆍㆍㆍㆍㆍㆍㆍㆍㆍㆍㆍㆍㆍㆍ 155
- 5.4.3 C++ 实现ㆍㆍㆍㆍㆍㆍㆍㆍㆍㆍㆍㆍㆍㆍㆍㆍㆍㆍㆍㆍㆍㆍㆍㆍㆍㆍㆍㆍㆍ 157

5.5 双边滤波ㆍㆍㆍㆍㆍㆍㆍㆍㆍㆍㆍㆍㆍㆍㆍㆍㆍㆍㆍㆍㆍㆍㆍㆍㆍㆍㆍㆍㆍㆍㆍㆍㆍㆍㆍㆍㆍㆍ 161
- 5.5.1 原理详解ㆍㆍㆍㆍㆍㆍㆍㆍㆍㆍㆍㆍㆍㆍㆍㆍㆍㆍㆍㆍㆍㆍㆍㆍㆍㆍㆍㆍㆍㆍㆍ 161
- 5.5.2 Python 实现ㆍㆍㆍㆍㆍㆍㆍㆍㆍㆍㆍㆍㆍㆍㆍㆍㆍㆍㆍㆍㆍㆍㆍㆍㆍㆍㆍㆍ 162
- 5.5.3 C++ 实现ㆍㆍㆍㆍㆍㆍㆍㆍㆍㆍㆍㆍㆍㆍㆍㆍㆍㆍㆍㆍㆍㆍㆍㆍㆍㆍㆍㆍㆍ 164

5.6 联合双边滤波ㆍㆍㆍㆍㆍㆍㆍㆍㆍㆍㆍㆍㆍㆍㆍㆍㆍㆍㆍㆍㆍㆍㆍㆍㆍㆍㆍㆍㆍㆍㆍㆍㆍㆍㆍ 168
- 5.6.1 原理详解ㆍㆍㆍㆍㆍㆍㆍㆍㆍㆍㆍㆍㆍㆍㆍㆍㆍㆍㆍㆍㆍㆍㆍㆍㆍㆍㆍㆍㆍㆍㆍ 168
- 5.6.2 Python 实现ㆍㆍㆍㆍㆍㆍㆍㆍㆍㆍㆍㆍㆍㆍㆍㆍㆍㆍㆍㆍㆍㆍㆍㆍㆍㆍㆍㆍ 168
- 5.6.3 C++ 实现ㆍㆍㆍㆍㆍㆍㆍㆍㆍㆍㆍㆍㆍㆍㆍㆍㆍㆍㆍㆍㆍㆍㆍㆍㆍㆍㆍㆍㆍ 170

5.7 导向滤波ㆍㆍㆍㆍㆍㆍㆍㆍㆍㆍㆍㆍㆍㆍㆍㆍㆍㆍㆍㆍㆍㆍㆍㆍㆍㆍㆍㆍㆍㆍㆍㆍㆍㆍㆍㆍㆍㆍ 173
- 5.7.1 原理详解ㆍㆍㆍㆍㆍㆍㆍㆍㆍㆍㆍㆍㆍㆍㆍㆍㆍㆍㆍㆍㆍㆍㆍㆍㆍㆍㆍㆍㆍㆍㆍ 173
- 5.7.2 Python 实现ㆍㆍㆍㆍㆍㆍㆍㆍㆍㆍㆍㆍㆍㆍㆍㆍㆍㆍㆍㆍㆍㆍㆍㆍㆍㆍㆍㆍ 174
- 5.7.3 快速导向滤波ㆍㆍㆍㆍㆍㆍㆍㆍㆍㆍㆍㆍㆍㆍㆍㆍㆍㆍㆍㆍㆍㆍㆍㆍㆍㆍㆍ 176
- 5.7.4 C++ 实现ㆍㆍㆍㆍㆍㆍㆍㆍㆍㆍㆍㆍㆍㆍㆍㆍㆍㆍㆍㆍㆍㆍㆍㆍㆍㆍㆍㆍㆍ 177

5.8 参考文献ㆍㆍㆍㆍㆍㆍㆍㆍㆍㆍㆍㆍㆍㆍㆍㆍㆍㆍㆍㆍㆍㆍㆍㆍㆍㆍㆍㆍㆍㆍㆍㆍㆍㆍㆍㆍㆍㆍ 179

6 阈值分割 181
6.1 方法概述ㆍㆍㆍㆍㆍㆍㆍㆍㆍㆍㆍㆍㆍㆍㆍㆍㆍㆍㆍㆍㆍㆍㆍㆍㆍㆍㆍㆍㆍㆍㆍㆍㆍㆍㆍㆍㆍㆍ 182
- 6.1.1 全局阈值分割ㆍㆍㆍㆍㆍㆍㆍㆍㆍㆍㆍㆍㆍㆍㆍㆍㆍㆍㆍㆍㆍㆍㆍㆍㆍㆍㆍ 182

	6.1.2	阈值函数 threshold（OpenCV3.X 新特性）	183

- 6.1.2 阈值函数 threshold（OpenCV3.X 新特性） ... 183
- 6.1.3 局部阈值分割 ... 186
- 6.2 直方图技术法 ... 187
  - 6.2.1 原理详解 ... 187
  - 6.2.2 Python 实现 ... 188
  - 6.2.3 C++ 实现 ... 190
- 6.3 熵算法 ... 191
  - 6.3.1 原理详解 ... 191
  - 6.3.2 代码实现 ... 193
- 6.4 Otsu 阈值处理 ... 195
  - 6.4.1 原理详解 ... 195
  - 6.4.2 Python 实现 ... 196
  - 6.4.3 C++ 实现 ... 197
- 6.5 自适应阈值 ... 199
  - 6.5.1 原理详解 ... 200
  - 6.5.2 Python 实现 ... 200
  - 6.5.3 C++ 实现 ... 201
- 6.6 二值图的逻辑运算 ... 203
  - 6.6.1 "与"和"或"运算 ... 203
  - 6.6.2 Python 实现 ... 204
  - 6.6.3 C++ 实现 ... 204
- 6.7 参考文献 ... 206

7 形态学处理 207

- 7.1 腐蚀 ... 207
  - 7.1.1 原理详解 ... 207
  - 7.1.2 实现代码及效果 ... 208
- 7.2 膨胀 ... 212
  - 7.2.1 原理详解 ... 212
  - 7.2.2 Python 实现 ... 213
  - 7.2.3 C++ 实现 ... 214
- 7.3 开运算和闭运算 ... 216
  - 7.3.1 原理详解 ... 216

　　　　7.3.2　Python 实现 216
　7.4　其他形态学处理操作 219
　　　　7.4.1　顶帽变换和底帽变换 219
　　　　7.4.2　形态学梯度 220
　　　　7.4.3　C++ 实现 220

8　边缘检测　223
　8.1　Roberts 算子 224
　　　　8.1.1　原理详解 224
　　　　8.1.2　Python 实现 225
　　　　8.1.3　C++ 实现 227
　8.2　Prewitt 边缘检测 229
　　　　8.2.1　Prewitt 算子及分离性 229
　　　　8.2.2　Python 实现 230
　　　　8.2.3　C++ 实现 232
　8.3　Sobel 边缘检测 234
　　　　8.3.1　Sobel 算子及分离性 234
　　　　8.3.2　构建高阶的 Sobel 算子 234
　　　　8.3.3　Python 实现 235
　　　　8.3.4　C++ 实现 239
　8.4　Scharr 算子 242
　　　　8.4.1　原理详解 242
　　　　8.4.2　Python 实现 242
　　　　8.4.3　C++ 实现 243
　8.5　Kirsch 算子和 Robinson 算子 244
　　　　8.5.1　原理详解 244
　　　　8.5.2　代码实现及效果 245
　8.6　Canny 边缘检测 248
　　　　8.6.1　原理详解 248
　　　　8.6.2　Python 实现 257
　　　　8.6.3　C++ 实现 262
　8.7　Laplacian 算子 268
　　　　8.7.1　原理详解 268

8.7.2 Python 实现 269
   8.7.3 C++ 实现 270
 8.8 高斯拉普拉斯（LoG）边缘检测 272
   8.8.1 原理详解 272
   8.8.2 Python 实现 273
   8.8.3 C++ 实现 275
 8.9 高斯差分（DoG）边缘检测 278
   8.9.1 高斯拉普拉斯与高斯差分的关系 278
   8.9.2 Python 实现 279
   8.9.3 C++ 实现 281
 8.10 Marr-Hildreth 边缘检测 283
   8.10.1 算法步骤详解 283
   8.10.2 Pyton 实现 284
   8.10.3 C++ 实现 288
 8.11 参考文献 292

9 几何形状的检测和拟合 293
 9.1 点集的最小外包 293
   9.1.1 最小外包旋转矩形 294
   9.1.2 旋转矩形的 4 个顶点（OpenCV 3.X 新特性） 296
   9.1.3 最小外包圆 298
   9.1.4 最小外包直立矩形（OpenCV 3.X 新特性） 299
   9.1.5 最小凸包 302
   9.1.6 最小外包三角形（OpenCV 3.X 新特性） 305
 9.2 霍夫直线检测 306
   9.2.1 原理详解 306
   9.2.2 Python 实现 311
   9.2.3 C++ 实现 316
 9.3 霍夫圆检测 320
   9.3.1 标准霍夫圆检测 320
   9.3.2 Python 实现 322
   9.3.3 基于梯度的霍夫圆检测 324
   9.3.4 基于梯度的霍夫圆检测函数 HoughCircles 326

9.4 轮廓 329
   9.4.1 查找、绘制轮廓 329
   9.4.2 外包、拟合轮廓 332
   9.4.3 轮廓的周长和面积 336
   9.4.4 点和轮廓的位置关系 339
   9.4.5 轮廓的凸包缺陷 342
9.5 参考文献 345

10 傅里叶变换   346

10.1 二维离散的傅里叶（逆）变换 346
   10.1.1 数学理解篇 346
   10.1.2 快速傅里叶变换 351
   10.1.3 C++ 实现 351
   10.1.4 Python 实现 353

10.2 傅里叶幅度谱与相位谱 354
   10.2.1 基础知识 354
   10.2.2 Python 实现 355
   10.2.3 C++ 实现 358

10.3 谱残差显著性检测 361
   10.3.1 原理详解 361
   10.3.2 Python 实现 362
   10.3.3 C++ 实现 363

10.4 卷积与傅里叶变换的关系 365
   10.4.1 卷积定理 365
   10.4.2 Python 实现 366

10.5 通过快速傅里叶变换计算卷积 369
   10.5.1 步骤详解 369
   10.5.2 Python 实现 370
   10.5.3 C++ 实现 371

10.6 参考文献 372

11 频率域滤波   373

11.1 概述及原理详解 373
11.2 低通滤波和高通滤波 376

- 11.2.1 三种常用的低通滤波器 376
- 11.2.2 低通滤波的 C++ 实现 379
- 11.2.3 低通滤波的 Python 实现 383
- 11.2.4 三种常用的高通滤波器 386
- 11.3 带通和带阻滤波 388
  - 11.3.1 三种常用的带通滤波器 388
  - 11.3.2 三种常用的带阻滤波器 389
- 11.4 自定义滤波器 391
  - 11.4.1 原理详解 391
  - 11.4.2 C++ 实现 391
- 11.5 同态滤波 396
  - 11.5.1 原理详解 396
  - 11.5.2 Python 实现 396
- 11.6 参考文献 398

12 色彩空间   399

- 12.1 常见的色彩空间 399
  - 12.1.1 RGB 色彩空间 399
  - 12.1.2 HSV 色彩空间 399
  - 12.1.3 HLS 色彩空间 400
- 12.2 调整彩色图像的饱和度和亮度 400
  - 12.2.1 Python 实现 401
  - 12.2.2 C++ 实现 402

第 1 章　OpenCV 入门

1.1　初识 OpenCV

OpenCV（Open Source Computer Vision Library）是开源的计算机视觉和机器学习库，提供了 C++、C、Python、Java 接口，并支持 Windows、Linux、Android、Mac OS 平台。OpenCV 自 1999 年问世以来，就已经成为计算机视觉领域学者和开发人员的首选工具。OpenCV 最初是由 Intel 的小组进行开发的，在发布了一系列 Beta 版本后，1.0 版本终于在 2006 年面市，2009 年发布了重要的版本 OpenCV 2.X，现在已经是 2.4.13 版本；从 2014 年开始，在继续更新 OpenCV 2.X 版本的同时，发布了 OpenCV 3.X 版本，现在已经更新到 3.2 版本。因为这两个版本均在继续更新，所以本书在介绍图像算法的基础上，会说明两者的不同之处，所有代码使用的都是最新的 OpenCV 2.4.13 和 3.2 版本。

1.1.1　OpenCV 的模块简介

这里以在 Windows 下 OpenCV 2.4.13 版本为例，介绍整个 OpenCV 开发包的构成。解压缩所下载的 OpenCV 压缩包会有两个文件夹，分别为"build"和"sources"。

从文件夹名称就可以看出，"sources"是用来存放源码的，在其子文件夹"modules"下列出了 OpenCV 实现的各个模块，其中 core、highgui 和 imgproc 是最基础的模块，也是依次学习 OpenCV 的起点。core 模块实现了最核心的数据结构及其基本运算；highgui 模块实现了图像的读取、显示、存储等 UI 接口；imgproc 模块实现了图像处理的基础方法，包括图像的几何变换、平滑、阈值分割、形态学处理、边缘检测、频率域处理等。本书主要以这三个模块为基础，重点介绍图像处理基础方法的数学原理。对于图像处理其他更高层次的方向及应用，OpenCV 也有相关的模块实现，包括用于提取图像特征的 features2d 和 nonfree 模块，其中 nonfree 模块实现了一些专利算法，如 sift 特征；objdetect 模块实现了一些目标检测的功能，如经典的基于 Haar、LBP 特征的人脸检测，基于 HOG 的行人、汽车等目标检测；stitching 模块实现了图像拼接功能；ml 模块实现了常见的机器学习算法，如支持向量机、神经网络、随机森林等；video 模块主要是针对视频处理的，如背景建模、运动物体跟踪、前景检测等。可见，OpenCV 几乎涵盖了计算机视觉领域的所有方向。

"build"文件夹存放的是通过源码包编译好的文件。它也是以下部署 OpenCV 用到的主要文件夹，其中子文件夹"doc"下有两个最重要的学习 OpenCV 的文档，即 opencv2refman.pdf（函数手册，介绍了所有函数的声明及参数解释）和 opencv_tutorials.pdf（函数使用实例）；子文件夹"include"存放的是 OpenCV 的头文件；"x64"和"x86"子文件夹存放的是针对 64 位和 32 位 Windows 系统编译好的.dll 和.lib 文件；"python"子文件夹存放的是 OpenCV Python API 的动态模块；"java"子文件夹存放的是 Java API 的 JAR 包。

了解了整个开发包的构成后，下面简要介绍两个版本的主要区别。

1.1.2　OpenCV 2.4.13 与 3.2 版本的区别

OpenCV 3.2 相比 2.4.13 版本做了一些简单的改动，官方网站（http://docs.opencv.org/master/db/dfa/tutorial_transition_guide.html）中列出了两者的主要区别。相比 OpenCV 2.4.13，3.2 版本引入了一些新的算法和特性，其中一些模块已经重写，一些模块重新组织，尽管保留了 2.4.13 版本的算法，可能接口也有些改变。下面简单罗列改动部分，在后面的章节中碰到特定的函数时会具体列举两个版本的不同之处。

- 在 core 模块中增加了关于矩阵翻转的 rotate 函数。
- highgui 模块分为 imgcodecs、videoio 和 highgui 三个新模块，其中 highgui 模块实现了图片的读取和显示等，读取函数 imread 接口有所改变；videoio 模块实现了视频的读取和显示等。
- 在 imgproc 模块中新增了关于图像极坐标变换的两个函数：linearPolar 和 logPolar；新增了关于点集处理的一些函数，如计算旋转矩形四个顶点的 boxPoints 函数、计算点集的最小外包三角形的 minEnclosingTriangle 函数等；重写了阈值分割函数 threshold 及最小外包矩形函数 boundingRect 等。这些新的特性或者新的接口后面会详细介绍。
- 重新组织了 featured 模块，移除了 2.X 版本中具有专利权的 nonfree 模块。

- 重写了 ml（机器学习）模块。
- 在使用 OpenCV 引入头文件时，在 2.X 版本中方法是：#include <opencv2/core/core.hpp>；3.X 版本仍然支持这种方法，同时也可以简单地写为：#include <opencv2/core.hpp>。

1.2 部署 OpenCV

1.2.1 在 Visual Studio 2015 中配置 OpenCV

以下操作过程是以 64 位 Windows 10 系统为例的，32 位系统与之类似。首先，配置系统环境变量。用鼠标右键单击"我的电脑"，从弹出的快捷菜单中选择"属性"选项，然后在"控制面板主页"单击"高级系统设置"选项，进入"系统属性"对话框，如图 1-1 所示。

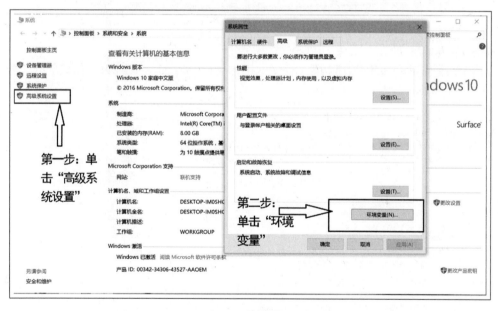

图 1-1 "系统属性"对话框

在"高级"选项卡中单击"环境变量"，进入"环境变量"配置对话框，在"系统变量"中找到 Path 系统变量，然后单击"编辑"按钮。如果是 OpenCV 2.4.13 版本，则将解压缩路径\build\x64\vc12\bin，即动态链接库的路径，添加到 Path 系统变量中；如果是 OpenCV 3.2 版本，则将解压缩路径\build\x64\vc14\bin 添加进去即可；也可以将两个版本的路径都添加进去，不会发生冲突，方便以后对两个版本进行对比学习。配置过程如图 1-2 所示。

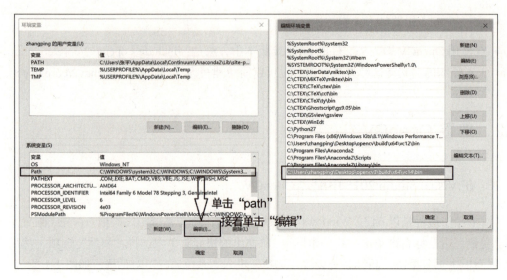

图 1-2 将 bin 目录添加到环境变量 Path 中

配置完成后，重启计算机，使得新配置的环境变量生效。

下面通过 Visual Studio 2015 构建 OpenCV 工程。打开 Visual Studio 2015，依次单击 "File" → "New" → "Project"，如图 1-3 所示。

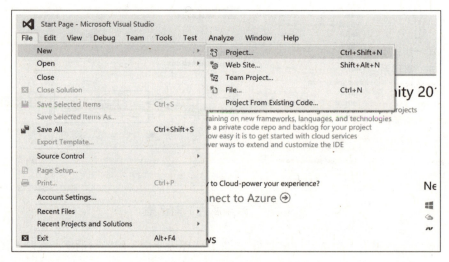

图 1-3 开始创建新的工程

在弹出的 "New Project" 对话框中，填写 "Name"（工程名称）和 "Location"（工程路径），如图 1-4 所示。

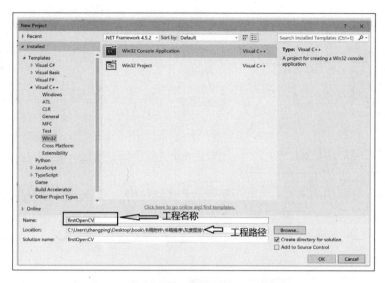

图 1-4 填写工程名称和工程路径

单击"OK"按钮,接着单击两次"Next"按钮,在出现的新对话框中勾选"Empty project"选项,然后单击"Finish"按钮,如图 1-5 所示。

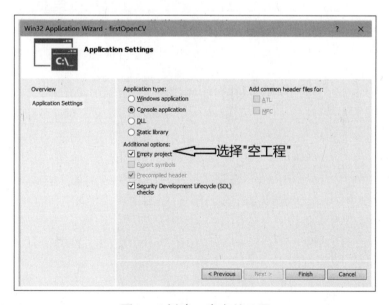

图 1-5 创建一个空的工程

进入 Visual Studio 2015 的界面后，选择模式和系统平台，如图 1-6 所示。

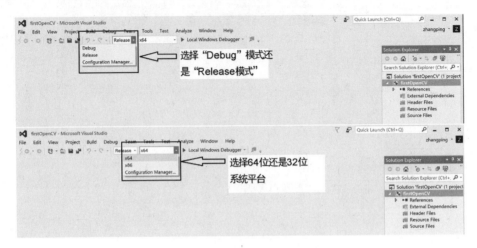

图 1-6　选择模式和系统平台

用鼠标右键单击工程名称，从弹出的快捷菜单中选择"Properties"（属性）选项，如图 1-7 所示。

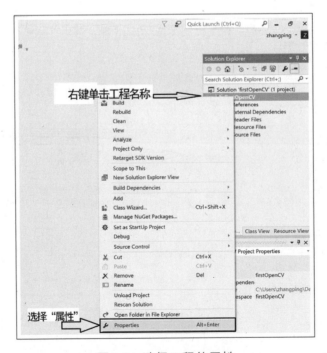

图 1-7　选择工程的属性

在弹出的"Properties"对话框中单击"Configuration Properties"→"VC++ Directories"→

"Include Directories",接着在弹出的"Include Directories"对话框中将 OpenCV 的头文件路径(在 OpenCV 的"build"文件夹下)添加进去,如图 1-8 所示。

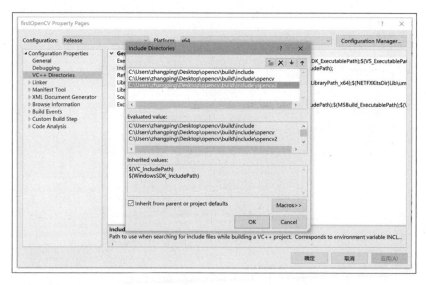

图 1-8　配置 OpenCV 的头文件路径

单击"OK"按钮。接下来,用鼠标右键单击"Library Directories"选项,配置静态链接库的路径,如图 1-9 所示。

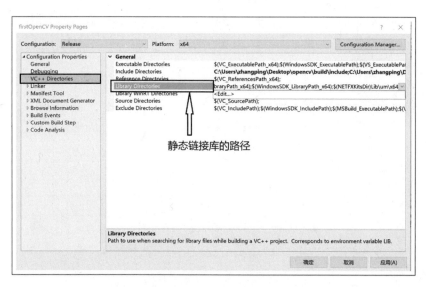

图 1-9　用鼠标右键单击"Library Directories"选项

在弹出的"Library Directories"对话框中,将静态链接库的路径添加进去,其中路径是

OpenCV 的\build\x64 或者 x86 文件夹所在的路径，如果是 64 位系统，则选择 x64；反之，选择 "x86"；注意：OpenCV 3.X 版本并没有 "x86" 这个部分。配置完成后，如图 1-10 所示。

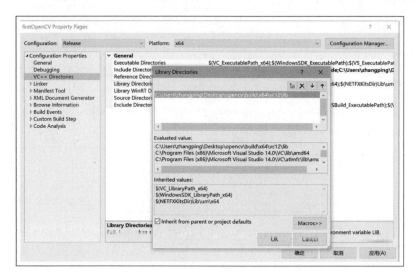

图 1-10　配置静态链接库的路径

单击 "OK" 按钮。至此，OpenCV 的头文件和静态链接库的路径配置完成。接着依次单击 "Linker"（链接器）→ "Input"（输入）→ "Additional Dependencies"（附加依赖项），如图 1-11 所示。

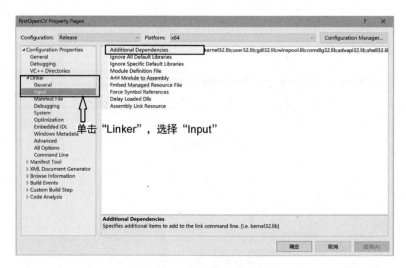

图 1-11　配置附加依赖项

将 OpenCV lib 库的名称添加到图 1-11 所示的 "附加依赖项" 中。如果选择的是 OpenCV 2.X 版本，lib 库文件在\build\x64\vc12\lib 下，从该文件夹下的 .lib 文件名称可以看出，一类是文件名末尾带"d"的 lib 库；另一类是不带"d"的 lib 库。如果选择的是 Release 模式，则添加不带"d"的 lib 库名称，如下所示。

opencv_calib3d2413.lib	opencv_nonfree2413.lib
opencv_contrib2413.lib	opencv_objdetect2413.lib
opencv_core2413.lib	opencv_ocl2413.lib
opencv_features2d2413.lib	opencv_photo2413.lib
opencv_flann2413.lib	opencv_stitching2413.lib
opencv_gpu2413.lib	opencv_superres2413.lib
opencv_highgui2413.lib	opencv_ts2413.lib
opencv_imgproc2413.lib	opencv_video2413.lib
opencv_legacy2413.lib	opencv_videostab2413.lib
opencv_ml2413.lib	

反之，在 Debug 模式下，则添加文件名末尾带"d"的.lib 库名称。而 OpenCV 3.X 版本精简了很多，在文件夹\build\x64\vc14\lib 下只有两个.lib 文件，在 Release 模式下添加 opencv_world320.lib，在 Debug 模式下添加 opencv_world320d.lib 即可，如图 1-12 所示。

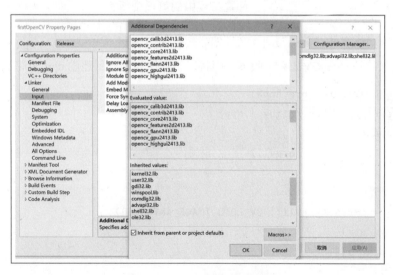

图 1-12 添加附加依赖项

单击"OK"按钮，再单击"确定"按钮。至此，整个工程关于 OpenCV 的配置就完成了。下面创建 OpenCV 的第一个示例。

1.2.2　OpenCV 2.X C++ API 的第一个示例

用鼠标右键单击"Source Files"（源文件），从弹出的快捷菜单中选择"Add"（添加）→"New Item"（新类目），如图 1-13 所示。

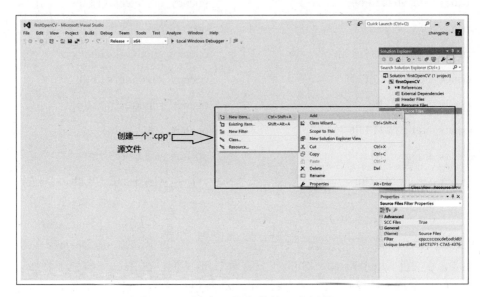

图 1-13　创建工程中的第一个新类目

选择创建.cpp 文件，并填写.cpp 文件的名称，如图 1-14 所示。

如果配置的是 OpenCV 2.4.13 版本，则将以下程序复制到新建的.cpp 文件中。

```cpp
#include<opencv2/core/core.hpp>
#include<opencv2/highgui/highgui.hpp>
using namespace cv;
int main(int argc, char* argv[])
{
    //输入图像
    Mat img = imread(argv[1], CV_LOAD_IMAGE_ANYCOLOR);
    if (!img.data)
        return -1;
    //显示图像
    imshow("原图", img);
    waitKey(0);
}
```

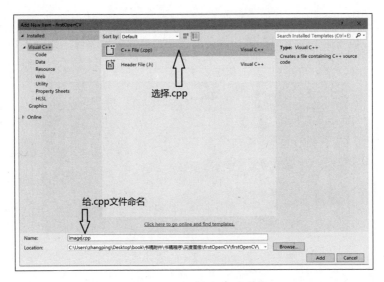

图 1-14　创建.cpp 文件

单击 Visual Studio 2015 菜单栏中的"Build"菜单,编译工程,如图 1-15 所示。

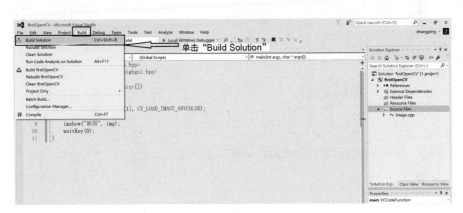

图 1-15　编译工程

编译完成后,在工程目录下会自动创建一个"x64"文件夹,并创建了名称为"release"的子文件夹,在该文件夹下生成了一个与工程名称相同的.exe 文件,如图 1-16 所示。

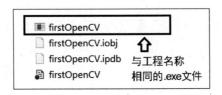

图 1-16　编译结果

如何运行上述.exe 文件？首先打开命令行，然后将.exe 文件拖入命令行中，按下空格键，接着拖入任意一幅图像，按下回车键，就会出现一个窗口显示图像，如图 1-17 所示。

图 1-17　OpenCV 2.X 的显示图像功能

1.2.3　OpenCV 3.X C++ API 的第一个示例

如果在工程中配置的是 OpenCV 3.X 版本，则将以下程序复制到新建的.cpp 文件中。

```cpp
#include<opencv2/core.hpp>
#include<opencv2/highgui.hpp>
using namespace cv;
int main(int argc, char*argv[])
{
    //输入图像
    Mat img = imread(argv[1], IMREAD_ANYCOLOR);
    if (!img.data)
        return -1;
    //显示图像
    imshow("原图", img);
    waitKey(0);
    return 0;
}
```

然后单击"Build"菜单进行编译。编译完成后，其他操作与 OpenCV 2.X 版本的第一个示例相同。实现代码同 OpenCV 2.X 版本，只是在函数 imread 中有些区别，具体的下一章再详细介绍，这里先把环境搭建起来。以上是 OpenCV C++ API 的配置过程，下面介绍如何在 Anaconda 2 中配置 OpenCV，使用它的 Python API。

1.2.4 在 Anaconda 2 中配置 OpenCV

OpenCV 的 Python API 是基于 Python 2.7 的，且依赖于 Numpy。下面使用 Anaconda 2 作为 OpenCV Python API 的开发工具，它集成了很多 Python 科学计算、图像处理等各个方面的第三方库，并组织好了各个库之间的依赖性，安装方便、快捷。首先进入官方网站，根据自己的系统进行相应的下载，注意下载 Python 2.7 版本，如图 1-18 所示。

图 1-18　下载 Anaconda 2

下载完成后进行安装，安装路径最好不要出现中文名称；否则，有时候启动可能会有问题。安装完成后，进入安装目录，这里是 C:\Program Files\Anaconda2，找到名称为"Lib"的文件夹，如图 1-19 所示。

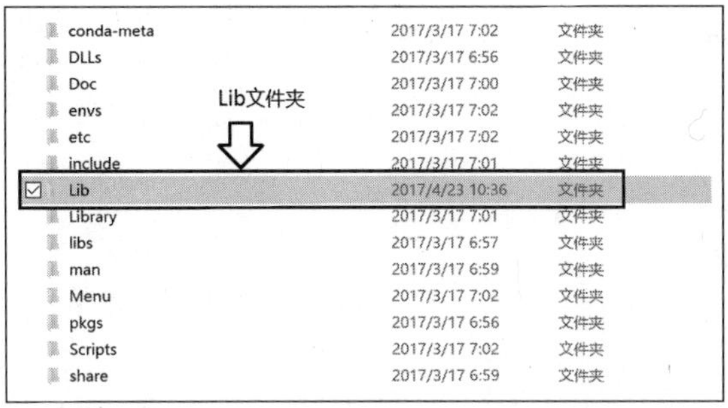

图 1-19　在 Anaconda2 安装目录下找到文件夹"Lib"

在 OpenCV 的\build\python\2.7\x64（如果是 32 位系统，则选择"x86"）文件夹下有一个 cv2.pyd 文件，将该文件复制到 Anaconda2 安装目录下的 Lib 文件夹中，这样 OpenCV 就配置完成了。打开 Spyder 编译器，界面如图 1-20 所示。

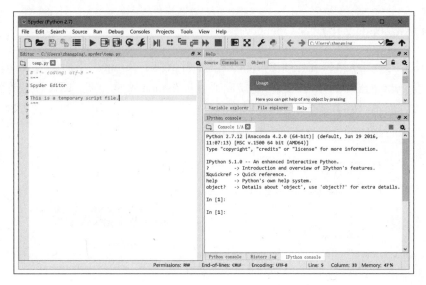

图 1-20 Spyder 界面

在右侧的命令行窗口中输入命令"import cv2",如图 1-21 所示。

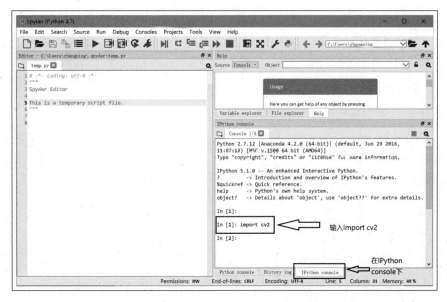

图 1-21 在命令行窗口中输入"import cv2"命令

如果没有报错,则代表部署成功。下面介绍 OpenCV Python API 的第一个示例:输入和显示图像。

1.2.5　OpenCV 2.X Python API 的第一个示例

单击 Spyder 的菜单"File"→"New File",新建一个.py 文件。如果配置的是 OpenCV 2.X 版本,则将以下程序复制到新建的.py 文件中并保存,假设保存为"firstOpenCV2.py"。

```python
# -*- coding: utf-8 -*-
import cv2
import sys
#主函数
if __name__ =="__main__":
    if len(sys.argv) > 1:
        #输入图像
        image = cv2.imread(sys.argv[1],cv2.CV_LOAD_IMAGE_UNCHANGED)
    else:
        print "Usge:python firstOpenCV2.py imageFile"
    #显示图像
    cv2.imshow("image",image)
    cv2.waitKey(0)
    cv2.destroyAllWindows()
```

如何运行这个程序呢?进入保存这个文件的文件夹,按住 Shift 键,然后单击鼠标右键,在出现的对话框中,选择"在此处打开命令行窗口 (W)"选项,然后在打开的命令行窗口中输入"python",接着输入空格,将 firstOpenCV2.py 拖入命令行窗口,接着再拖入任何一幅图像,按下回车键,会出现一个名称为"image"的窗口,显示了拖入命令行的图片,效果如图 1-22 所示。

图 1-22　OpenCV 的第一个 Python API 的程序结果

如何关闭这个窗口呢？在键盘上按下任意键（英文输入法状态下）后，"image"窗口就会被销毁，这是程序最后两行起到的作用。

1.2.6 OpenCV 3.X Python API 的第一个示例

如果配置的是 OpenCV 3.X 版本，则将以下程序复制到新建的.py 文件中。

```
# -*- coding: utf-8 -*-
import cv2
import sys
#主函数
if __name__ =="__main__":
    if len(sys.argv) > 1:
        #输入图像
        image = cv2.imread(sys.argv[1],cv2.IMREAD_ANYCOLOR)
    else:
        print "Usge:python firstOpenCV3.py imageFile"
    #显示图像
    cv2.imshow("image",image)
    cv2.waitKey(0)
    cv2.destroyAllWindows()
```

该示例与 OpenCV C++ API 的第一个示例类似，只是在函数 imread 的第二个参数上有区别。

在成功搭建 OpenCV 开发环境并运行第一个示例后，下一章开始详细介绍 OpenCV C++ API 和 Python API 的核心数据结构及其相关运算。

2 图像数字化

2.1 认识 Numpy 中的 ndarray

OpenCV 的 Python API 是基于 Numpy 的，它是 Python 的一种开源的数值计算扩展，用来存储和处理多维数组，其核心数据结构是 ndarray。下面首先介绍 ndarray 的构造方法及其成员变量和成员函数，有关它和图像数字化的关系也将会慢慢展开讲解。

2.1.1 构造 ndarray 对象

1. 构造二维的 ndarray

首先了解如何构造二维的 ndarray。构造一个二维数组（矩阵），需要知道的最基本信息是它的行数（高）和列数（宽）及其数据类型，如 uint8、int32、float32、float64 等。以构造一个 2 行 4 列全是 0 的 uchar 类型的二维数组为例，代码如下：

```
>>import numpy as np
>>z=np.zeros((2,4),np.uint8)#构造2行4列的矩阵
>>type(z)#打印z的类型
 numpy.ndarray
>>z
array([[0, 0, 0, 0],
       [0, 0, 0, 0]], dtype=uint8)
```

构造一个2行4列全是1的整型矩阵，代码如下：

```
>>o=np.ones((2,4),np.int32)
>>o
array([[1, 1, 1, 1],
       [1, 1, 1, 1]])
```

初始化一个浮点型矩阵，代码如下：

```
>>m=np.array([[4,12,3,1],[10,12,14,29]],np.float32)
>>m
array([[  4.,  12.,   3.,   1.],
       [ 10.,  12.,  14.,  29.]], dtype=float32)
```

了解了构造二维数组的方法后，接下来介绍如何构造更高维的数组。

2. 构造三维的 ndarray

三维数组可以理解成每一个元素都是一个二维数组，以初始化一个 $2×2×4$ 的32位浮点型数组为例，即可以把这个三维数组理解为两个 $2×4$ 的二维数组，示例代码如下：

```
>>import numpy as np
>>m=np.array(
         [
           [[1,2,3,4],[5,6,7,8]],
           [[10,11,12,14],[15,16,17,18]]
         ],np.float32)
print m
```

程序的打印结果为：

```
array([[[  1.,   2.,   3.,   4.],
        [  5.,   6.,   7.,   8.]],
       [[ 10.,  11.,  12.,  14.],
        [ 15.,  16.,  17.,  18.]]], dtype=float32)
```

了解了 ndarray 的构造方法后，接着介绍 ndarray 的成员变量和成员函数，以便获取它的基本信息和数值。

3. ndarray 的成员变量

对于以下二维数组：

```
>>m=np.array([[4,12,3,1],[10,12,14,29]],np.float32)
```

如果想要得到 m 的尺寸，即行数和列数，可以利用成员变量 shape，代码如下：

```
>>m.shape
(2L, 4L)
```

如果想要得到 m 的数据类型，可以利用成员变量 dtype，代码如下：

```
>>m.dtype
dtype('float32')
```

下面接着考虑如何访问 ndarray 中的值。

2.1.2 访问 ndarray 中的值

1. 访问二维 ndarray 中的值

对于访问二维 ndarray 中的值，以以下二维数组为例：

```
>>m=np.array([[14,12,3,1],[10,12,114,29],[67,23,534,2]],np.float32)
```

下面分为四种情况进行讨论。

第一种情况：如何获取第 r 行第 c 列的值（这里的位置索引 r、c 都是从 0 开始计数的），如获得 m 中的第 1 行第 3 列的值，代码如下：

```
>>m[1,3]
29.0
```

第二种情况：如何获取第 r 行所有的值，如获得 m 中第 2 行的值，代码如下：

```
>>m[2,:]
array([ 67.,   23.,   534.,    2.], dtype=float32)
```

第三种情况：如何获取第 c 列所有的值，和第二种情况类似，如获得 m 中第 3 列的值，代码如下：

```
>>m[:,3]
array([ 1., 29., 2.], dtype=float32)
```

第四种情况：如何获取连续矩形区域的值，如获得 m 中从左上角第 0 行第 1 列至右下角第 2 行第 3 列矩形区域的所有值，代码如下：

```
>>m[0:2,1:3]
array([[ 12., 3.],
       [ 12., 114.]], dtype=float32)
```

注意：区间范围是左闭右开的，假如行区间是 0：2，其实是指第 0 行和第 1 行，不包括第 2 行；而 1：3 其实是指第 1 列和第 2 列，不包括第 3 列。

2. **访问三维 ndarray 中的值**

对于访问三维 ndarray 中的值，以下三维数组为例：

```
m=np.array([[[ 1., 2., 3., 4.],
             [ 5., 6., 7., 8.]],
            [[ 10., 11., 12., 14.],
             [ 15., 16., 17., 18.]],
            [[ 11., 12., 43., 32.],
             [ 1., 5., 10., 23.]]], dtype=float32)
```

下面讨论常见的两种情况。

第一种情况：我们已经知道三维的 ndarray 可以看成是由二维的 ndarray 构成的，那么如何获取所有二维数组的第 c 列呢？例如，获取 m 中所有二维数组的第 0 列，代码如下：

```
>>m[:,:,0]
array([[ 1., 5.],
       [ 10., 15.],
       [ 11., 1.]], dtype=float32)
```

从返回结果可以看出，将所有二维数组的第 0 列按每行进行排列得到了新的二维数组。

第二种情况：如何获取三维数组中的第 n 个二维数组呢？例如，获取 m 中的第 0 个二维数组，即第 0 个数组的所有行和所有列，所有用":"表示，代码如下：

```
>>m[0,:,:]
array([[ 1., 2., 3., 4.],
       [ 5., 6., 7., 8.]], dtype=float32)
```

以上介绍的是 OpenCV 的 Python API 最基本的数据结构，接着介绍 C++ API 最基本的数据结构。

2.2 认识 OpenCV 中的 Mat 类

2.2.1 初识 Mat

在 OpenCV 中最核心的类是 Mat，它是 Matrix 的缩写，代表矩阵或者数组的意思，该类的声明在头文件 opencv2\core\core.hpp 中，所以使用 Mat 类时要引入该头文件。构造 Mat 对象相当于构造了一个矩阵（数组），需要四个基本要素：行数（高）、列数（宽）、通道数及其数据类型，所以 Mat 类的构造函数如下：

```
Mat(int rows,int cols,int type)
```

其中，rows 代表矩阵的行数，cols 代表矩阵的列数，type 代表类型，包括通道数及其数据类型，可以设置为 CV_8UC(n)、CV_8SC(n)、CV_16SC(n)、CV_16UC(n)、CV_32SC(n)、CV_32FC(n)、CV_64FC(n)，其中 8U、8S、16S、16U、32S、32F、64F 前面的数字代表 Mat 中每一个数值所占的 bit 数，而 1byte=8bit，所以，32F 就是占 4 字节的 float 类型，64F 是占 8 字节的 doule 类型，32S 是占 4 字节的 int 类型，8U 是占 1 字节的 uchar 类型，其他的类似；C(n) 代表通道数，当 $n = 1$ 时，即构造单通道矩阵或称二维矩阵，当 $n > 1$ 时，即构造多通道矩阵即三维矩阵，直观上就是 n 个二维矩阵组成的三维矩阵。这里所说的单通道矩阵和二维 ndarray 是等价的，而多通道矩阵和三维 ndarray 是等价的。对于 Mat 构造函数也可以采用以下形式：

```
Mat(Size(int cols, int rows), int type)
```

其中使用了 OpenCV 的 Size 类，该类一般用来存储矩阵的列数和行数。需要注意的是，Size 的第一个元素是矩阵的列数（宽），第二个元素是矩阵的行数（高），即先存宽，再存高，与 ndarray 的 shape 相反。

以下介绍如何通过构造函数构造单通道 Mat 对象。

2.2.2 构造单通道 Mat 对象

例如，构造 2 行 3 列 float 类型的单通道矩阵，代码如下：

```cpp
#include<opencv2/core/core.hpp>
using namespace cv;
int main()
{
    //构造2行3列的矩阵
    Mat m = Mat(2,3,CV_32FC(1));
    return 0;
}
```

也可以直接借助 Size 对象,代码如下:

```
Mat m = Mat(Size(3,2),CV_32FC(1));
```

再次强调一下,这样构造的矩阵是 2 行 3 列的,而不是 3 行 2 列的。此外,还可以使用 Mat 中的成员函数 create 完成 Mat 对象的构造,代码如下:

```
Mat m;
m.create(2, 3, CV_32FC1);
//m.create(Size(3,2),CV_32FC1);
```

其中类型 CV_32FC(1) 和 CV_32FC1 的写法都可以。

对于常见的 0 矩阵、1 矩阵有更直接的构造方式,如构造一个 2 行 3 列全是 1 的 float 类型的单通道矩阵,代码如下:

```
Mat o = Mat::ones(2, 3, CV_32FC1);
```

构造一个 2 行 3 列全是 0 的 float 类型的单通道矩阵,代码如下:

```
Mat m = Mat::zeros(Size(3,2), CV_32FC1);
```

也可以通过以下形式初始化小型矩阵,如初始化 2 行 3 列 int 类型的单通道矩阵,代码如下:

```
Mat m = (Mat_<int>(2, 3) << 1, 2, 3, 4, 5, 6);
```

这种方式便于快速创建矩阵,测试一些函数的使用方法。

了解了 Mat 的构造方法后,接着介绍如何获取已知 Mat 对象的基本信息。

2.2.3 获得单通道 Mat 的基本信息

以下面的 3 行 2 列的二维矩阵为例，介绍 Mat 的成员变量和成员函数，以便获得 m 的基本信息。

$$m = \begin{pmatrix} 11 & 12 \\ 33 & 43 \\ 51 & 16 \end{pmatrix}$$

1. 使用成员变量 rows 和 cols 获取矩阵的行数和列数

通过成员变量 rows 和 cols 得到矩阵的行数和列数，代码如下：

```
int main(int argc,char*argv[])
{
    //构造矩阵
    Mat m = (Mat_<int>(3, 2) << 11, 12, 33, 43, 51, 16);
    //矩阵的行数
    cout << "行数:" << m.rows << endl;
    //矩阵的列数
    cout << "列数:" << m.cols << endl;
    return 0
}
```

程序的打印结果为：

```
行数:3
列数:2
```

2. 使用成员函数 size() 获取矩阵的尺寸

除以上可以单独获得 Mat 的行数和列数外，还可以通过成员函数 size() 直接得到矩阵尺寸的 Size 对象，代码如下：

```
Size size=m.size()
cout << "尺寸:" << size << endl;
```

程序的打印结果为：

```
尺寸:[2×3]
```

3. 使用成员函数 channels() 得到矩阵的通道数

通过成员函数 channels() 得到 Mat 的通道数,代码如下:

```
cout <<"通道数:" <<m.channels() << endl;
```

程序的打印结果为:

```
通道数:1
```

4. 成员函数 total()

total() 的返回值是矩阵的行数乘以列数,即面积。注意和通道数无关,返回的不是矩阵中数据的个数,代码如下:

```
cout <<"面积:" <<m.total() << endl;
```

程序的打印结果为:

```
面积:6
```

5. 成员变量 dims

dims 代表矩阵的维数,显然对于单通道矩阵来说就是一个二维矩阵,对于多通道矩阵来说就是一个三维矩阵,代码如下:

```
cout << "维数:" << m.dims<<endl;
```

程序的打印结果为:

```
维数:2
```

以上通过各种成员函数和成员变量得到了 Mat 的基本信息,接下来详细介绍如何访问或者修改 Mat 对象中的值。

2.2.4 访问单通道 Mat 对象中的值

1. 利用成员函数 at

访问 Mat 对象中的值,最直接的方式是使用 Mat 的成员函数 at,如对于单通道且数据类型为 CV_32F 的对象 m,访问它的第 r 行第 c 列的值,格式为:m.at<float>(r,c)。仍以 m

为例，使用 at 访问它的值，相当于将 m 中的值依次存入表 2-1 中，按照行和列的索引取值即可。

表 2-1 二维数组 *m*

r（行） \ c（列）	第 0 列	第 1 列
第 0 行	11	12
第 1 行	33	43
第 2 行	51	16

利用成员函数 at 依次访问 m 中的所有值并打印，代码如下：

```
#include<opencv2/core/core.hpp>
using namespace cv;
#include<iostream>
using namespace std;
int main(int argc,char*argv[])
{
    //构造单通道矩阵
    Mat m = (Mat_<int>(3, 2) << 11, 12, 33, 43, 51, 16);
    //通过for循环打印m中的每一个值
    for (int r = 0; r < m.rows; r++)
    {
        for (int c = 0; c < m.cols; c++)
        {
            cout << m.at<int>(r, c) << ",";//第r行第c列的值
        }
        cout << endl;
    }
}
```

打印结果为：

11,12,
33,43,
51,16,

对于访问 Mat 中的值，还可以结合 OpenCV 中的 Point 类和成员函数 at 来实现，即可以将上述代码中的 m.at<int>(r, c) 替换为 m.at<int>(Point(c, r))，也就是将行和列的索引变为坐标的形式，如表 2-2 所示。

表 2-2　矩阵 *m*

纵坐标（y） \ 横坐标（x）	x = 0	x = 1
y = 0	11	12
y = 1	33	43
y = 2	51	16

我们一般会说矩阵的第 *r* 行第 *c* 列，其实也可以利用 Point 指明矩阵中某一个固定位置，那么该位置就用 Point(c,r) 来定义，注意第一个元素是列坐标（列号），第二个元素是行坐标（行号），很符合我们将水平方向作为 *x* 轴，将垂直方向作为 *y* 轴的习惯，只是这里的 *y* 轴的方向是朝下的。

2. **利用成员函数 ptr**

对于 Mat 中的数值在内存中的存储，每一行的值是存储在连续的内存区域中的，通过成员函数 ptr 获得指向每一行首地址的指针。仍以"利用成员函数 at"部分的 m 存储为例，m 中所有的值在内存中的存储方式如图 2-1 所示，其中如果行与行之间的存储是有内存间隔的，那么间隔也是相等的。

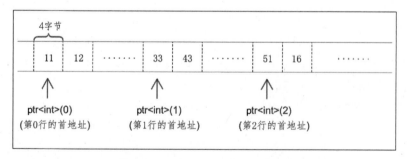

图 2-1　矩阵 m 中的值存储在不连续的内存区域中

可以利用成员函数 ptr 返回的指针访问 m 中的值，具体代码如下：

```
for (int r = 0; r < m.rows; r++)
{
    //得到矩阵m的第r行行首的地址
```

```
        const int * ptr = m.ptr<int>(r);
        //打印第r行的所有值
        for (int c = 0; c < m.cols; c++)
        {
            cout << ptr[c] << ",";
        }
        cout << endl;
}
```

3. **利用成员函数 isContinuous 和 ptr**

首先了解 isContinuous 代表的意思。从图 2-1 可以看出，每一行的所有值存储在连续的内存区域中，行与行之间可能会有间隔，如果 isContinuous 返回值为 true，则代表行与行之间也是连续存储的，即所有的值都是连续存储的，如图 2-2 所示。

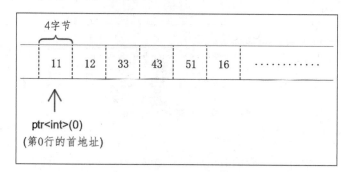

图 2-2 矩阵 m 中的值存储在连续的内存区域中

利用成员函数 isContinuous 和 ptr 访问 m 中的所有值并打印，代码如下：

```
if (m.isContinuous())
{
    //得到矩阵m的第一个值的地址
    int * ptr = m.ptr<int>(0);
    //利用操作符"[]"取值
    for (int n = 0; n < m.rows*m.cols; n++)
        cout << ptr[n] << ",";
}
```

4. 利用成员变量 step 和 data

从前面的讨论我们已经知道，Mat 中的值在内存中存储分为两种情况，以 m 为例，如图 2-1 和图 2-2 所示。下面通过这两种情况，介绍两个重要的成员变量——step 和 data。如图 2-3 所示是行与行之间有相等的内存间隔的情况，如图 2-4 所示是连续的情况。对于单通道矩阵来说，step[0] 代表每一行所占的字节数，而如果有间隔的话，这个间隔也作为字节数的一部分被计算在内；step[1] 代表每一个数值所占的字节数，data 是指向第一个数值的指针，类型为 uchar。所以，无论哪一种情况，如访问一个 int 类型的单通到矩阵的第 r 行第 c 列的值，都可以通过以下代码来实现。

```
*((int*)(m.data+m.step[0]*r+c*m.step[1]))
```

如果是 CV_32F 类型，则将 int 替换成 float 即可。从取值效率上说，直接使用指针的形式取值是最快的，使用 at 是最慢的，但是可读性很高。所以，在以后的章节中，为了便于更好地理解算法，使用 at 的形式。

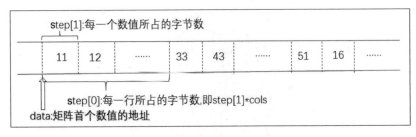

图 2-3　m 中的值不连续存储时，data 和 step 的值

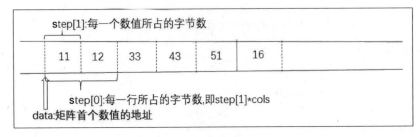

图 2-4　m 中的值连续存储时，data 和 step 的值

接下来介绍多通道 Mat 对象，首先了解关于 OpenCV 中的向量类。

2.2.5 向量类 Vec

这里的向量可以理解为数学意义上的列向量，构造一个 _cn×1 的列向量，数据类型为_Tp，格式如下：

```
Vec<Typename _Tp,int _cn>
```

比如构造一个长度为3，数据类型为int且初始化为21、32、14的列向量，代码如下：

```
Vec<int, 3> vi(21, 32, 14);
```

默认是列向量，可以通过成员变量 rows 和 cols 看出，代码如下：

```
cout <<"向量的行数:" <<vi.rows << endl;
cout <<"向量的列数:"<< vi.cols << endl;
```

打印结果如下：

```
向量的行数:3
向量的列数:1
```

那么如何访问向量中的值呢？可以利用"[ ]"或者"()"操作符访问向量中的值，示例代码如下：

```
cout <<"访问第0个元素:" <<vi[0] << endl;
cout <<"访问第1个元素:" <<vi(1) << endl;
```

打印结果如下：

```
访问第0个元素:21
访问第1个元素:32
```

OpenCV 为向量类的声明取了一个别名，例如：

```
typedef Vec<uchar, 3> Vec3b;
typedef Vec<int, 2> Vec2i;
typedef Vec<float, 4> Vec4f;
typedef Vec<double, 3> Vec3d;
```

其他类型的与之类似，可查看头文件"opencv2/core/core.hpp"。

单通道矩阵的每一个元素都是一个数值，多通道矩阵的每一个元素都可以看作一个向量。这是多通道 Mat 的基础，至于为什么这么构造，等介绍到彩色图像的数字化后，就明白了。

2.2.6 构造多通道 Mat 对象

构造一个由 n 个 rows×cols 二维浮点型矩阵组成的三维矩阵,形式如下:

```
Mat(int rows,int cols,CV_32FC(n))
```

当然,当 n = 1 时,就是单通道矩阵了。比如构造一个 2 行 2 列的 float 类型的三通道矩阵,代码如下:

```
Mat mm=(Mat_<Vec3f>(2, 2)<<Vec3f(1,11,21), Vec3f(2,12,32),
                          Vec3f(3,13,23), Vec3f(4,24,34));
```

下面以以上构造的 mm 为例,讨论如何获取多通道 Mat 对象中的值。

2.2.7 访问多通道 Mat 对象中的值

1. 利用成员函数 at

利用成员函数 at 访问多通道 Mat 的元素值,可以将多通道 Mat 看作一个特殊的二维数组,只是在每一个位置上不是一个数值而是一个向量(元素),如表 2-3 所示。

表 2-3 多通道矩阵 *mm*

r(行) \ c(列)	第 0 列			第 1 列		
第 0 行	1	11	21	2	12	22
第 1 行	3	13	23	4	14	24

通过表 2-3 按行号、列号取出每一个元素 Vec3f 即可,代码如下:

```
for (int r = 0; r < mm.rows; r++)
{
    for (int c = 0; c < mm.cols; c++)
    {
        //打印第r行第c列的元素值
        cout << mm.at<Vec3f>(r, c) << ",";
    }
    cout << endl;
}
```

打印结果如下:

[1,11,21],[2,12,32],
[3,13,23],[4,24,34]

2. 利用成员函数 ptr

多通道 Mat 的数值在内存中也是按行存储的,且每一行存储在连续的内存区域中,如果行与行之间有内存间隔,这个间隔也是相等的,成员函数 ptr 可以返回指向指定行的第一个元素(注意不是第一个数值)的指针,如图 2-5 所示。

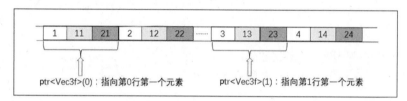

图 2-5 多通道 Mat 中的值不连续存储时,成员函数 ptr 的含义

使用 ptr 访问多通道矩阵的每一个元素,代码如下:

```
for (int r = 0; r < mm.rows; r++)
{
    //每行首元素的地址
    Vec3f* ptr = mm.ptr<Vec3f>(r);
    for (int c = 0; c < mm.cols; c++)
    {
        cout << ptr[c] << ",";//打印
    }
    cout << endl;
}
```

打印结果与使用成员函数 at 是相同的。

3. 利用成员函数 isContinuous 和 ptr

与单通道 Mat 对象类似,通过 isContinuous 判断整个 Mat 对象中的元素值是否存储在连续内存区域中,如果返回值是 true,即表示是连续存储的,如图 2-6 所示。

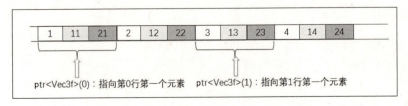

图 2-6　多通道 Mat 中的值连续存储时，成员函数 ptr 的含义

如果 isContinuous 返回值是 true，那么使用 ptr 访问 Mat 中的值就可以减少一个 for 循环，只通过一个 for 循环就可以得到每一个元素的值，代码如下：

```
if (mm.isContinuous())
{
    //指向多通道矩阵的第一个元素的指针
    Vec3f *ptr = mm.ptr<Vec3f>(0);
    for (int n = 0; n < mm.rows*mm.cols; n++)
    {
        //打印
        cout << ptr[n] << endl;
    }
}
```

如果只获取第 r 行第 c 列的元素值，那么就可以通过 ptr[r*rows+c*cols] 命令得到。

4. 利用成员变量 data 和 step

与单通道 Mat 类似，也可以通过 data 和 step 获取多通道 Mat 的每一个元素。还是类似于单通道矩阵，分两种情况：行与行之间有内存间隔和连续存储，分别如图 2-7 和 2-8 所示。如果有内存间隔的话，step[0] 代表包含这个间隔的字节数。

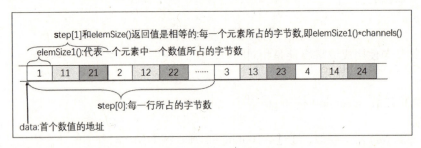

图 2-7　多通道 Mat 中的值不连续存储时，变量 data 和 step 的含义

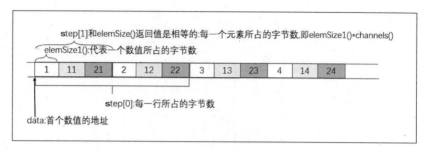

图 2-8　多通道 Mat 中的值连续存储时，变量 data 和 step 的含义

使用 data、step、ptr 获得多通道矩阵的每一个元素并打印，代码如下：

```
for (int r = 0; r < mm.rows; r++)
{
    for (int c = 0; c < mm.cols; c++)
    {
        //得到指向每一个元素的指针
        Vec3f *ptr = (Vec3f*)(mm.data + r*mm.step[0] + c*mm.step[1]);
        cout << *ptr << ",";//打印元素
    }
    cout << endl;
}
```

打印结果与上述几种方式是相同的。对于多通道矩阵，可以将其分离为多个单通道矩阵，然后按照单通道矩阵的规则访问其中的值。

5. 分离通道

以上面讨论的多通道矩阵 mm 为例，可以通过图 2-9 来理解 OpenCV 是怎样把多通道矩阵分离成单通道矩阵的，即将所有向量的第一个值组成的单通道矩阵作为第一通道，将所有向量的第二元素组成的单通道矩阵作为第二通道，依此类推。

使用 OpenCV 提供的 split 函数可分离多通道，如将多通道矩阵 mm 分离为多个单通道，这些单通道矩阵被存放在 vector 容器中。代码如下：

```
vector<Mat> planes;
split(mm, planes);
```

同样，可以将多个具有相同尺寸和数据类型的单通道矩阵合并为一个多通道矩阵。

33

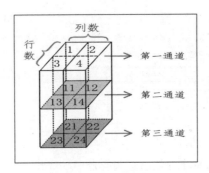

图 2-9 分离通道

6. 合并通道

利用 merge 函数可以将多个单通道矩阵合并为一个三维矩阵,该函数的声明如下:

```
void merge(const Mat * mv, size_t count, OutputArray dst)
```

将三个 2 行 2 列的 int 类型的单通道矩阵合并为一个多通道矩阵,代码如下:

```
//三个单通道矩阵
Mat plane0 = (Mat_<int>(2, 2) << 1, 2, 3, 4);
Mat plane1 = (Mat_<int>(2, 2) << 5, 6, 7, 8);
Mat plane2 = (Mat_<int>(2, 2) << 9, 10, 11, 12);
//用三个单通道矩阵初始化一个数组
Mat plane[] = { plane0,plane1,plane2 };
//合并
Mat mat;
merge(plane,3 ,mat);
```

上面代码将三个单通道矩阵存储在一个 Mat 数组中,也可以将其存储在 vector 容器中,使用 merge 的重载函数:

```
void merge(InputArrayOfArrays mv, OutputArray dst)
```

实现多个单通道矩阵的合并,将上述示例代码修改如下:

```
//将三个单通道矩阵依次放入vector容器中
vector<Mat> plane;
plane.push_back(plane0);
plane.push_back(plane1);
plane.push_back(plane2);
```

```
//合并为一个多通道矩阵
Mat mat;
merge(plane, mat);
```

2.2.8 获得 Mat 中某一区域的值

1. **使用成员函数 row(i) 或 col(j) 得到矩阵的第 *i* 行或者第 *j* 列**

    对于单通道矩阵，获取某行或者某列的所有值很好理解，代码如下：

```
int r = 1
int c = 0
//矩阵的第r行
Mat mr = m.row(r);
//矩阵的第c列
Mat mc = m.col(c);
```

注意：返回值仍然是一个单通道的 Mat 类型。

2. **使用成员函数 rowRange 或 colRange 得到矩阵的连续行或者连续列**

    首先了解 OpenCV 中的 Range 类，该类用于构造连续的整数序列，构造函数如下：

`Range(int _start, int _end)`

这是一个左闭右开的序列 [_start,_end)，比如 Range(2,5) 其实产生的是 2、3、4 的序列，不包括 5，常用作 rowRange 和 colRange 的输入参数，从而访问矩阵中的连续行或者连续列。以下面的 5×5 的矩阵为例：

$$matrix = \begin{pmatrix} 1 & 2 & 3 & 4 & 5 \\ 6 & 7 & 8 & 9 & 10 \\ 11 & 12 & 13 & 14 & 15 \\ 16 & 17 & 18 & 19 & 20 \\ 21 & 22 & 23 & 24 & 25 \end{pmatrix}$$

通过 Mat 的构造函数构造 matrix，代码如下：

```
Mat matrix = (Mat_<int>(5,5)<<1,2,3,4,5,6,7,8,9,10,11,12,
        13,14,15,16, 17, 18, 19, 20, 21,22,23,24,25);
```

访问 matrix 的第 2、3 行,代码如下:

```
//获取matrix的第2、3行(索引是从0开始的)
Mat r_range = matrix.rowRange(Range(2, 4));
//打印r_range
for (int r = 0; r < r_range.rows; r++)
{
    for (int c = 0; c < r_range.cols; c++)
    {
        cout << r_range.at<int>(r, c) << ",";
    }
    cout << endl;
}
```

打印结果为:

11,12,13,14,15,
16,17,18,19,20,

成员函数 rowRange 是一个重载函数,也可以直接将 Range 的_start 和_end 直接作为 rowRange 的输入参数,所以上述获取矩阵连续行的操作可以直接写为:

```
Mat r_range = matrix.rowRange(2, 4);
```

colRange 的使用方法与之类似,比如获取 matrix 的第 1、2 列,代码如下:

```
Mat c_range = matrix.colRange(1, 3);
```

与打印 r_range 类似,打印 c_range,结果如下:

2,3,
7,8,
12,13,
17,18,
22,23,

需要特别注意的是,成员函数 row、col、rowRange、colRange 返回的矩阵其实是指向原矩阵的,比如改变 r_range 的第 0 行第 0 列的值:

```
r_range.at<int>(0,0)=10000;
```

重新打印 r_range 的值,结果如下:

```
10000   12   13   14   15
   16   17   18   19   20
```

这时候重新打印 matirx 的值,会发现 matrix 的值也变化了。

```
    1    2    3    4    5
    6    7    8    9   10
10000   12   13   14   15
   16   17   18   19   20
   21   22   23   24   25
```

有时候,我们只访问原矩阵的某些行或列,但是不改变原矩阵的值,下面介绍的两个成员函数就可以解决这个问题。

3. **使用成员函数 clone 和 copyTo**

从函数名就可以看出,clone 和 copyTo 用于将矩阵克隆或者复制一份。还是以上面提到的 matrix 和 r_range 为例,如果

```
Mat r_range = matrix.rowRange(2, 4).clone();
```

即将 matrix 的第 2、3 行克隆一份,这时候改变 r_range 的值,matrix 中的值是不变的,对于该操作也可以使用 copyTo 函数,代码如下:

```
Mat r_range;
matrix.rowRange(2,4).copyTo(r_range);
```

即先定义一个 Mat 变量 r_range,然后将 matrix 中的第 2、3 行复制到 r_range 中。

4. **使用 Rect 类**

如果我们要获取矩阵中某一特定的矩形区域,当然可以先使用 rowRange,再使用 colRange 来定位,但是 OpenCV 提供了一种更简单的方式,就是使用 Rect 类(Rect 是 Rectangle 的缩写,矩形的意思)。构造一个矩形有多种方式,比如知道左上角的坐标 (x, y),还有矩形的宽度和高度,就可以确定一个矩形,所以构造函数为:Rect(int _x,int _y,int _width,int _hight);也可以将_width 和_height 保存在一个 Size 中,构造函数为:Rect(int _x,int _y,Size size)。当然,

如果知道左上角和右下角的坐标也可以构造一个矩形，构造函数为：Rect(Point2i &pt1,point2i &pt2)。还有其他的构造函数，这里不再一一列举，它们在本质上都是类似的。

还是以 5×5 的 matrix 为例，比如要获取矩形框中的区域，即一个高度为 2、宽度为 2 的矩形区域：

$$\begin{pmatrix} 1 & 2 & 3 & 4 & 5 \\ 6 & 7 & 8 & 9 & 10 \\ 11 & 12 & 13 & 14 & 15 \\ 16 & 17 & 18 & 19 & 20 \\ 21 & 22 & 23 & 24 & 25 \end{pmatrix}$$

以下几种方式都可以，代码如下：

```
Mat roi1=matrix(Rect(Point(2,1),Point(3,2)));//左上角的坐标，右下角的坐标
Mat roi2=matrix(Rect(2,1,2,2));// x, y, 宽度，高度
Mat roi3=matrix(Rect(Point(2,1),Size(2,2)));//左上角的坐标，尺寸
```

但是与使用 colRange 和 rowRange 类似，这样得到的矩形区域是指向原矩阵的，要改变 roi1 中的值，matrix 也会发生变化，如果不想这样，则仍然可以使用 clone 或者 copyTo。代码如下：

```
Mat roi2=matrix(Rect(2,1,2,2)).clone();
```

以上提到的使用 colRange、Rect、rowRange 提取区域的方法也同样适用于多通道矩阵。下面介绍关于矩阵的一些运算。

2.3 矩阵的运算

一般用到的关于矩阵的运算包括：加法、减法、点乘、点除、乘法等。

2.3.1 加法运算

矩阵的加法就是两个矩阵对应位置的数值相加。对于矩阵的加法，以如下两个矩阵为例：

$$src1 = \begin{pmatrix} 23 & 123 & 90 \\ 100 & 250 & 0 \end{pmatrix}, src2 = \begin{pmatrix} 125 & 150 & 60 \\ 100 & 10 & 40 \end{pmatrix}$$

1. Mat 的加法

第一种方式：使用 OpenCV 重载的 "+" 运算符，假设两个矩阵都为 uchar 类型，代码如下：

```
Mat src1 = (Mat_<uchar>(2, 3) << 23, 123, 90, 100, 250, 0);
Mat src2 = (Mat_<uchar>(2, 3) << 125, 150, 60, 100, 10, 40);
Mat dst = src1 + src2;
```

打印 dst 的值如下：

148,255,150
200,255,40

观察到 123+150 应该等于 273，为什么计算出来的值是 255 呢？因为两个矩阵的数据类型都是 uchar，所以用 "+" 运算符计算出来的和也是 uchar 类型的，但是 uchar 类型范围的最大值是 255，所以只好将 273 截断为 255。

利用 "+" 运算符计算 Mat 的和还有一点需要特别注意：两个 Mat 的数据类型必须是一样的，否则会报错，也就是用 "+" 求和是比较严格的。此外，一个数值与一个 Mat 对象相加，也可以使用 "+" 运算符，但是无论这个数值是什么数据类型，返回的 Mat 的数据类型都与输入的 Mat 相同。假设有一个数值与上面的 uchar 类型的 src1 相加，代码如下：

```
float value = 100.0;
Mat dst1 = src1 + value;
```

打印 dst1 的值如下

123,223,190
200,255,100

虽然 value 是 float 类型的，但是因为 src1 是 uchar 类型的，所以返回的 dst1 也是 uchar 类型的，会将 100+250=350 截断为 255。

第二种方式：为了弥补 "+" 运算符的这两个缺点，我们可以使用 OpenCV 提供的另一个函数：

```
void add(InputArray src1, InputArray src2, OutputArray dst, InputArray mask=
noArray(), int dtype=-1)
```

仍然利用上面的 src1 和 src2 矩阵，但是改变数据类型，测试一下打印结果。

```
Mat src1 = (Mat_<uchar>(2, 3) << 23, 123, 90, 100, 250, 0);
Mat src2 = (Mat_<float>(2, 3) << 125, 150, 60, 100, 10, 40);
Mat dst
add(src1,src2,dst,Mat(), CV_64FC1);
```

打印 dst 的值如下：

148,255,150
200,255,40

可以看出，使用 add 函数时，输入矩阵的数据类型可以不同，而输出矩阵的数据类型可以根据情况自行指定。需要特别注意的是，如果给 dtype 赋值为-1，则表示 dst 的数据类型和 src1、src2 是相同的，也就是只有当 src1 和 src2 的数据类型相同时，才有可能令 dtype=-1，否则仍然会报错。

其实两个向量也可以做加法运算，比如：

```
Vec3f v1 = Vec3f(1, 2, 3);
Vec3f v2 = Vec3f(10, 1, 12);
Vec3f v = v1 + v2;
cout << v << endl;
```

打印结果为：

[11,3,15]

2. ndarray 的加法

仍然使用 src1 和 src2 矩阵，假设两者的数据类型是 uchar，代码如下：

```
>>import numpy as np
>>src1=np.array([[23,123,90],[100,250,0]],np.uint8)
>>src2=np.array([[125,150,60],[100,10,40]],np.uint8)
>>dst = src1+src2
>>print dst
[[148  17 150]
```

```
         [200    4   40]]
>>dst.dtype
dtype('uint8')
```

从打印结果可以看出,两个数据类型为 uint8(即 uchar)的 ndarray 的和也是 uint8 类型的,即两个数据类型相同的 ndarray 的和与它们的数据类型相同,但是与 Mat 的加法不同的是,以第 0 行第 1 列的数值相加为例:123+150=273,Mat 会将大于 255 的数值直接截断为 255;而 array 对大于 255 的 uchar 类型的处理方式是将该数对 255 取模运算后减 1,即 273%255 − 1 = 17。

Numpy 中的 "+" 运算符也适用于不同数据类型的矩阵,比如仍然将 src1 指定为 uint8 类型,而将 src2 指定为 float32 类型,看看结果怎么样。代码如下:

```
>>src2=np.array([[125,150,60],[100,10,40]],np.float32)
>>dst = src1+src2
>>dst
array([[ 148.,   273.,   150.],
       [ 200.,   260.,    40.]], dtype=float32)
```

可以发现,这时候返回的矩阵和的数据类型与数值范围大的数据类型相同,即 float32 的数值范围比 uint8 的数值范围大,所以返回值的数据类型为 float32。

当然,也可以使用 OpenCV 中的 add 函数的 Python API 完成 ndarray 的加法运算,代码如下:

```
>>import cv2
>>dst = cv2.add(src1,src2,dtype=cv2.CV_32F)
>>dst
array([[ 148.,   273.,   150.],
       [ 200.,   260.,    40.]], dtype=float32)
```

对于 OpenCV 中的函数的 C++ API,如果输入参数是 Mat,则该函数的 Python API 输入参数就是对应的 ndarray,所以对于矩阵的运算可以使用 Numpy 提供的函数,也可以使用 OpenCV 的 Python API。

2.3.2 减法运算

矩阵的减法与加法类似,但是有几点注意事项。

1. Mat 的减法

对矩阵做减法运算可以使用 "-" 运算符，比如对加法示例中两个 uchar 类型的 src1 和 src2 矩阵做减法运算，代码如下：

```
Mat dst = src1 - src2;
```

打印 dst 的值，结果如下：

```
0,0,30
0,240,0
```

同样会观察到一个奇怪的现象，比如 23 − 125 应该等于 −102，但是输出值却是 0。这是因为 src1 和 src2 均是 uchar 类型的，所以返回的 dst 也是 uchar 类型的；而 uchar 类型的最小范围是 0，所以会将小于 0 的数值截断为 0。这一点和 Numpy 的处理结果是不一样的。

同样，Mat 对象与一个数值相减，也可以使用 "-" 运算符。当然，也存在与 "+" 运算符一样的不足，OpenCV 提供的函数：

```
void subtract(InputArray src1, InputArray src2, OutputArray dst, InputArray mask=noArray(), int dtype=-1)
```

可以实现不同的数据类型的 Mat 之间做减法运算，其与 add 函数类似。

2. ndarray 的减法

ndarray 的减法也是通过 "-" 运算符实现的，仍以 src1 和 src2 矩阵为例，将其数据类型设置为 uint8，代码如下：

```
>>dst=src1-src2
>>dst
array([[154, 229,  30],
       [  0, 240, 216]], dtype=uint8)
```

对比一下 Mat 的减法会发现有很大的不同，比如 23 − 125 = −102，使用 Mat 处理转换为 uchar 类型时截断为 0，而 Numpy 的处理方式是将该数对 255 取模运算后加 1，即 −102%255 + 1 = 154。

2.3.3 点乘运算

矩阵的点乘即两个矩阵对应位置的数值相乘。

1. Mat 的点乘

对于两个矩阵的点乘，可以利用 Mat 的成员函数 mul，而且两个 Mat 对象的数据类型必须相同才可以进行点乘，返回的矩阵的数据类型不变。仍以 src1 和 src2 矩阵为例，假设设置为 uchar 类型，代码如下：

```
Mat dst = src1.mul(src2);
```

打印 dst 的值，结果如下：

255,255,255
255,255,0

从打印结果就可以看出，也是对大于 255 的数值做了截断处理。所以为了不损失精度，可以将两个矩阵设置为 int、float 等数值范围更大的数据类型。

对于 Mat 的点乘，也可以利用 OpenCV 提供的函数：

```
void multiply(InputArray src1, InputArray src2, OutputArray dst, double scale =1, int dtype=-1 )
```

这个函数使用起来更加灵活，比如不再局限于 src1 和 src2 的数据类型必须相同，可以通过参数 dtype 指定输出矩阵的数据类型。注意，这里的 dst=sclae*src1*src2，即在点乘结果的基础上还可以再乘以系数 scale。仍以 src1 和 src2 矩阵为例，令 src1 为 uchar 类型，src2 为 float 类型，代码如下：

```
Mat src1 = (Mat_<uchar>(2, 3) << 23, 123, 90, 100, 250, 0);
Mat src2 = (Mat_<float> (2, 3) << 125, 150, 60, 100, 10, 40);
Mat dst;
multiply(src1, src2, dst, 1.0, CV_32FC1);
for (int r = 0; r < dst.rows; r++)
{
    for (int c = 0; c < dst.cols; c++)
    {
        cout << dst.at<float>(r, c) << ",";//打印值
    }
    cout << endl;
}
```

2. ndarray 的点乘

对于矩阵的点乘，Numpy 提供了两种方式：第一种是使用 "*" 运算符；第二种是使用 multiply 函数。当然，两个做点乘运算的矩阵的数据类型可以不同，只要注意返回矩阵的数据类型就可以，与 array 的 "+" 是类似的。仍以 src1 和 src2 矩阵的点乘为例，将 src1 设置为 uint8 类型，将 src2 设置为 float32 类型，代码如下：

```
>>dst=src1*src2
>>dst
array([[  2875.,  18450.,   5400.],
       [ 10000.,   2500.,      0.]], dtype=float32)
```

或者

```
>>dst=np.multiply(src1,src2)
```

2.3.4 点除运算

点除运算与点乘运算类似，是两个矩阵对应位置的数值相除。

1. Mat 的点除

对于两个 Mat 的点除，可以使用 "/" 运算符，与 "+" 和 "-" 类似，两个 Mat 的数据类型相同且返回的 Mat 也是该数据类型。仍然以 src1 和 src2 矩阵为例，假设两者的数据类型都为 uchar，src2 点除 src1，代码如下：

```cpp
Mat dst = src2/src1;//点除运算
for (int r = 0; r < dst.rows; r++)
{
    for (int c = 0; c < dst.cols; c++)
    {
        cout << float (dst.at<uchar>(r, c)) << ",";//打印值
    }
    cout << endl;
}
```

打印结果如下：

```
5,1,1,
1,0,0
```

需要注意，最后一个数值的除法是 40/0，其实其本身是没有意义的，但是 OpenCV 在处理这种分母为 0 的除法运算时，默认得到的值为 0。同样，用一个数值与 Mat 对象相除也可以使用"/"运算符，且返回的 Mat 的数据类型与输入的 Mat 的数据类型相同，与输入数值的数据类型是没有关系的。

同 add 函数对"+"运算符的改进，OpenCV 同样提供了 divide 函数来弥补"/"的不足。注意，该函数是一个重载函数，可以计算两个 Mat 的除法，也可以计算一个数值与 Mat 的除法。

2. ndarray 的点除

ndarray 的点除也是通过"/"运算符完成的。令 src2 和 src1 的数据类型都为 uint8，代码如下：

```
>>dst=src2/src1
>>dst
array([[5, 1, 0],
       [1, 0, 0]], dtype=uint8)
```

这时会发现 40/0 也是等于 0 的，但是改变其中一个 array 的数据类型，假设将 src1 的数据类型改为 float32，再看一下打印结果。代码如下：

```
>>src1=src1.astype(np.float32)#改变src1的数据类型
>>dst=src2/src1
>>dst
array([[ 5.43478251,1.21951222,0.66666669],
       [ 1.        ,0.04       ,     inf]], dtype=float32)
```

从打印结果可以看出，这时候 40/0=inf，所以 Numpy 在处理分母为 0 的情况时，如果两个 ndarray 都是 uint8 类型的，则返回值为 0；其他情况返回 inf。

2.3.5 乘法运算

下面介绍矩阵的乘法运算。

1. Mat 的乘法

   对于两个矩阵的乘法，以如下两个矩阵为例：

   $$src3 = \begin{pmatrix} 1 & 2 & 3 \\ 4 & 5 & 6 \end{pmatrix}, src4 = \begin{pmatrix} 6 & 5 \\ 4 & 3 \\ 2 & 1 \end{pmatrix}$$

   可以利用 "*" 运算符完成两个矩阵的乘法，代码如下：

```
Mat src3 = (Mat_<float>(2, 3) << 1, 2, 3, 4, 5, 6);
Mat src4 = (Mat_<float>(3, 2) << 6, 5, 4, 3, 2, 1);
Mat dst1 = src3*src4;
```

打印 dst1 的值，结果如下：

```
20,14
56,41
```

   对于 Mat 对象的乘法，需要注意两个 Mat 只能同时是 float 或者 double 类型，对于其他数据类型的矩阵做乘法会报错。

   以上介绍的是两个 float 或者 double 类型的单通道矩阵的乘法，其实以下代码可以正常运行：

```
Mat src5 = (Mat_<Vec2f>(2, 1) << Vec2f(1,2),Vec2f(3,4));
Mat src6 = (Mat_<Vec2f>(1, 2) << Vec2f(10,20),Vec2f(5,15));
Mat dst2 = src3*src4;
```

   为什么两个双通道矩阵也可相乘呢？其实这里是将 src5 和 src6 这两个双通道 Mat 对象当作了两个复数矩阵，其中第一通道存放的是所有值的实部，第二通道存放的是对应的每一个虚部，也就是将 Vec2f 看作一个复数，比如 Vec2f(1,2) 可以看作 1+2i，即上述代码完成的是以下操作：

   $$src5 * src6 = \begin{pmatrix} 1+2i \\ 3+4i \end{pmatrix} * \begin{pmatrix} 10+20i & 5+15i \end{pmatrix} = \begin{pmatrix} -30+40i & -25+25i \\ -50+100i & -45+65i \end{pmatrix}$$

   利用以下程序打印 dst2 的值：

```
for (int r = 0; r < dst2.rows; r++)
{
```

```
        for (int c = 0; c < dst2.cols; c++)
        {
            cout << dst2.at<Vec2f>(r, c) << ",";
        }
        cout << endl;
}
```

打印结果如下：

[-30,40],[-25,25]
[-50,100],[-45,65]

从打印结果可以很明显地看出，将 Vec2f 看作了一个复数，例如输出的 [-30,40] 分别代表复数-30+40i 的实部和虚部。

对于 Mat 的乘法，还可以使用 OpenCV 提供的 gemm 函数来实现。

```
void gemm(InputArray src1,InputArray src2,double alpha,InputArray src3,double beta,OutputArray dst,int flags=0 )
```

gemm 是 generalized matrix multiplication 的缩写，指通常的矩阵乘法，而不是矩阵点乘，其参数解释如表 2-4 所示。

表 2-4　函数 gemm 的参数解释

参数	解释
src1	输入类型是 CV_32F 或者 CV_64F 的单或双通道矩阵
src2	输入矩阵，类型与 src1 相同
alpha	src1 与 src2 相乘后的系数
src3	输入矩阵，类型与 src1 相同
beta	src3 的系数
dst	输出矩阵
flags	所取值：0,GEMM_1_T,GEMM_2_T,GEMM_3_T

该函数通过 flags 控制 src1、src2、src3 是否转置来实现矩阵之间不同的运算，当将 flags 设置为不同的参数时，输出矩阵为：

$$dst = \begin{cases} alpha * src1 * src2 + beta * src3, & flags = 0 \\ alpha * src1^T * src2 + beta * src3, & flags = GEMM\_1\_T \\ alpha * src1 * src2^T + beta * src3, & flags = GEMM\_2\_T \\ alpha * src1 * src2 + beta * src3^T, & flags = GEMM\_3\_T \end{cases}$$

当然，flags 可以组合使用，比如需要 src2 和 src3 都进行转置，则令 flags=GEMM_2_T+GEMM_3_T。当输入矩阵 src1、src2、src3 是双通道矩阵时，代表是复数矩阵，其中第一通道存储实部，第二通道存储虚部。

以上面的 src3 和 src4 矩阵相乘为例，代码如下：

```
Mat dst1;
gemm(src3, src4, 1, NULL, 0, dst1, 0);
```

与使用"*"是等价的。需要注意的是，gemm 也只能接受 CV_32FC1、CV_64FC1、CV_32FC2、CV_64FC2 数据类型的 Mat，这一点与使用"*"也是一样的。

2. ndarray 的乘法

使用 Numpy 中的"*"运算符或者 multiply 函数可以完成两个 array 的点乘，而对于矩阵的乘法则使用 dot 函数。仍以 src3 和 src4 矩阵为例，将其设置为 uint8 类型，代码如下：

```
>>src3=np.array([[1,2,3],[4,5,6]],np.uint8)
>>src4=np.array([[6,5],[4,3],[2,1]],np.uint8)
>>dst = np.dot(src3,src4)
>>dst
array([[20, 14],
       [56, 41]], dtype=uint8)
```

可以发现与 ndarray 的加法和减法是类似的，返回的 ndarray 的数据类型和输入的 ndarray 相同。当然，两个不同的数据类型的 array 也可以相乘，返回的数据类型和那个数值范围大的类型相同。

2.3.6 其他运算

1. 指数和对数运算

这里讨论的对数和指数运算是对矩阵中的每一个数值进行相应的运算。当然，我们可以使用 for 循环对矩阵中的每一个数值进行相应的运算，但是 OpenCV 提供了 exp 和 log 函数（这里 log 是以 e 为底的）封装了该操作。需要注意的是，这两个函数的输入矩阵的数据类型只能是 CV_32F 或者 CV_64F，否则会报错。

Numpy 同样提供了 exp 和 log 函数，但是输入的 ndarray 可以是任意数据类型的，返回的 ndarray 为 float 或者 double 类型，不用担心精度的损失。示例代码如下：

```
>>src5=np.array([[6,5],[4,3]],np.uint8)
>>dst2=np.log(src4)
>>dst2.dtype
dtype('float16')
```

2. 幂指数和开平方运算

同样，这里讨论的幂指数和开平方运算是对矩阵中的每一个数值进行相应的运算。仍然可以使用 for 循环对矩阵中的每一个数值进行相应的运算，但是 OpenCV 提供了更方便的 pow 和 sqrt 函数封装了该操作。需要注意的是，sqrt 的输入矩阵的数据类型只能是 CV_32F 或者 CV_64F，而 pow 的输入矩阵的数据类型不受限制，且输出矩阵与输入矩阵的数据类型相同。示例代码如下：

```
Mat src= (Mat_<uchar>(2, 2) <<4,25,16,49);
Mat dst;
pow(src,2,edst);
```

上述代码是对 src 中的每一个数值进行幂指数运算。打印 dst 的值，结果如下：

16,255
255,255

因为 src 是 uchar 类型的，经过幂指数运算的 dst 的数据类型仍然是 uchar，所以将大于 255 的数值截断为 255 了。

Numpy 同样提供了针对 ndarray 中的每一个数值进行幂指数运算的 power 函数，示例代码如下：

```
>>src=np.array([[25,40],[10,100]],np.uint8)
>>dst1 = np.power(src,2)#对src中的每一个数值进行幂指数运算
>>dst1
array([[113,  64],
       [100,  16]], dtype=uint8)
>>dst2 = np.power(src,2.0)#将幂指数2改为2.0
>>dst2
array([[  625.,  1600.],
       [  100., 10000.]])
>>dst2.dtype
dtype('float64')
```

从上述代码可以看出，幂指数是 2 和 2.0 时，返回的结果有很大不同，所以幂指数的数据类型对于 power 返回的 ndarray 的数据类型影响很大，为了不损失精度，将幂指数设为浮点型即可。

关于矩阵的运算大体先了解这些最基本的函数，OpenCV 和 Numpy 还提供了很多矩阵运算函数，如取绝对值、求逆、取最大值函数等，这里就不一一列举了，后面章节中用到这些函数时再详细讨论。

认识了 Numpy 和 OpenCV 的核心数据结构及基本的一些操作，那么图像数字化和它们到底有什么关系呢？以下内容会进行解答。

2.4 灰度图像数字化

2.4.1 概述

针对计算机本地磁盘中的灰度图像，单击鼠标右键，从弹出的快捷菜单中选择"属性"，会看到如图 2-10（image 是一张鹰的脑袋图像）所示的基本信息。

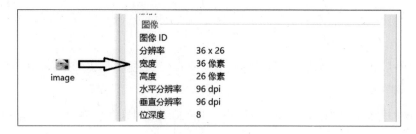

图 2-10 图像基本信息

使用Photoshop或者其他图像编辑器打开该图像，滚动鼠标上的滑轮，用放大镜方式查看图像，会看到很多灰度不同的方格，如图2-11所示。每一个方格代表图像的一个像素，水平方向上的方格数对应图2-10中的"宽度"，垂直方向上的方格数对应图2-10中的"高度"，而计算机会将每一个方格数字化为一个数值，图2-10中的"位深度"是8（bit），代表将每一个方格数字化为[0,255]之间的uchar类型数字，即用256个数字来衡量灰度的深浅，值越大，代表越亮，值越小，代表越灰，255代表白色，0代表黑色。也就是说，计算机"看到"这张图像是一个26行（高度）36列（宽度）的二维数字矩阵：

$$26行\left\{\begin{matrix} \overbrace{\begin{matrix} 30 & 22 & 18 & \cdots \\ 16 & 19 & 23 & \cdots \\ 16 & 67 & 234 & \cdots \\ \vdots & \vdots & \vdots & \vdots \end{matrix}}^{36列} \end{matrix}\right.$$

所以数字图像处理的本质就是操作矩阵。

图2-11　宽度为36、高度为26的图像

2.4.2　将灰度图像转换为Mat

在opencv2/highgui/highgui.hpp头文件中声明了读取本地磁盘中的灰度图像并转换为Mat的函数：

```
Mat imread(const string\& filename, int flags=1 )
```

对于该函数，OpenCV 2.4.13和3.2版本有略微的区别，其参数对比及解释如表2-5所示。

表 2-5 函数 imread 的参数解释

参数	OpenCV 2.X 的解释	OpenCV 3.X 的解释
filename	图像文件名（可以包括路径）	同 2.X 版本
flags	CV_LOAD_IMAGE_COLOR：彩色图像 CV_LOAD_IMAGE_GRAYSCALE：灰度图像 CV_LOAD_IMAGE_ANYCOLOR：任意图像	IMREAD_COLOR IMREAD_GRAYSCALE IMREAD_ANYCOLOR

其中，参数 flags 只是列举了常用的几种。反过来考虑，如何将 Mat 对象作为图像进行显示呢？在 highgui 模块中定义了 imshow 函数来完成该功能。

```
void imshow(const string\& winname, InputArray mat)
```

其参数解释如表 2-6 所示。

表 2-6 函数 imshow 的参数解释

参数	解释
winname	显示图像的窗口的名字
mat	Mat 对象

有了 imread 和 imshow 这两个函数，就可以完成读取并显示图像了。这是灰度数字图像处理的第一个最简单的程序，代码如下：

```cpp
#include<opencv2/core/core.hpp>
#include<opencv2/highgui/highgui.hpp>
using namespace cv;
int main(int argc, char*argv[])
{
    //输入图像矩阵
    Mat img = imread(argv[1], CV_LOAD_IMAGE_GRAYSCALE);
    if (img.empty())
        return -1;
    //定义显示原图的窗口
    string winname="原图";
    namedWindow(winname, WINDOW_AUTOSIZE);
    //显示图像
    imshow(winname, img);
```

```
waitKey(0);
}
```

注意: 如果 argv[1] 是一个彩色图像文件,但是因为 imread 的参数 flags 设置的是读入灰度图像,那么会对彩色图像进行灰度化处理。至于灰度化公式,等到了讲解彩色图像数字化时再介绍(见 2.5 节)。

2.4.3 将灰度图转换为 ndarray

利用 imread 的 Python API,可以将灰度图像转换为 ndarray 类型。数字图像处理的第一个 Python 程序,代码如下:

```python
# -*- coding: utf-8 -*-
import sys
import cv2
import numpy as np
#主函数
if __name__ =="__main__":
    #输入图像矩阵,转换为array
    if len(sys.argv) > 1:
        img = cv2.imread(sys.argv[1],cv2.CV_LOAD_IMAGE_GRAYSCALE)
    else:
        print "Usge:python imgToAarry.py imageFile"
    #显示图像
    cv2.imshow("img",img)
    cv2.waitKey(0)
    cv2.destroyAllWindows()
```

以上是灰度图像的数字化,接下来介绍彩色图像的数字化过程。

2.5 彩色图像数字化

对彩色图像数字化的理解,和对灰度图像数字化的理解类似,用鼠标右键单击任意一张彩色图像,查看其属性,会看到如图 2-12 所示的基本信息。

```
┌─────────────────────────────┐
│ 图像                         │
│ 图像 ID                      │
│ 分辨率        691 x 453     │
│ 宽度          691 像素      │
│ 高度          453 像素      │
│ 水平分辨率    72 dpi        │
│ 垂直分辨率    72 dpi        │
│ 位深度        24            │
└─────────────────────────────┘
```

图 2-12　图像基本信息

使用 Photoshop 或者其他图像编辑器打开该图像，滚动鼠标滑轮，以放大镜方式观察图像，会出现类似于图 2-11 所示的样子，有很多小方格，但是这些方格都是彩色的，而不是灰色的。其实每一个彩色的方格都是由三个数值量化的，或者说是由一个具有三个元素的向量量化的。

灰度图像的每一个像素都是由一个数字量化的，而彩色图像的每一个像素都是由三个数字组成的向量量化的。最常用的是由 R、G、B 三个分量来量化的，RGB 模型使用加性色彩混合以获知需要发出什么样的光来产生给定的色彩，源于使用阴极射线管（CRT）的彩色电视，具体色彩的值用三个元素的向量来表示，这三个元素的数值分别代表三种基色：Red、Green、Blue 的亮度。假设每种基色的数值量化成 $m = 2^n$ 个数，如同 8 位灰度图像一样，将灰度量化成 $2^8 = 256$ 个数。RGB 图像的红、绿、蓝三个通道的图像都是一张 8 位图，因此颜色的总数为 $256^3 = 16777216$，如 (0,0,0) 代表黑色，(255,255,255) 代表白色，(255,0,0) 代表红色。

2.5.1　将 RGB 彩色图像转换为多通道 Mat

只需将 imread 的 flags 修改一下，就可以将彩色图像转换为三通道的 Mat 对象，对于彩色图像的每一个方格，我们可以理解为一个 Vec3b。需要注意的是，每一个像素的向量不是按照 R、G、B 分量排列的，而是按照 B、G、R 顺序排列的，所以通过 split 函数分离通道后，先后得到的是 B、G、R 通道。代码如下：

```cpp
#include<opencv2/core/core.hpp>
#include<opencv2/highgui/highgui.hpp>
using namespace cv;
int main(int argc, char*argv[])
{
    //输入图像矩阵
    Mat img = imread(argv[1], CV_LOAD_IMAGE_GRAYSCALE);
```

```cpp
    if (img.empty())
        return -1;
    //显示彩色图像
    imshow("BGR", img);
    //分离通道
    vector<Mat> planes;
    split(img, planes);
    //显示 B 通道
    imshow("B", planes[0]);
    //显示 G 通道
    imshow("G", planes[1]);
    //显示 R 通道
    imshow("R", planes[2]);
    waitKey(0);
}
```

在彩色图像处理中,通常先分离通道,分别处理每一个单通道后再合并。同样的,我们也可以使用 imread 的 Python API,将彩色图像转换为三维的 ndarray。

2.5.2 将 RGB 彩色图转换为三维的 ndarray

使用 imread 函数读取高度为 R、宽度为 C 的彩色图像 I,返回的三维 ndarray 如图 2-13 所示。所以取彩色图像的 B 通道,不是 I[0,:,:],而是 I[:,:,0],彩色图像分离通道的 Python 代码如下:

```python
# -*- coding: utf-8 -*-
import cv2
import numpy as np
import sys
#主函数
if __name__ =="__main__":
    if len(sys.argv) > 1:
        image = cv2.imread(sys.argv[1],cv2.CV_LOAD_IMAGE_COLOR)
    else:
        print "Usge:python RGB.py imageFile"
    #得到三个颜色通道
```

```
b = image[:,:,0]
g = image[:,:,1]
r = image[:,:,2]
#显示三个颜色通道
cv2.imshow("b",b)
cv2.imshow("g",g)
cv2.imshow("r",r)
cv2.waitKey(0)
cv2.destroyAllWindows()
```

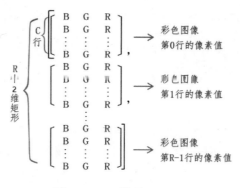

图 2-13　三维的 ndarray

在 OpenCV 中实现将彩色像素（一个向量）转化为灰度像素（一个数值）的公式如下：

$$\text{gray} = \begin{pmatrix} 0.114 & 0.587 & 0.299 \end{pmatrix} \begin{pmatrix} B \\ G \\ R \end{pmatrix}$$

并定义 cvtColor 函数实现 BGR 彩色空间的图像向灰度图像和其他颜色空间转换，在后面章节中会进行详细介绍。数字图像处理的本质就是操作矩阵，既然已经将图像转转为矩阵了，那么从下一章节开始，将通过特定的算法改变该矩阵中的值，从而改变图像的显示，得到预期的效果。

2.6　参考文献

[1] OpenCV2refman, OpenCV 手册.

[2] Numpy-user-1.11.0, Numpy 手册.

3 几何变换

打开任意一个图像编辑器，一般可以有对图像进行放大、缩小、旋转等操作，这类操作改变了原图中各区域的空间关系。对于这类操作，通常称为图像的几何变换。完成一张图像的几何变换需要两个独立的算法。首先，需要一个算法实现空间坐标变换，用它描述每个像素如何从初始位置移动到终止位置；其次，还需要一个插值算法完成输出图像的每个像素的灰度值。本章就围绕这两个独立的算法展开介绍，从而实现图像的几何变换。本章主要介绍三种几何变换，分别是仿射变换、投影变换和极坐标变换。

3.1 仿射变换

二维空间坐标的仿射变换由以下公式描述：

$$\begin{pmatrix} \tilde{x} \\ \tilde{y} \end{pmatrix} = \begin{pmatrix} a_{11} & a_{12} \\ a_{21} & a_{22} \end{pmatrix} \begin{pmatrix} x \\ y \end{pmatrix} + \begin{pmatrix} a_{13} \\ a_{23} \end{pmatrix}$$

为了更简洁地表达此式，在原坐标的基础上，引入第三个数值为 1 的坐标，这种表示方法称为齐次坐标，这样就可以用简单的矩阵乘法来表示仿射变换：

$$\begin{pmatrix} \tilde{x} \\ \tilde{y} \\ 1 \end{pmatrix} = \boldsymbol{A} \begin{pmatrix} x \\ y \\ 1 \end{pmatrix}$$

其中

$$A = \begin{pmatrix} a_{11} & a_{12} & a_{13} \\ a_{21} & a_{22} & a_{23} \\ 0 & 0 & 1 \end{pmatrix}$$

通常称 A 为仿射变换矩阵，因为它的最后一行均为 $(0,0,1)$。为方便起见，在讨论过程中会省略最后一行。下面介绍基本的仿射变换类型：平移、缩放、旋转。

3.1.1 平移

平移是最简单的仿射变换，如图所示 3-1 的示例，假设将空间坐标 (x, y)，其中 $0 \leqslant x \leqslant$，$0 \leqslant y \leqslant 200$，先沿 x 轴正方向平移 200，再沿 y 轴正方向平移 300；或者反过来，先沿 y 轴正方向平移，再沿 x 轴正方向平移，平移后的坐标为 $(\tilde{x}, \tilde{y})$，即 $(\tilde{x}, \tilde{y}) = (x + 200, y + 300)$。

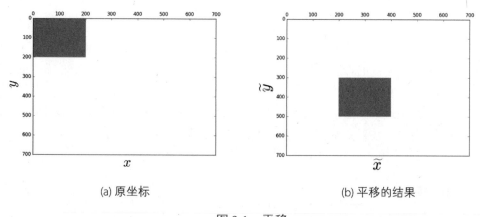

(a) 原坐标   (b) 平移的结果

图 3-1 平移

将上述示例一般化，假设任意空间坐标 (x, y) 先沿 x 轴平移 t_x，再沿 y 轴平移 t_y，则最后得到的坐标为 $(\tilde{x}, \tilde{y}) = (x + t_x, y + t_y)$。用矩阵形式表示该平移变换过程如下：

$$\begin{pmatrix} \tilde{x} \\ \tilde{y} \\ 1 \end{pmatrix} = \begin{pmatrix} 1 & 0 & t_x \\ 0 & 1 & t_y \\ 0 & 0 & 1 \end{pmatrix} \begin{pmatrix} x \\ y \\ 1 \end{pmatrix}$$

其中，若 $t_x > 0$，则表示沿 x 轴正方向移动；若 $t_x < 0$，则表示沿 x 轴负方向移动。t_y 与之类似。

3.1.2 放大和缩小

这里的放大和缩小不是指在物理空间中某一个物体的放大和缩小。二维空间坐标 (x, y) 以 $(0,0)$ 为中心在水平方向上缩放 s_x 倍，在垂直方向上缩放 s_y 倍，指的是变换后的坐标位置离 $(0,0)$ 的水平距离变为原坐标位置中心点的水平距离的 s_x 倍，垂直距离变为原坐标离中心点的垂直距离的 s_y 倍。根据以上定义，(x, y) 以 $(0,0)$ 为中心缩放变换后的坐标为 $(\tilde{x}, \tilde{y})$，$(\tilde{x}, \tilde{y}) = (s_x * x, s_y * y)$，显然，变换后的坐标位置离中心点的水平距离由 $|x|$ 缩放为 $|s_x x|$，垂直距离由 $|y|$ 缩放为 $|s_y y|$。若 $s_x > 1$，则表示在水平方向上放大，就是离中心点的水平距离增大了；反之，在水平方向上缩小。同样，若 $s_y > 1$，则表示在垂直方向上放大；反之，在垂直方向上缩小。通常令 $s_x = s_y$，即常说的等比例缩放。例如，$(-100, 100)$ 以 $(0,0)$ 为中心放大两倍，则坐标变换为 $(-200, 200)$。缩放变换也可用矩阵形式来表示：

$$\begin{pmatrix} \tilde{x} \\ \tilde{y} \\ 1 \end{pmatrix} = \begin{pmatrix} s_x & 0 & 0 \\ 0 & s_y & 0 \\ 0 & 0 & 1 \end{pmatrix} \begin{pmatrix} x \\ y \\ 1 \end{pmatrix}$$

对连续区域的所有坐标进行缩放变换，如对图 3-2（a）所示的灰色区域的所有坐标进行缩放变换，效果如图 3-2（b）和（c）所示。

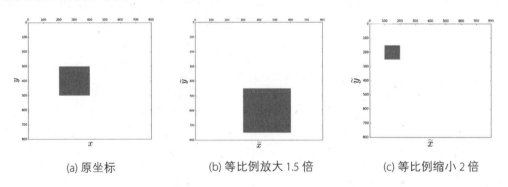

(a) 原坐标　　　　　(b) 等比例放大 1.5 倍　　　　　(c) 等比例缩小 2 倍

图 3-2　以 $(0, 0)$ 为中心的缩放变换

以上介绍的是以原点 $(0,0)$ 为中心的缩放变换，那么 (x, y) 以任意一点 (x_0, y_0) 为中心在水平方向上缩放 s_x 倍，在垂直方向上缩放 s_y 倍，则缩放后的坐标为 $(\tilde{x}, \tilde{y})$，即 $(\tilde{x}, \tilde{y}) = (x_0 + s_x(x - x_0), y_0 + s_y(y - y_0))$，显然，缩放后的坐标位置离中心点的水平距离变为原来的 s_x 倍，离中心点的垂直距离变为原来的 s_y 倍。可以将该变换过程理解为先将原点平移到中心点，再以原点为中心进行缩放，然后移回坐标原点，用矩阵形式可以表示为：

$$\begin{pmatrix} \tilde{x} \\ \tilde{y} \\ 1 \end{pmatrix} = \begin{pmatrix} 1 & 0 & x_0 \\ 0 & 1 & y_0 \\ 0 & 0 & 1 \end{pmatrix} \begin{pmatrix} s_x & 0 & 0 \\ 0 & s_y & 0 \\ 0 & 0 & 1 \end{pmatrix} \begin{pmatrix} 1 & 0 & -x_0 \\ 0 & 1 & -y_0 \\ 0 & 0 & 1 \end{pmatrix} \begin{pmatrix} x \\ y \\ 1 \end{pmatrix}$$

这里显示了齐次坐标的优势，以任意一点为中心的缩放仿射变换矩阵是平移矩阵和以 $(0,0)$ 为中心的缩放仿射变换矩阵组合相乘而得到的。

举例：$(9,9)$ 以 $(5,3)$ 为中心同比例缩小 2 倍。$(9,9)$ 离 $(5,3)$ 的水平距离为 4，垂直距离为 6，同比例缩小 2 倍，则变换后的坐标位置离 $(5,3)$ 的水平距离应为 2，垂直距离应为 3，即变换后的坐标为 $(7,6)$，用矩阵表示该计算过程为：

$$\begin{pmatrix} 7 \\ 6 \\ 1 \end{pmatrix} = \begin{pmatrix} 1 & 0 & 5 \\ 0 & 1 & 3 \\ 0 & 0 & 1 \end{pmatrix} \begin{pmatrix} 0.5 & 0 & 0 \\ 0 & 0.5 & 0 \\ 0 & 0 & 1 \end{pmatrix} \begin{pmatrix} 1 & 0 & -5 \\ 0 & 1 & -3 \\ 0 & 0 & 1 \end{pmatrix} \begin{pmatrix} 9 \\ 9 \\ 1 \end{pmatrix}$$

3.1.3 旋转

除了坐标的平移、缩放，还有一种常用的坐标变换，即旋转，如图 3-3 所示，图（a）显示的是 (x,y) 绕 $(0,0)$ 顺时针旋转 α（$\alpha > 0$）的结果，图（b）显示的是 (x,y) 绕 $(0,0)$ 逆时针旋转 α 的结果。

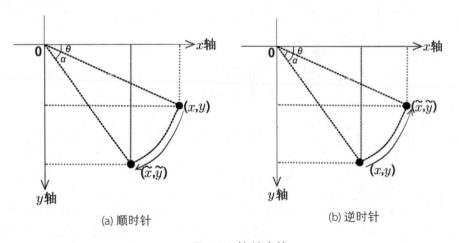

(a) 顺时针　　　　　　　　　(b) 逆时针

图 3-3　旋转变换

首先计算顺时针旋转后的坐标 $(\tilde{x}, \tilde{y})$，由图（a）可知，$\cos\theta = \dfrac{x}{p}$，$\sin\theta = \dfrac{y}{p}$，其中 p 代表 (x,y) 到中心点 $(0,0)$ 的距离，则

$$\cos(\theta + \alpha) = \cos\theta\cos\alpha - \sin\theta\sin\alpha = \frac{x}{p}\cos\alpha - \frac{y}{p}\sin\alpha = \frac{\tilde{x}}{p}$$

$$\sin(\theta + \alpha) = \sin\theta\cos\alpha + \cos\theta\sin\alpha = \frac{y}{p}\cos\alpha + \frac{x}{p}\sin\alpha = \frac{\tilde{y}}{p}$$

化简以上两个公式,可得 $\tilde{x} = x\cos\alpha - y\sin\alpha$,$\tilde{y} = x\sin\alpha + y\cos\alpha$,用矩阵形式表示为:

$$\begin{pmatrix} \tilde{x} \\ \tilde{y} \\ 1 \end{pmatrix} = \begin{pmatrix} \cos\alpha & -\sin\alpha & 0 \\ \sin\alpha & \cos\alpha & 0 \\ 0 & 0 & 1 \end{pmatrix} \begin{pmatrix} x \\ y \\ 1 \end{pmatrix}, 令 \boldsymbol{A} = \begin{pmatrix} \cos\alpha & -\sin\alpha & 0 \\ \sin\alpha & \cos\alpha & 0 \\ 0 & 0 & 1 \end{pmatrix}$$

相反,如果以原点为中心,逆时针旋转 α,由图(b)可知,$\cos\theta = \frac{x}{p}$,$\sin\theta = \frac{y}{p}$,且

$$\cos(\theta - \alpha) = \cos\theta\cos\alpha + \sin\theta\sin\alpha = \frac{x}{p}\cos\alpha + \frac{y}{p}\sin\alpha = \frac{\tilde{x}}{p}$$

$$\sin(\theta - \alpha) = \sin\theta\cos\alpha - \cos\theta\sin\alpha = \frac{y}{p}\cos\alpha - \frac{x}{p}\sin\alpha = \frac{\tilde{y}}{p}$$

化简以上两个公式,可得 $\tilde{x} = x\cos\alpha + y\sin\alpha$,$\tilde{y} = -x\sin\alpha + y\cos\alpha$,用矩阵形式表示为:

$$\begin{pmatrix} \tilde{x} \\ \tilde{y} \\ 1 \end{pmatrix} = \begin{pmatrix} \cos\alpha & \sin\alpha & 0 \\ -\sin\alpha & \cos\alpha & 0 \\ 0 & 0 & 1 \end{pmatrix} \begin{pmatrix} x \\ y \\ 1 \end{pmatrix}, 令 \boldsymbol{A} = \begin{pmatrix} \cos\alpha & \sin\alpha & 0 \\ -\sin\alpha & \cos\alpha & 0 \\ 0 & 0 & 1 \end{pmatrix}$$

从得到的两个旋转仿射矩阵可得逆时针旋转 α 和顺时针旋转 $-\alpha$ 是一样的,所以真正用程序实现时,实现其中的一种就可以了。

以上讨论的旋转变换是以 $(0,0)$ 为中心进行旋转的,如果 (x, y) 绕任意一点 (x_o, y_o) 逆时针旋转 α,则首先将原点移到旋转中心,然后绕原点旋转,最后移回坐标原点,即:

$$\begin{pmatrix} \tilde{x} \\ \tilde{y} \\ 1 \end{pmatrix} = \begin{pmatrix} 1 & 0 & x_o \\ 0 & 1 & y_o \\ 0 & 0 & 1 \end{pmatrix} \begin{pmatrix} \cos\alpha & \sin\alpha & 0 \\ -\sin\alpha & \cos\alpha & 0 \\ 0 & 0 & 1 \end{pmatrix} \begin{pmatrix} 1 & 0 & -x_o \\ 0 & 1 & -y_o \\ 0 & 0 & 1 \end{pmatrix} \begin{pmatrix} x \\ y \\ 1 \end{pmatrix}$$

需要注意的是,等式右边的计算是从右向左进行的。以上解决的是已知坐标及其仿射变换矩阵,从而计算出变换后的坐标。下面反过来考虑一个问题,如何通过已知坐标及其对应的经过某种仿射变换后的坐标,从而计算出它们之间的仿射变换矩阵?

3.1.4 计算仿射矩阵

对于空间变换的仿射矩阵有两种计算方式,分别是解方程组法和基本仿射矩阵相乘法。

1. 方程法

仿射变换矩阵有六个未知数,所以只需要三组对应位置坐标,构造出由六个方程组成的方程组即可解六个未知数。

举例:如果 (0,0)、(200,0)、(0,200) 这三个坐标通过某仿射变换矩阵 A 分别转换为 (0,0)、(100,0)、(0,100),则可利用这三组对应坐标构造出六个方程,求解出 A。OpenCV 提供的函数:

```
cv2.getAffineTransform(src, dst)
```

就是通过方程法计算参数 src 到 dst 的对应仿射变换矩阵的。对于该函数的 Python API,输入参数 src 和 dst 分别代表原坐标和变换后的坐标,且均为 3 行 2 列的二维 ndarray,每一行代表一个坐标,且数据类型必须为浮点型,否则会报错。示例代码如下:

```
>>import cv2
>>import numpy as np
>>src = np.array([[0,0],[200,0],[0,200]],np.float32);
>>dst = np.array([[0,0],[100,0],[0,100]],np.float32);
>>A = cv2.getAffineTransform(src,dst)
```

打印 A 的结果为:

```
array([[ 0.5,0. ,0.],
       [ 0. ,0.5,0.]])
```

对于函数 getAffineTransform 的 C++ API 的输入参数有两种方式,第一种方式是将原位置坐标和对应的变换后的坐标分别保存在 Point2f 数组中,代码如下:

```
//原位置坐标
Point2f src[]={Point2f(0,0),Point2f(200,0),Point2f(0,200)};
//经过某仿射变换后的坐标
Point2f dst[]={Point2f(0,0),Point2f(200,0),Point2f(0,200)};
//计算仿射矩阵
Mat A = getAffineTransform(src, dst);
```

返回值 A 仍然是 2 行 3 列的矩阵，指的是仿射变换矩阵的前两行。需要注意的是，数据类型是，CV_64F 而不是 CV_32F。

第二种方式是将原位置坐标和对应的变换后的坐标保存在 Mat 中，每一行代表一个坐标，数据类型必须是 CV_32F，否则会报错，代码如下：

```
//原位置坐标和仿射变换后的坐标
Mat src = (Mat_<float>(3, 2) << 0, 0, 200, 0, 0,200);
Mat dst = (Mat_<float>(3, 2) << 0, 0, 100, 0, 0, 100);
//计算仿射矩阵
Mat A = getAffineTransform(src, dst);
```

2. 矩阵法

对于使用矩阵相乘法计算仿射矩阵，前提是需要知道基本仿射变换步骤，即如果 (x, y) 先缩放再平移，则变换后的矩阵形式为：

$$\begin{pmatrix} \tilde{x} \\ \tilde{y} \\ 1 \end{pmatrix} = \begin{pmatrix} 1 & 0 & t_x \\ 0 & 1 & t_y \\ 0 & 0 & 1 \end{pmatrix} \begin{pmatrix} s_x & 0 & 0 \\ 0 & s_y & 0 \\ 0 & 0 & 1 \end{pmatrix} \begin{pmatrix} x \\ y \\ 1 \end{pmatrix}$$

显然，以上仿射变换矩阵是由平移矩阵乘以缩放矩阵得到的。需要注意的是，虽然先缩放再平移，但是仿射变换矩阵是平移仿射矩阵乘以缩放仿射矩阵，而不是缩放仿射矩阵乘以平移仿射矩阵，即等式右边的运算是从右向左进行的。

对于矩阵的乘法，注意不是矩阵的点乘，Numpy 提供了 dot 函数来实现。假设对空间坐标先等比例缩放 2 倍，然后在水平方向上平移 100，在垂直方向上平移 200，计算该仿射变换矩阵，代码如下：

```
>>import numpy as np
>>s = np.array([[0.5,0,0],[0,0.5,0],[0,0,1]]);#缩放矩阵
>>t = np.array([[1,0,100],[0,1,200],[0,0,1]]);#平移矩阵
>> A = np.dot(t,s)#矩阵相乘
>>A
array([[  0.5,0. ,100. ],
       [  0. ,0.5,200. ],
       [  0. ,0. ,1. ]])
```

在"第 2 章 图像数字化"中已经提到，在 OpenCV 中是通过"*"运算符或者 gemm 函数来实现矩阵的乘法的，上面示例的 C++ 实现如下：

```
Mat s=(Mat_<float>(3,3)<<0.5,0,0,0,0.5,0,0,0,1);//缩放矩阵
Mat t=(Mat_<float>(3,3)<<1,0,100,0,1,200,0,0,1);//平移矩阵
Mat A;
gemm(s,t,1.0,Mat(),0,A,0);//矩阵相乘
```

类似的，如果以 (x_o, y_o) 为中心进行缩放变换，然后逆时针旋转 α，则仿射变换矩阵为：

$$\begin{pmatrix} 1 & 0 & x_o \\ 0 & 1 & y_o \\ 0 & 0 & 1 \end{pmatrix} \begin{pmatrix} \begin{pmatrix} \cos\alpha & \sin\alpha & 0 \\ -\sin\alpha & \cos\alpha & 0 \\ 0 & 0 & 1 \end{pmatrix} \begin{pmatrix} s_x & 0 & 0 \\ 0 & s_y & 0 \\ 0 & 0 & 1 \end{pmatrix} \end{pmatrix} \begin{pmatrix} 1 & 0 & -x_o \\ 0 & 1 & -y_o \\ 0 & 0 & 1 \end{pmatrix}$$

整理后结果为：

$$A = \begin{pmatrix} s_x \cos\alpha & s_y \sin\alpha & (1 - s_x \cos\alpha)x_o - s_y y_o \sin\alpha \\ -s_x \sin\alpha & s_y \cos\alpha & (1 - s_y \cos\alpha)y_o + s_x x_o \sin\alpha \\ 0 & 0 & 1 \end{pmatrix}$$

如果还需平移，则只需将结果左乘一个平移仿射矩阵即可。以上是以 (x_o, y_o) 为中心先进行缩放，然后逆时针旋转 α 的；反过来，如果先逆时针旋转 α 再进行缩放处理，则仿射变换矩阵为：

$$A = \begin{pmatrix} s_x \cos\alpha & s_x \sin\alpha & (1 - s_x \cos\alpha)x_o - s_x y_o \sin\alpha \\ -s_y \sin\alpha & s_y \cos\alpha & (1 - s_y \cos\alpha)y_o + s_y x_o \sin\alpha \\ 0 & 0 & 1 \end{pmatrix}$$

从得到的两个仿射变换矩阵可以看出，如果是等比例缩放的，即 $s_x = s_y$，则两个仿射变换矩阵是相等的。对于这种等比例缩放的仿射变换，OpenCV 提供了函数：

```
cv2.getRotationMatrix2D(center, angle, scale)
```

用于计算其仿射变换矩阵，其本质上还是通过各个矩阵相乘得到的，其中参数 center 为变换中心点的坐标，scale 是等比例缩放的系数，angle 是逆时针旋转的角度。虽然这里称为逆时针，但是如果 angle 是负数，则相当于顺时针了。还有一点需要注意，angle 是以角度为单位，而不是以弧度为单位的。

举例：计算以坐标点 (40, 50) 为中心逆时针旋转 30° 的仿射变换矩阵。Python 实现代码如下：

```
>>import cv2
>>A = cv2.getRotationMatrix2D((40,50),30,0.5)
>>A.dtype#打印返回矩阵的数据类型
 dtype('float64')
```

返回值是一个 2×3 的 ndarray 且数据类型是 double，输出值为：

```
array([[ 0.4330127,0.25      ,10.17949192],
       [ -0.25     ,0.4330127,38.34936491]])
```

对上述示例的 C++ 实现代码如下：

```
Mat A = getRotationMatrix2D(Point2f(40, 50), 30, 0.5);
```

返回值是一个 2×3 的 Mat，数据类型是 CV_64F。

了解了空间坐标变换中的仿射变换，然后考虑如何将其运用到图像的几何变换中，就需要利用以下提到的插值算法了。

3.1.5 插值算法

在上一章中，已经讨论过可以将图像理解为一个矩阵，有的时候为了便于理解问题，也可以将图像理解为一个二维函数。假设有行数为 H、列数为 W 的图像矩阵 I，记 $I(y,x)$ 是 I 的第 y 行第 x 列的值，可以通过该矩阵定义以下二维函数 f_I：

$$z = f_I(x,y) = I(x,y), 0 \leqslant x < W, 0 \leqslant y < H, x \in N, y \in N$$

其中，N 代表整数集，即 I 的第 y 行第 x 列的值，对应于 f_I 在第一象限的整数坐标 (x,y) 处的函数值，这样就是默认坐标系的原点在矩阵的左上角位置，水平方向为 x 轴，即矩阵的列号对应 x 坐标，垂直方向为 y 轴，行号对应 y 坐标，称该函数为图像函数，如图 3-4 所示。

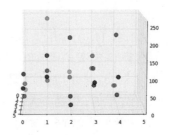

图 3-4　将矩阵理解为二维函数

将对图像 I 进行几何变换后得到输出图像 O 的问题转化为已知二维图像函数 f_I,且已知 xoy 空间中的坐标点 (x,y) 与 $\tilde{x}o\tilde{y}$ 空间中的坐标点 $(\tilde{x},\tilde{y})$ 满足以下空间变换关系:

$$\begin{pmatrix} \tilde{x} \\ \tilde{y} \\ 1 \end{pmatrix} = A \begin{pmatrix} x \\ y \\ 1 \end{pmatrix}, A = \begin{pmatrix} a_{11} & a_{12} & a_{13} \\ a_{21} & a_{22} & a_{23} \\ 0 & 0 & 1 \end{pmatrix}$$

通过以上两个已知条件,计算 f_O 在 $(\tilde{x},\tilde{y})$ 处的函数值,f_O 的定义域为 $0 \leqslant \tilde{x} \leqslant \widetilde{W} - 1, 0 \leqslant \tilde{y} \leqslant \widetilde{H} - 1$,且 $\tilde{x}$、$\tilde{y}$、$\widetilde{W}$、$\widetilde{H}$ 均为正整数,即 f_O 的定义域是第一象限的矩形区域 $[0, \widetilde{W} - 1] \times [0, \widetilde{H} - 1]$ 内的整数坐标,其中 $\widetilde{W}$ 代表要输出图像的宽度,$\widetilde{H}$ 代表要输出图像的高度,这两个值需要手动设置。

以放大图像 2 倍为例,则取仿射变换矩阵:

$$A = \begin{pmatrix} 2 & 0 & 0 \\ 0 & 2 & 0 \\ 0 & 0 & 1 \end{pmatrix}$$

最直观的策略是 f_I 定义域内的任意一个坐标 (x,y) 仿射变换后的坐标为 $(2x,2y)$,那么令 $f_O(2x,2y) = f_I(x,y)$,显然这里只能计算 f_O 在 $(2x,2y)$ 处的函数值。遗憾的是,比如 f_O 在 $(2x-1,2y-1)$ 这些位置坐标处的函数值是无法设置的。

正确的做法是,反过来考虑,我们的目标是设置 f_O 在第一象限的任意整数坐标 $(\tilde{x},\tilde{y})$ 处的函数值,那么首先计算出在 xoy 平面中哪一个坐标 (x,y) 经仿射变换后为 $(\tilde{x},\tilde{y})$,可通过仿射变换矩阵 A 的逆进行计算,即

$$\begin{pmatrix} x \\ y \\ 1 \end{pmatrix} = A^{-1} \begin{pmatrix} \tilde{x} \\ \tilde{y} \\ 1 \end{pmatrix}$$

仍以放大 2 倍为例,$(4,4)$ 是由 $(2,2)$ 仿射变换得到的,那么就可以令 $f_O(4,4) = f_I(2,2)$。同理,设置 f_O 在坐标 $(3,3)$ 处的函数值,首先 $(3,3)$ 是由坐标 $(1.5,1.5)$ 仿射变换得到的,所以令 $f_O(3,3) = f_I(1.5,1.5)$ 即可。遗憾的是,f_I 在 $(1.5,1.5)$ 处没有函数值,因为 f_I 只在第一象限的整数坐标处有函数值,但是 $(1.5,1.5)$ 的四个相邻整数坐标 $(1,1)$、$(2,1)$、$(1,2)$、$(2,2)$ 处是有函数值的,所以用这四个值来估算 f_I 在 $(1.5,1.5)$ 处的值(就是本节提到的插值算法),然后赋值给 $f_O(3,3)$ 即可。需要注意的是 $(\tilde{x},\tilde{y})$ 逆仿射变换后的坐标 (x,y),如果 (x,y) 落在

f_I 的定义域所在的矩形区域 $[0, W-1] \times [0, H-1]$ 内，则可以使用插值算法计算非整数坐标处的函数值；如果 (x, y) 落在第一象限的其他区域，甚至其他三个象限内，如图 3-5 中的第二种情况所示，那么就不需要用插值算法了，最常用的方法是直接令 $f_O(\tilde{x}, \tilde{y})$ 等于某一个预先设定好的常数即可。

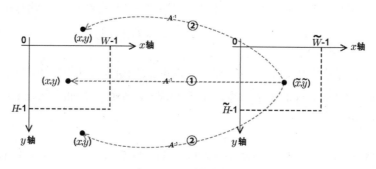

图 3-5　逆仿射变换

下面从最简单的最近邻插值方法开始，介绍如何利用已知的整数坐标处的函数值估算非整数坐标处的函数值。

1. **最近邻插值**

已知坐标点 (x, y)，令 $[x]$ 代表 x 的整数部分，$[y]$ 代表 y 的整数部分，如果 $x > 0$ 且 $y > 0$，即在第一象限，显然 (x, y) 的四个相邻整数坐标为 $([x], [y])$、$([x]+1, [y])$、$([x], [y]+1)$、$([x]+1, [y]+1)$；如果在第二象限，即 $x < 0$ 且 $y > 0$，则 (x, y) 的四个相邻整数坐标为 $([x], [y])$、$([x]-1, [y])$、$([x], [y]+1)$、$([x]-1, [y]+1)$；其他两个象限类似。

最近邻插值就是从 (x, y) 的四个相邻整数坐标中找到离它最近的一个，假设为 $(\hat{x}, \hat{y})$，然后令 $f_I(x, y) = f_I(\hat{x}, \hat{y})$。

举例：$(2.3, 4.7)$ 的四个相邻整数坐标分别为 $(2, 4)$、$(3, 4)$、$(2, 5)$、$(3, 5)$，离它最近的是 $(2, 5)$，则函数 f_I 在 $(2.3, 4.7)$ 处的函数值等于 f_I 在 $(2, 5)$ 处的值，即 $f_I(2.3, 4.7) = f_I(2, 5)$。

使用最近邻插值方法完成图像几何变换，输出图像会出现锯齿状外观，对图像放大处理的效果会更明显。为了得到更好的效果，应使用更多的信息，而不仅仅使用最近像素的灰度值，常用的方法是双线性插值和三次样条插值。

2. **双线性插值**

对于双线性插值，以 (x, y) 落在第一象限为例，如图 3-6（a）所示，其他象限类似，处理过程可以分为以下三个步骤。

第一步：$|x-[x]|$ 是点 (x,y) 和 $([x],[y])$ 的水平距离，$|[x]+1-x|$ 是点 (x,y) 和 $([x]+1,[y])$ 的水平距离，显然 $0<|x-[x]|<1$，$0<|[x]+1-x|<1$ 且 $|x-[x]|+|[x]+1-x|=1$。为了表示方便，记 $a=|x-[x]|$，如图 3-6（b）所示，通过以下线性关系估计 f_I 在 $(x,[y])$ 处的值：

$$f_I(x,[y]) = |x-[x]| * f_I([x]+1,[y]) + (1-|x-[x]|) * f_I([x],[y])$$
$$= a * f_I([x]+1,[y]) + (1-a) * f_I([x],[y])$$

第二步：同第一步类似，$|x-[x]|$ 是点 (x,y) 和 $([x],[y]+1)$ 的水平距离，$|[x]+1-x|$ 是点 (x,y) 和 $([x]+1,[y]+1)$ 的水平距离，如图 3-6（c）所示，通过以下线性关系估计 f_I 在 $(x,[y]+1)$ 处的值：

$$f_I(x,[y]+1) = |x-[x]| * f_I([x]+1,[y]+1) + (1-|x-[x]|) * f_I([x],[y]+1)$$
$$= a * f_I([x]+1,[y]+1) + (1-a) * f_I([x],[y]+1)$$

第三步：通过第一步和第二步分别得到了 f_I 在 $(x,[y]+1)$ 和 $(x,[y])$ 处的函数值，(x,y) 和 $(x,[y])$ 的垂直距离为 $|y-[y]|$，(x,y) 和 $(x,[y]+1)$ 处的垂直距离为 $|[y]+1-y|$，如图 3-6（d）所示，通过以下线性关系估计 f_I 在 (x,y) 处的函数值：

$$f_I(x,y) = (|y-[y]|)f_I(x,[y]+1) + (1-|y-[y]|)f_I(x,[y]),$$

令 $b=|y-[y]|$，简化上式得到：

$$f_I(x,y) = a*b*(f_I([x],[y]) + f_I([x+1],[y]+1) - f_I([x]+1,[y]) - f_I([x],[y]+1))$$
$$+ a*(f_I([x]+1,[y]) - f_I([x],[y])) + b*(f_I([x],[y]+1) - f_I([x],[y]))$$
$$+ f_I([x],[y])$$

这样对于非整数坐标处的函数值，就可以利用它的邻域的四个整数坐标处的函数值进行插值计算而得到。当然，如果先进行两次垂直方向上的插值，然后再进行水平方向上的插值，得到的结果是一样的。

从双线性插值的公式可以看出，f_I 是一个二阶的函数。有的时候为了得到更好的拟合值，需要高阶的插值函数，如三次样条插值、Legendre 中心函数和 $\sin(axs)$ 函数，高阶插值常使用二维离散卷积运算来实现[1]。关于二维离散卷积将在"第 5 章 图像平滑"中详细讨论，所以对于高阶插值这里就不再赘述了。下面介绍在 OpenCV 中关于图像几何变换的函数。

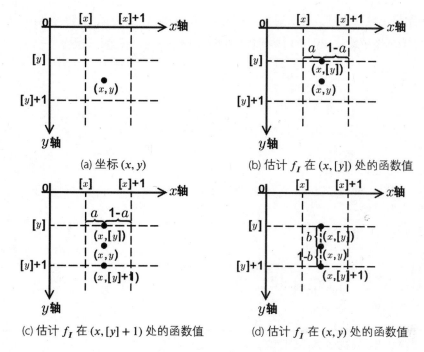

图 3-6 双线性插值

3.1.6 Python 实现

前面已经详细介绍了关于图像几何变换的两个重要关键点：空间坐标变换和插值方法，在已知仿射变换矩阵的基础上，OpenCV 提供了函数：

cv2.warpAffine(src, M, dsize[, dst[, flags[, borderMode[, borderValue]]]])

来实现图像的仿射变换，其参数解释如表 3-1 所示。

表 3-1 函数 warpAffine 的参数解释

参数	解释
src	输入图像矩阵
M	2 行 3 列的仿射变换矩阵
dsize	二元元组 (宽, 高)，输出图像的大小
flags	插值法：INTE_NEAREST、INTE_LINEAR（默认）等
borderMode	填充模式：BORDER_CONSTANT 等
borderValue	当 borderMode=BORDER_CONSTANT 时的填充值

下面使用该函数，通过改变仿射矩阵完成对图像的缩小、平移、旋转等操作。以处理图 3-7（a）所示的图像为例，Python 代码实现如下：

```python
# -*- coding: utf-8 -*-
import numpy as np
import cv2
import sys
import math
#主函数
if __name__ == "__main__":
    if len(sys.argv)>1:
        image = cv2.imread(sys.argv[1],cv2.CV_LOAD_IMAGE_GRAYSCALE)
    else:
        print "Usage: python warpAffine.py image"
    cv2.imwrite("img.jpg",image)
    #原图的高、宽
    h,w=image.shape[:2]
    #仿射变换矩阵，缩小2倍
    A1 = np.array([[0.5,0,0],[0,0.5,0]],np.float32)
    d1 = cv2.warpAffine(image,A1,(w,h),borderValue=125)
    #先缩小2倍，再平移
    A2 = np.array([[0.5,0,w/4],[0,0.5,h/4]],np.float32)
    d2 = cv2.warpAffine(image,A2,(w,h),borderValue=125)
    #在 d2 的基础上，绕图像的中心点旋转
    A3 = cv2.getRotationMatrix2D((w/2.0,h/2.0),30,1)
    d3 = cv2.warpAffine(d2,A3,(w,h),borderValue=125)
    cv2.imshow("image",image)
    cv2.imshow("d1",d1)
    cv2.imshow("d2",d2)
    cv2.imshow("d3",d3)
    cv2.waitKey(0)
    cv2.destroyAllWindows()
```

图 3-7（b）是对图（a）等比例缩放的效果，图（c）是对图（a）先缩放和后平移的效果，图（d）是对图（c）利用绕中心坐标点逆时针旋转 30° 仿射矩阵变换后的效果。图（b）、（c）、（d）均出现了大片的灰色区域，灰色区域的灰度值对应于函数 warpAffine 中设置的参数 borderValue=125，这片区域就如图 3-5 中的第二种情况所示，逆仿射变换的坐标落在了原图的有效区域外，当然也可以设置为白色或者其他颜色。

   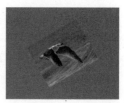

(a) 原图　　　　　　(b) 缩小　　　　　(c) 缩小 + 平移　　(d) 缩小 + 平移 + 旋转

图 3-7　仿射变换

3.1.7　C++ 实现

使用函数 warpAffine 对图像进行缩放，需要先创建缩放仿射矩阵。为了使用更方便，对于图像的缩放，OpenCV 还提供了另一个函数：

```
void resize(InputArray src, OutputArray dst, Size dsize, double fx=0, double fy=0, int interpolation=INTER_LINEAR )
```

来实现，其参数解释如表 3-2 所示。

表 3-2　函数 resize 的参数解释

参数	解释
src	输入图像矩阵
dst	输出图像矩阵
dsize	二元元组 (宽, 高)，输出图像的大小
fx	在水平方向上缩放比例，默认值为 0
fy	在垂直方向上缩放比例，默认值为 0
interpolation	插值法：INTE_NEAREST、INTE_LINEAR（默认）等

这样在对图像矩阵进行缩放时，就不需要先创建缩放仿射矩阵，然后再使用函数 warpAffine 了，在本质上 resize 的参数 fx 和 fy 也相当于构建了缩放仿射矩阵。下面分别使用这两个函数进行图像缩放，代码如下：

```
#include<opencv2/core/core.hpp>
#include<opencv2/highgui/highgui.hpp>
#include<opencv2/imgproc/imgproc.hpp>
using namespace cv;
int main(int argc, char* argv[])
```

```cpp
{
    //输入图像
    Mat I = imread(argv[1], CV_LOAD_IMAGE_GRAYSCALE);
    if (!I.data)
        return -1;
    /*第一种方式: 利用 warpAffine 进行缩放*/
    //缩放仿射矩阵, 等比例缩小 2 倍
    Mat s = (Mat_<float>(2, 3) << 0.5, 0, 0, 0, 0.5, 0);
    Mat dst1;
    warpAffine(I, dst1,s,Size(I.cols/2,I.rows/2));//图像缩放
    /*第二种方式: 利用 resize 等比例缩小 2 倍*/
    Mat dst2;
    resize(I, dst2, Size(I.cols / 2, I.rows / 2), 0.5, 0.5);
    //显示效果
    imshow("I", I);
    imshow("warpAffine", dst1);
    imshow("resize", dst2);
    waitKey(0);
    return 0;
}
```

在上述代码中,使用 resize 缩小图像的代码也可以写为如下两种方式:

```cpp
resize(I, dst2, Size(), 0.5, 0.5);
```

这样输出图像的尺寸会默认为 Size(0.5*I.cols,0.5*I.rows),或者 resize(I, dst2, Size(I.cols / 2, I.rows / 2), 0, 0)。

对图像进行缩放处理时,从代码量来说,使用 resize 会更方便。对于图像的旋转,在 OpenCV 3.X 版本中增加了一个新的函数 rotate。

3.1.8 旋转函数 rotate (OpenCV3.X 新特性)

在 OpenCV 3.X 中通过定义函数:

```cpp
void rotate(InputArray src, OutputArray dst, int rotateCode)
```

来完成图像矩阵顺时针旋转 90°、180°、270°,其参数解释如表 3-3 所示。

表 3-3 函数 rotate 的参数解释

参数	解释
src	输入矩阵（单、多通道矩阵都可以）
dst	输入矩阵
rotateCode	ROTATE_90_CLOCKWISE：顺时针旋转 90° ROTATE_180：顺时针旋转 180° ROTATE_90_COUNTERCLOCKWISE：顺时针旋转 270°

注意：虽然是图像矩阵的旋转，但该函数不需要利用仿射变换来完成这类旋转，只是行列的互换，类似于矩阵的转置操作，所以该函数声明在头文件 opencv2/core.hpp 中。

下面利用该函数的 Python API 来完成图像矩阵三个角度的简单旋转，代码如下：

```python
# -*- coding: utf-8 -*-
import cv2
import sys
#主函数
if __name__ == "__main__":
    if len(sys.argv)>1:
        image = cv2.imread(sys.argv[1],cv2.IMREAD_ANYCOLOR)
    else:
        print "Usage: python rotate.py image"
    #显示原图
    cv2.imshow("image",image)
    #图像旋转：cv2.ROTATE_180  cv2.ROTATE_90_COUNTERCLOCKWISE
    rImg = cv2.rotate(image,cv2.ROTATE_90_CLOCKWISE)
    #显示旋转的结果
    cv2.imshow("rImg",rImg)
    cv2.waitKey(0)
    cv2.destroyAllWindows()
```

同样，rotate 的 C++ API 的使用示例代码如下：

```cpp
#include<opencv2/core/core.hpp>
#include<opencv2/highgui/highgui.hpp>
using namespace cv;
int main(int argc, char*argv[])
{
```

```
//读入图像
Mat img = imread(argv[1], IMREAD_ANYCOLOR);
//旋转90°、180°、270°
Mat rImg;
rotate(img, rImg, ROTATE_90_CLOCKWISE);
//显示原图和旋转的结果
imshow("原图", img);
imshow("旋转", rImg);
waitKey(0);
return 0;
}
```

图 3-8 显示了调节函数 rotate 的不同参数来处理图 3-7（a）所示图像的效果。

(a) 顺时针旋转 90°　　　(b) 顺时针旋转 180°　　　(c) 逆时针旋转 90°

图 3-8　顺时针旋转 90°、180°、270°

3.2　投影变换

3.2.1　原理详解

在对仿射变换的讨论中，校正物体都是在二维空间中完成的，如果物体在三维空间中发生了旋转，那么这种变换通常被称为投影变换。由于可能出现阴影或者遮挡，所以此投影变换是很难修正的。但是如果物体是平面的，那么就能通过二维投影变换对此物体三维变换进行模型化，这就是专用的二维投影变换，可由如下公式描述：

$$\begin{pmatrix} \tilde{x} \\ \tilde{y} \\ \tilde{z} \end{pmatrix} = \begin{pmatrix} a_{11} & a_{12} & a_{13} \\ a_{21} & a_{22} & a_{23} \\ a_{31} & a_{32} & a_{33} \end{pmatrix} \begin{pmatrix} x \\ y \\ z \end{pmatrix}$$

与用方程法计算仿射变换矩阵的函数 getAffineTransform 类似，OpenCV 提供了函数：

cv2.getPerspectiveTransform(src, dst)

来计算投影变换矩阵，不同的是，这里需要输入四组对应的坐标变换[1][2]，而不是三组，其中参数 src 代表原坐标，参数 dst 是与 src 相对应的变换后的坐标，返回值为 3×3 的投影矩阵。对于该函数的 Python API，src 和 dst 分别是 4×2 的二维 ndarray，其中每一行代表一个坐标，而且数据类型必须是 32 位浮点型，否则会报错。

举例：假设 (0,0)、(200,0)、(0,200)、(200,200) 是原坐标，通过某投影变换依次转换为 (100,20)、(200,20)、(50,70)、(250,70)，计算该投影变换矩阵的示例代码如下：

```
>>import cv2
>>import numpy as np
>>src=np.array([[0,0],[200,0],[0,200],[200,200]],np.float32);
>>dst=np.array([[100,20],[200,20],[50,70],[250,70]],np.float32);
>>P = cv2.getPerspectiveTransform(src,dst);
```

返回的投影变换矩阵结果为：

```
array([[ 5.00000000e-01,-3.75000000e-01, 1.00000000e+02],
       [ 3.88578059e-16,7.50000000e-02,2.00000000e+01],
       [ 9.54097912e-18,-2.50000000e-03,1.00000000e+00]])
```

而且返回的投影矩阵 **P** 的数据类型是 float64。

对于该函数的 C++ API，提供了两个重载函数，与求仿射变换矩阵类似，第一种方式是将原位置坐标和对应的变换后的位置坐标分别保存在 Point2f 数组中，代码如下：

```
//原坐标
Point2f src[]={Point2f(0,0),Point2f(200.0,0),Point2f(0,200.0),Point2f(200,200)};
//经过某投影变换后的坐标
Point2f dst[]={Point2f(100,20),Point2f(200,20),Point2f(50,70),Point2f(250,70)};
//计算投影变换矩阵
Mat P = getPerspectiveTransform(src, dst);
```

注意：返回的投影矩阵的数据类型为 CV_64F。

第二种方式是将原位置坐标和对应的变换后的位置坐标分别保存在 4×2 的 Mat 中，每一行代表一个坐标，代码如下：

```cpp
//原坐标
Mat src=(Mat_<float>(4,2)<<0,0,200,0,0,200,200,200);
//经过某投影变换后的坐标
Mat dst=(Mat_<float>(4,2)<<100,20,200,20,50,70,250,70);
//计算投影变换矩阵
Mat P = getPerspectiveTransform(src, dst);
```

计算出投影变换矩阵后就可以完成图像的投影变换了。下面介绍在 OpenCV 中实现的投影变换函数。

3.2.2 Python 实现

类似于仿射变换，OpenCV 提供了函数：

`cv2.warpPerspective(src,M,dsize[,dst[,flags[,borderMode[,borderValue]]]])`

来实现投影变换功能，其使用方法和参数也与之类似，只是输入的变换矩阵从 2 行 3 列的仿射变换矩阵变为 3 行 3 列的投影变换矩阵。对图像进行投影变换的代码如下：

```python
# -*- coding: utf-8 -*-
import numpy as np
import cv2
import sys
#主函数
if __name__ == "__main__":
    if len(sys.argv)>1:
        image = cv2.imread(sys.argv[1],cv2.CV_LOAD_IMAGE_GRAYSCALE)
    else:
        print "Usage: python warpPercpective.py image"
    #原图的高、宽
    h,w = image.shape
    #原图的四个点与投影变换对应的点
    src=np.array([[0,0],[w-1,0],[0,h-1],[w-1,h-1]],np.float32);
    dst=np.array([[50,50],[w/3,50],[50,h-1],[w-1,h-1]],np.float32)
```

```
#计算投影变换矩阵
p=cv2.getPerspectiveTransform(src,dst)
#利用计算出的投影变换矩阵进行头像的投影变换
r = cv2.warpPerspective(image,p,(w,h),borderValue=125)
#显示原图和投影效果
cv2.imshow("image",image)
cv2.imshow("warpPerspective",r)
cv2.waitKey(0)
cv2.destroyAllWindows()
```

图 3-9 显示的是对图 3-7（a）所示图像进行不同投影变换后的效果，可以看出很像一个平面物体在三维空间中进行旋转、平移等变换后的结果。因为投影变换矩阵是由四组对应的坐标决定的，如果将图中两条平行线的端点分别投影到两条不平行线的端点，就破坏了线的平行性，所以通过投影变换可以将一幅图"放在"任何不规则的四边形中，而仿射变换却保持了线的平行性。

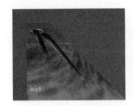

图 3-9 投影变换

3.2.3 C++ 实现

在 3.2.2 节中，对于投影变换的 Python 实现是通过手动输入四组对应的坐标计算投影变换矩阵的。下面通过交互式的方式，利用 OpenCV 提供的鼠标事件，在原图和输出的画布上选取四组对应的坐标，然后计算投影变换矩阵完成图像的投影变换。代码如下：

```cpp
#include<opencv2/core/core.hpp>
#include<opencv2/imgproc/imgproc.hpp>
#include<opencv2/highgui/highgui.hpp>
using namespace cv;
Mat I;//原图
Mat pI;//投影变换后的图
Point2f IPoint,pIPoint;
```

```cpp
int i = 0,j = 0;
Point2f src[4];//存储原坐标
Point2f dst[4];//存储对应变换的坐标
//通过以下鼠标事件,在原图中取四个坐标
void mouse_I(int event, int x, int y, int flags, void *param)
{
    switch (event)
    {
    case CV_EVENT_LBUTTONDOWN:
        IPoint = Point2f(x, y);//记录坐标
        break;
    case CV_EVENT_LBUTTONUP:
        src[i] = IPoint;
        circle(I, src[i], 7, Scalar(0),3);//标记
        i += 1;
        break;
    default:
        break;
    }
}
//通过以下鼠标事件,在要输出的画布上取四个对应的坐标
void mouse_pI(int event,int x,int y,int flags,void *param)
{
    switch (event)
    {
    case CV_EVENT_LBUTTONDOWN:
        pIPoint = Point2f(x, y);//记录坐标
        break;
    case CV_EVENT_LBUTTONUP:
        dst[j] = pIPoint;
        circle(pI, dst[j], 7, Scalar(0), 3);//标记
        j += 1;
        break;
    default:
        break;
    }
```

```cpp
}
int main(int argc, char*argv[])
{
    //输入原图
    I = imread(argv[1], CV_LOAD_IMAGE_GRAYSCALE);
    if (!I.data)
        return -1;
    //输出图像
    pI = 255 * Mat::ones(I.size(), CV_8UC1);
    //在原图窗口上，定义鼠标事件
    namedWindow("I", 1);
    setMouseCallback("I", mouse_I, NULL);
    //在输出窗口上，定义鼠标事件
    namedWindow("pI", 1);
    setMouseCallback("pI", mouse_pI, NULL);
    imshow("I", I);
    imshow("pI", pI);
    while(!(i == 4 && j == 4))
    {
        imshow("I", I);
        imshow("pI", pI);
        if (waitKey(50) == 'q')
            break;
    }
    imshow("I", I);
    imshow("pI", pI);
    //移除鼠标事件
    setMouseCallback("I", NULL, NULL);
    setMouseCallback("pI", NULL, NULL);
    //计算投影变换矩阵
    Mat p = getPerspectiveTransform(src, dst);
    //投影变换
    Mat result;
    warpPerspective(I, result, p, pI.size());
    imshow("投影后的效果", result);
    waitKey(0);
```

```
    return 0;
}
```

以上代码中使用了 OpenCV 中的函数：

```
void circle(Mat & img, Point center, int radius, const Scalar & color, int thickness=1, int lineType=8, int shift=0)
```

该函数用来在图中画圆，其中的参数很容易理解：img 代表输入图像，center 代表圆心，radius 代表圆的半径，color 代表画出的圆的颜色，thickness 代表线的粗细，lineType 代表线的类型。除了可以在图中画圆，OpenCV 还提供了函数 rectangle、ellipse、line 分别用于在图中画矩形、椭圆形和线段这些基本的几何形状，其使用方法和 circle 类似。

利用以上程序校正图 3-10（a）所示的图像，目的是能够看到图中白色圆盘的正面，对于这一点仿射变换是做不到的。运行程序时，首先显示的是图 3-10（a）所示的图像和图（b）所示的画布，然后利用鼠标在图（a）中选取四个点，即黑色圆圈标注的点，再在画布上依次选取和在图（a）中所选取的四个点对应的点，如图（b）黑色圆圈标注的地方，最后的输出图像如图（c）所示。

 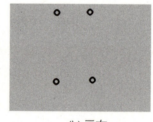 

(a) 原图　　　　　　　　　(b) 画布　　　　　　　　　(c) 投影变换的结果

图 3-10　投影变换

以上讨论的投影变换和仿射变换都是两个笛卡儿坐标系之间的变换，下面介绍笛卡儿平面坐标和极坐标之间的空间变换关系，从而完成图像的极坐标变换。

3.3 极坐标变换

3.3.1 原理详解

通常利用极坐标变换来校正图像中的圆形物体或被包含在圆环中的物体。

1. **将笛卡儿坐标转换为极坐标**

笛卡儿坐标系 xoy 平面上的任意一点 (x, y)，以 $(\bar{x}, \bar{y})$ 为中心，通过以下计算公式对应到极坐标系 θor 上的极坐标 (θ, r)：

$$r = \sqrt{(x-\bar{x})^2 + (y-\bar{y})^2}, \theta = \begin{cases} 2\pi + \arctan 2(y-\bar{y}, x-\bar{x}), & y-\bar{y} \leqslant 0 \\ \arctan 2(y-\bar{y}, x-\bar{x}), & y-\bar{y} > 0 \end{cases}$$

从上述公式可以看出，以变换中心为圆心的同一个圆上的点，在极坐标系 θor 中显示为一条直线。θ 的取值范围用弧度表示为 $[0, 2\pi]$，用角度表示为 $[0, 360]$，反正切函数 arctan2 返回的角度和笛卡儿坐标点所在的象限有关系，如果 $(y-\bar{y}, x-\bar{x})$ 在第一象限，反正切的角度范围为 $[0, 90]$；如果在第二象限，反正切的角度范围为 $[90, 180]$；如果在第三象限，反正切的角度范围为 $[-180, -90]$；如果在第四象限，反正切的角度范围为 $[-90, 0]$。为了使用方便，将第三、四象限情况，即 $y-\bar{y} \leqslant 0$ 时返回的正切角度加上一个周期 360°，所以经过极坐标变换后的角度范围为 $[0, 360]$。

举例：$(11, 13)$ 以 $(3, 5)$ 为中心进行极坐标变换，示例代码如下：

```
>>import math
>>r = math.sqrt(math.pow(11-3,2)+math.pow(13-5,2));
>>theta = math.atan2(13-5,11-3)/math.pi*180;#转换为角度
>> r,theta
 (11.313708498984761, 45.0)
```

变换后的极坐标在 θor 坐标系中为 $(11.313, 45.0)$。该示例的计算方式也可以理解为先把坐标原点移动到 $(3, 5)$ 处，则 $(11, 13)$ 平移后的坐标变为 $(8, 8)$，然后 $(8, 8)$ 再以原点 $(0, 0)$ 为中心进行极坐标变换，这与 $(11, 13)$ 以 $(3, 5)$ 为中心进行极坐标变换的结果是一样的。

OpenCV 提供的函数：

```
cartToPolar(x, y[, magnitude[, angle[, angleInDegrees ]]])
```

实现的就是将原点移动到变换中心后的笛卡儿坐标向极坐标的变换，其参数解释如表 3-4 所示。返回值 magnitude、angle 是与参数 x 和 y 具有相同尺寸和数据类型的 ndarray。

举例：计算 $(0,0)$、$(1,0)$、$(2,0)$、$(0,1)$、$(1,1)$、$(2,1)$、$(0,2)$、$(1,2)$、$(2,2)$ 这 9 个点以 $(1,1)$ 为中心进行的极坐标变换。首先将坐标原点移动到 $(1,1)$ 处，按照平移仿射矩阵计算出这 9 个点平移后的新坐标值，然后利用函数 cartToPolar 进行极坐标变换。代码如下：

```
>>import cv2
```

```
>>import numpy as np
>>x=np.array([[0,1,2],[0,1,2],[0,1,2]],np.float64)-1
>>y=np.array([[0,0,0],[1,1,1],[2,2,2]],np.float64)-1
>>r,theta = cv2.cartToPolar(x,y,angleInDegrees=True)
```

表 3-4　函数 cartToPolar 的参数解释

参数	解释
x	array 数组且数据类型为浮点型、float32 或者 float64
y	和 x 具有相同尺寸和数据类型的 array 数组
angleInDegrees	当值为 True 时，返回值 angle 是角度；反之，为弧度

在以上代码中，将 9 个点的横坐标和纵坐标分别对应地放到 3×3 的 ndarray 中，当然也可以都放到 9×1 的 ndarray 中，只要 x 和 y 对应就可以。返回结果如图 3-11 所示，可以看出，距离变换中心相等的点转换为极坐标后在极坐标系 θor 中位于同一条直线上，这样就直观地给出了极坐标变换是如何校正图像中的圆形物体或圆环中的物体的。

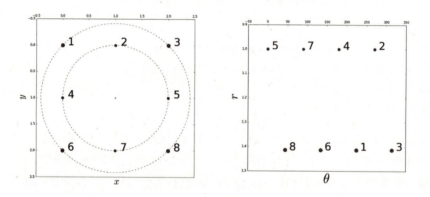

图 3-11　极坐标变换

上述示例的 C++ 实现，将所有要变换的点的横坐标和纵坐标分别对应存放在一个 Mat 中，数据类型为 CV_32F 或者 CV_64F。代码如下：

```
Mat x = (Mat_<float>(3, 3) << 0, 1, 2, 0, 1, 2, 0, 1, 2)-1;
Mat y = (Mat_<float>(3,3) << 0, 0, 0, 1, 1, 1, 2, 2, 2)-1;
Mat r, theta;
cartToPolar(x, y, r, theta, true);
```

2. 将极坐标转换为笛卡儿坐标

极坐标变换也是可逆的，在已知极坐标 (θ, r) 和笛卡儿坐标 $(\overline{x}, \overline{y})$ 的条件下，计算哪个笛卡儿坐标 (x, y) 以 $(\overline{x}, \overline{y})$ 为中心的极坐标变换是 (θ, r)，可通过以下公式计算：

$$x = \overline{x} + r\cos\theta, y = \overline{y} + r\sin\theta$$

OpenCV 提供了函数：

cv2.polarToCart(magnitude, angle[, x[, y[, angleInDegrees]]])

来实现将极坐标转换为笛卡儿坐标，其参数解释与函数 cartToPolar 类似。注意：返回的是以原点 (0,0) 为中心的笛卡儿坐标，即已知 (θ, r) 和 $(\overline{x}, \overline{y})$，计算出的是 $(x - \overline{x}, y - \overline{y})$。

举例：已知极坐标系 θor 中的 (30, 10)、(31, 10)、(30, 11)、(31, 11)，其中 θ 是以角度表示的，问笛卡儿坐标系 xoy 中的哪四个坐标以 $(-12, 15)$ 为中心经过极坐标变换后得到这四个坐标。实现代码如下：

```
>>import cv2
>>import numpy as np
>>angle = np.array([[30,31],[30,31]],np.float32)
>>r=np.array([[10,10],[11,11]],np.float32)
>>x,y=cv2.polarToCart(r,angle,angleInDegrees=True)
```

这样得到的 (x, y) 是以 (0, 0) 为变换中心的，而这里的变换中心为 $(-12, 15)$，所以只要进行以下操作：

```
>>x+=-12
>>y+=15
```

便可得到对应的四个笛卡儿坐标。输出结果如下：

```
>>x
array([[-3.33974457, -3.42832565],
       [-2.4737196 , -2.57115746]], dtype=float32)
>>y
array([[ 20.        ,  20.150383  ],
       [ 20.5       ,  20.66542053]], dtype=float32)
```

即 $(-3.34, 20)$、$(-3.428, 20.15)$、$(-2.47, 20.5)$、$(-2.57, 20, 66)$ 以 $(-12, 15)$ 为中心的极坐标是 $(30, 10)$、$(31, 10)$、$(30, 11)$、$(31, 11)$。

上述示例的 C++ 实现，将极坐标的角度和距离分别放在一个 Mat 中，代码如下：

```
Mat angle = (Mat_<float>(2, 2) << 30, 31, 30, 31);
Mat r = (Mat_<float>(2,2) << 10, 10, 11, 11);
Mat x, y;
polarToCart(r, angle, x, y, true);
x += -12;
y += 15;
```

下面介绍如何通过空间极坐标变换配合插值算法来实现图像的极坐标变换。

3. **利用极坐标变换对图像进行变换**

假设输入图像矩阵为 I，$(\overline{x},\overline{y})$ 代表极坐标空间变换的中心，输出图像矩阵为 O，比较直观的策略是利用极坐标和笛卡儿坐标的对应关系得到 O 的每一个像素值，即

$$O(r,\theta) = f_I(\overline{x} + r\cos\theta, \overline{y} + r\sin\theta)$$

这里的 θ 和 r 都是以 1 为步长进行离散化的，由于变换步长较大，输出图像矩阵 O 可能会损失原图的很多信息。可以通过以下方式进行改进，假设要将与 $(\overline{x},\overline{y})$ 的距离范围为 $[r_{min}, r_{max}]$、角度范围在 $[\theta_{min}, \theta_{max}]$ 内的点进行极坐标向笛卡儿坐标的变换，当然这个范围内的点也是无穷多的，仍需要离散化；假设 r 的变换步长为 r_{step}，$0 < s_{step} \leq 1$，θ 的变换步长为 θ_{step}，θ_{step} 一般取 $\frac{360}{180*N}$，$N \geq 2$，则输出图像矩阵的宽 $w \approx \frac{r_{max} - r_{min}}{r_{step}} + 1$，高 $h \approx \frac{\theta_{max} - \theta_{min}}{\theta_{step}} + 1$，图像矩阵 O 的第 i 行第 j 列的值通过以下公式进行计算：

$$O(i,j) = f_I(\overline{x} + (r_{min} + r_{step}i) * \cos(\theta_{min} + \theta_{step}j), \overline{y} + (r_{min} + r_{step}i) * \sin(\theta_{min} + \theta_{step}j))$$

下面介绍图像极坐标变换的 Python 及 C++ 实现。

3.3.2 Python 实现

在实现图像的极坐标变换之前，先了解一下 Numpy 中的 tile(a,(m,n)) 函数，该函数的返回矩阵是由 $m \times n$ 个 a 平铺而成的，与 MATLAB 中的 repmat 函数功能相同，示例代码如下：

```
>>import numpy as np
>>a=np.array([[1,2],[3,4]])
```

```
>>b=np.title(a,(2,3))#将a分别在垂直方向和水平方向上复制 2 次和 3 次
>>b
array([[1, 2, 1, 2, 1, 2],
       [3, 4, 3, 4, 3, 4],
       [1, 2, 1, 2, 1, 2],
       [3, 4, 3, 4, 3, 4]])
```

现在通过定义 polar 函数来实现图像的极坐标变换,其中参数 I 代表输入图像;center 代表极坐标变换中心;r 是一个二元元组,代表最小距离和最大距离;theta 是角度范围,默认值就是 [0,360],注意这里使用的是角度,而不是弧度;rstep 代表 r 的变换步长;thetastep 代表角度的变换步长,默认值为 $\frac{1}{4}$。对于灰度值的插值,使用的是最近邻插值方法,当然也可以换成其他插值方法。代码如下:

```
def polar(I,center,r,theta=(0,360),rstep=1.0,thetastep=360.0/(180*8)):
    #得到距离的最小、最大范围
    minr,maxr = r
    #角度的最小范围
    mintheta,maxtheta = theta
    #输出图像的高、宽
    H = int((maxr-minr)/rstep)+1
    W =  int((maxtheta-mintheta)/thetastep)+1
    O = 125*np.ones((H,W),I.dtype)
    #极坐标变换
    r = np.linspace(minr,maxr,H)
    r = np.tile(r,(W,1))
    r = np.transpose(r)
    theta = np.linspace(mintheta,maxtheta,W)
    theta = np.tile(theta,(H,1))
    x,y=cv2.polarToCart(r,theta,angleInDegrees=True)
    #最近邻插值
    for i in xrange(H):
        for j in xrange(W):
            px = int(round(x[i][j])+cx)
            py = int(round(y[i][j])+cy)
            if((px>=0 and px<=w-1) and (py>=0 and py <=h-1)):
                O[i][j] = I[py][px]
    return O
```

下面利用该函数进行图像的极坐标变换，并以处理图 3-12（a）所示的图像为例，图（a）所示的图像宽为 1015、高为 986，其中有几层圆环，目的是将圆环按照"矩形"展示，通过极坐标变换正好可以实现该功能，圆环的中心大概位置为 (508,503)，将它作为极坐标变换中心。代码如下：

```python
# -*- coding: utf-8 -*-
import cv2
import numpy as np
import sys
#主函数
if __name__ == "__main__":
    if len(sys.argv)>1:
        I = cv2.imread(sys.argv[1],cv2.CV_LOAD_IMAGE_GRAYSCALE)
    else:
        print "Usage: python polar.py image"
    #图像的高、宽
    h,w = I.shape[:2]
    #极坐标变换中心
    cx,cy = 508,503
    cv2.circle(I,(int(cx),int(cy)),10,(255.0,0,0),3)
    #距离的最小、最大半径 #200 550 270,340
    O = polar(I,(cx,cy),(200,550))
    #旋转
    O = cv2.flip(O,0)
    #显示原图和输出图像
    cv2.imshow("I",I)
    cv2.imshow("O",O)
    cv2.waitKey(0)
    cv2.destroyAllWindows()
```

图 3-12（b）和（c）所示图像是对图（a）所示图像使用不同参数进行极坐标变换后的效果，其中图（b）采用的角度的变换步长是 0.5，可以看出因为步长较大的原因，导致得到的图像丢失了很多信息，在水平方向上好像被压缩了一样；图（c）将角度的变换步长变小为 0.25，得到的效果明显比图（b）好，字体没有出现比较严重的变形情况。

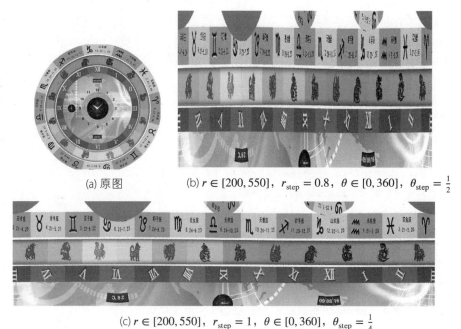

(a) 原图　　(b) $r \in [200, 550]$，$r_{step} = 0.8$，$\theta \in [0, 360]$，$\theta_{step} = \frac{1}{2}$

(c) $r \in [200, 550]$，$r_{step} = 1$，$\theta \in [0, 360]$，$\theta_{step} = \frac{1}{4}$

图 3-12　图像的极坐标变换

3.3.3　C++ 实现

在 Python 实现的极坐标变换中，通过设定 r 和 θ 的取值范围以及变换步长来大约计算出输出矩阵的宽、高。在下面的 C++ 实现中，从另一个角度来考虑，也可以通过先确定输出图像的宽、高，以及 r 和 θ 的最小值和变换步长，从而估算出 r 和 θ 的最大值。在实现极坐标变换之前，先介绍一下 OpenCV 中的函数：

```
repeat(const Mat& src, int ny, int nx)
```

该函数实现矩阵的平铺，与 Numpy 中的 tile 函数功能相同，其参数解释如表 3-5 所示。返回值为 (ny × nx) 个 a 平铺而成的矩阵。该函数还有一个重载函数，其使用方法类似。

表 3-5　函数 repeat 的参数解释

参数	解释
src	输入矩阵
ny	将 src 在垂直方向上重复 ny 次
nx	将 src 在水平方向上重复 nx 次

下面通过定义 polar 函数来实现图像的极坐标变换，其中参数 I 是输入图像；center 是极坐标变换中心；minr 是与变换中心的最小距离；mintheta 是最小角度；thetaStep 是角度的变换步长；rStep 是距离的变换步长。插值使用的是最近邻插值方法，具体代码如下：

```cpp
Mat polar(Mat I,Point2f center,Size size, float minr = 0, float mintheta=0,
float thetaStep = 1.0 / 4, float rStep = 1.0)
{
    //构建 r
    Mat ri = Mat::zeros(Size(1,size.height), CV_32FC1);
    for (int i = 0; i < size.height; i++)
    {
        ri.at<float>(i, 0) = minr + i*rStep;
    }
    Mat r = repeat(ri,1,size.width);
    //构建 theta
    Mat thetaj = Mat::zeros(Size(size.width,1), CV_32FC1);
    for (int j = 0; j < size.width; j++)
    {
        thetaj.at<float>(0, j) = mintheta + j*thetaStep;
    }
    Mat theta = repeat(thetaj, size.height, 1);
    //将极坐标转换为笛卡儿坐标
    Mat x, y;
    polarToCart(r, theta, x, y, true);
    //将坐标原点移动到中心点
    x += center.x;
    y += center.y;
    //最近邻插值
    Mat dst = 125*Mat::ones(size, CV_8UC1);
    for (int i = 0; i < size.height; i++)
    {
        for (int j = 0; j < size.width; j++)
        {
            float xij = x.at<float>(i, j);
            float yij = y.at<float>(i, j);
            int nearestx = int(round(xij));
            int nearesty = int(round(yij));
```

```
                if ((0 <= nearestx&& nearestx < I.cols) &&
                    (0 <= nearesty&& nearesty < I.rows))
                        dst.at<uchar>(i, j)= I.at<uchar>(nearesty,nearestx);
        }
    }
    return dst;
}
```

因为极坐标变换是比较耗时的运算,有的时候只需对距离变换中心一定范围内的点进行极坐标变换;当然,角度也与之类似,有的时候不需要是整个的0~360°。比如只对图3-12(a)所示图像中具有罗马字符的圆环区域进行极坐标变换,这个圆环区域与中心点(508,503)的距离在270~340范围内,当然这个区域是通过实验或者其他途径得到的,那么可以令minr=270、rStep=1,从而输出图像的高大约等于70(340 − 270);令mintheta=0、thetaStep=$\frac{1}{4}$,因为是整个圆环即需要角度范围是[0,360],则设置输出图像的宽大约等于360 * 4 = 1440。代码如下:

```
int main(int argc, char*argv[])
{
    //读入图像
    Mat I = imread(argv[1], CV_LOAD_IMAGE_GRAYSCALE);
    if (!I.data)
        return -1;
    //图像的极坐标变换
    float thetaStep = 1.0 / 4;
    float minr = 270;
    Size size(int(360 / thetaStep), 70);
    Mat dst = polar(I, Point2f(508, 503), size, minr);
    //沿水平方向的镜像处理
    flip(dst, dst, 0);
    //显示原图和变换后的结果
    imshow("I", I);
    imshow("极坐标变换", dst);
    waitKey(0);
    return 0;
}
```

结果如图3-13所示。

$$\text{minr} = 270, r_{\text{step}} = 1, \text{mintheta} = 0, \theta_{\text{step}} = \frac{1}{4}, H = 70, W = 1440$$

图 3-13　图像的极坐标变换

如果使用 Python 实现的极坐标变换函数 polar 产生如图 3-13 所示的结果，则需要设置如下参数：$r \in [270, 340], r_{\text{step}} = 1, \theta \in [0, 360], \theta_{\text{step}} = \frac{1}{4}$。在上面实现的主函数中，对图像进行极坐标变换后，对输出结果又使用了 OpenCV 中的函数：

```
void flip(InputArray src, OutputArray dst, int flipCode)
```

进行处理，该函数实现了矩阵的水平镜像、垂直镜像及逆时针旋转 180°，其中逆时针旋转 180° 也可以理解为先将矩阵进行水平镜像处理，然后进行垂直镜像处理。其参数解释如表 3-6 所示。

表 3-6　函数 flip 的参数解释

参数	解释
src	输入图像矩阵
dst	输出图像矩阵，其尺寸和数据类型与 src 相同
flipCode	> 0：src 绕 y 轴的镜像处理 = 0：src 绕 x 轴的镜像处理 < 0：src 逆时针旋转 180°，可以理解为先绕 x 轴镜像，然后绕 y 轴镜像

图 3-14 显示了将参数 flipCode 设置为不同值后对图像矩阵产生的效果。

(a) 原图　　　　　　(b) flipCode>0　　　　　(c) flipCode=0　　　　　(d) flipCode<0

图 3-14　函数 flip 的作用

虽然使用函数 flip 也可以完成图像的几何变换，但不是通过仿射变换实现的，而是通过行列互换等操作实现的，与旋转函数 rotate 及转置函数 transpose 一样，均声明在 core.hpp 中；而不与仿射变换一样，声明在 imgproc.hpp 中。在 OpenCV 2.X 中有两个极坐标函数：线性极坐标函数 linearPolar 和对数极坐标函数 logPolar，但是只保留了 C API，使用起来不是很方便，无法直接把 Mat 或者 ndarray 作为输入参数；而 OpenCV 3.X 对这两个函数的 C++ API 和 Python API 进行了完善，下面介绍这两个函数的使用方法。

3.3.4　线性极坐标函数 linearPolar（OpenCV 3.X 新特性）

对于线性极坐标函数：

```
void linearPolar( InputArray src, OutputArray dst,Point2f center, double maxRadius, int flags );
```

其原理就是前面两节讨论的极坐标变换，其参数解释如表 3-7 所示。

表 3-7　函数 linearPolar 的参数解释

参数	解释
src	输入图像矩阵（单、多通道矩阵都可以）
dst	输出图像矩阵，其尺寸和 src 是相同的
center	极坐标变换中心
maxRadius	极坐标变换的最大距离
flags	插值算法，同函数 resize、warpAffine 的插值算法

首先利用该函数的 C++ API 处理图 3-12（a）所示的图像，极坐标变换中心和 3.3.3 节示例代码中的中心是相同的，取最大距离为 550，具体代码如下：

```cpp
#include<opencv2/core.hpp>
#include<opencv2/highgui.hpp>
#include<opencv2/imgproc.hpp>
using namespace cv;
int main(int argc, char*argv[])
{
    //输入图像
    Mat src = imread(argv[1], IMREAD_ANYCOLOR);
    if (!src.data)
        return -1;
    //极坐标变换
    Mat dst;
    linearPolar(src, dst, Point2f(508, 503), 550, CV_INTER_LINEAR);
```

```cpp
//显示原图和极坐标变换图
imshow("原图", src);
imshow("极坐标变换图", dst);
waitKey(0);
return 0;
}
```

以上实现对应的 Python 实现代码如下：

```python
# -*- coding: utf-8 -*-
import cv2
import sys
#主函数
if __name__ == "__main__":
    if len(sys.argv)>1:
        src = cv2.imread(sys.argv[1],cv2.IMREAD_ANYCOLOR)
    else:
        print "Usage: python linearPolar.py image"
    #显示原图
    cv2.imshow("src",src)
    #图像的极坐标变换
    dst = cv2.linearPolar(src,(508,503),550,cv2.INTER_LINEAR)
    #显示极坐标变换的结果
    cv2.imshow("dst",dst)
    cv2.waitKey(0)
    cv2.destroyAllWindows()
```

图 3-15 显示的是对图 3-12（a）所示图像进行线性极坐标变换后的结果。

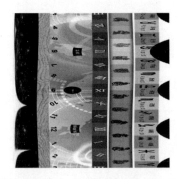

图 3-15　使用函数 linearPolar 进行极坐标变换后的结果

函数 linearPolar 生成的极坐标，θ 在垂直方向上，r 在水平方向上，而前两节实现的极坐标变换 r 在垂直方向上，θ 在水平方向上，所以旋转 90° 得到的结果就会类似。仔细观察图 3-15，就会发现里面的字好像也是在垂直方向上被压缩了，这明显是由于 θ 步长有点大造成的，那么该函数的 r 和 θ 的变换步长是多大呢？假设 src 的尺寸为宽 W、高 H，因为输出图像的尺寸也为宽 W、高 H，所以角度 θ 的变换步长大约为 $\frac{360}{H}$，r 的变换步长大约为 $\frac{\text{maxRadius}}{W}$；图 3-12（a）所示图像的高为 986、宽为 1015，所以 r 的变换步长为 $\frac{550}{1015} = 0.541872$，$\theta$ 的变换步长为 $\frac{360}{986} = 0.3651116$，比图 3-12（c）中 θ 取的变换步长 $\frac{1}{4}$ 要大，因此会显得有些扁。该函数有两个缺点：第一，极坐标变换的步长是不可控制的，导致得到的图可能不是很理想；第二，该函数只能对整个圆内区域，而无法对一个指定的圆环区域进行极坐标变换。

除了线性极坐标变换，OpenCV 还实现了另一种极坐标变换——对数极坐标变换，它们在本质上是相同的。

3.3.5 对数极坐标函数 logPolar（OpenCV 3.X 新特性）

OpenCV 通过函数：

```
void logPolar(InputArray src,OutputArray dst,Point2f center, double M, int flags )
```

实现了图像的对数极坐标变换，其参数解释如表 3-8 所示。

表 3-8 函数 logPolar 的参数解释

参数	解释
src	输入图像矩阵（单、多通道矩阵都可以）
dst	输出图像矩阵，其尺寸和 src 是相同的
center	极坐标变换中心
M	系数，该值大一点效果会好一些
flags	WARP_FILL_OUTLIERS：笛卡儿坐标向对数极坐标变换 WARP_INVERSE_MAP：对数极坐标向笛卡儿坐标变换

在本质上，对数极坐标变换和线性极坐标变换是一样的，将笛卡儿坐标转换为对数极坐标的公式如下：

$$\tilde{r} = M * \log \sqrt{(x-\overline{x})^2 + (y-\overline{y})^2}, \theta = \begin{cases} 2\pi + \arctan 2(y-\overline{y}, x-\overline{x}), & y-\overline{y} \leqslant 0 \\ \arctan 2(y-\overline{y}, x-\overline{x}), & y-\overline{y} > 0 \end{cases}$$

反过来，将对数极坐标转换为笛卡儿坐标的公式如下：

$$x = \overline{x} - \exp(\frac{\tilde{r}}{M})\cos\theta, y = \overline{y} - \exp(\frac{\tilde{r}}{M})\sin\theta$$

对比标准的线性极坐标变换公式，显然 M 值越小，得到的 $\tilde{r}$ 方向上的压缩越大，在图像上的表现就是在 $\tilde{r}$ 方向上的信息越来越少，所以设置 M 值大一点效果会好一些。还是以处理图 3-12（a）所示的图像为例，C++ API 的使用代码如下：

```cpp
int main(int argc, char*argv[])
{
    //读入图像
    Mat src = imread(argv[1], IMREAD_ANYCOLOR);
    //对数极坐标变换
    Mat dst;
    Point2f center(508, 503);
    float M = 100;
    logPolar(src, dst, center, M, WARP_FILL_OUTLIERS);
    //显示对数极坐标变换的结果
    imshow("对数极坐标变换", dst);
    imshow("原图", src);
    waitKey(0);
    return 0;
}
```

上述代码对应的 Python 实现代码如下：

```python
# -*- coding: utf-8 -*-
import cv2
import sys
#主函数
if __name__ == "__main__":
    if len(sys.argv)>1:
        src = cv2.imread(sys.argv[1],cv2.IMREAD_ANYCOLOR)
    else:
        print "Usage: python logPolar.py image"
    #显示原图
    cv2.imshow("src",src)
    #图像的极坐标变换
```

```
M = 100
dst=cv2.logPolar(src,(508,503),M,cv2.WARP_FILL_OUTLIERS)
#显示极坐标变换的结果
cv2.imshow("dst",dst)
cv2.waitKey(0)
cv2.destroyAllWindows()
```

图 3-16 显示了对图 3-12（a）所示图像进行对数极坐标变换后的结果，分别取 $M = 50$、100、150，从图可以看出 M 值越大，在水平方向上得到的信息越多。

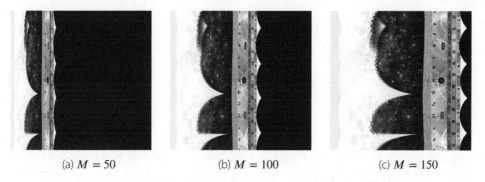

(a) $M = 50$　　　　　(b) $M = 100$　　　　　(c) $M = 150$

图 3-16　使用函数 logPolar 进行对数极坐标变换结果

3.4　参考文献

[1] ROBERT G. KEYS. Cubic Convolution Interpolation for Digital Image Processing. IEEE TRANSACTIONS ON ACOUSTICS, SPEECH, AND SIGNAL PROCESSING, 1981.

[2] R.HARTLEY, A.ZISSERMAN. Multiple View Geometry in Computer Vision. Cam-bridge University Press, Cambridge, 2nd edition.

[3] O.FAUGERAS, Q.T.LUONG. The Geometry of Multiple Image: The Laws That Govern the Formation of Multiple Images of a Scene and Some of Their Applications. MITPress, Cambridge, MA, 2001.

[4] Carsten Steger, Markus Ulrich, Christian Wiedemann. Machine Vision Algorithms and Application.

4 对比度增强

尽管我们通过各种方法来采集高质量的图像，但是有的图像还是不够好，需要通过图像增强技术提高其质量，本章中要介绍的对比度增强或者称为对比度拉伸就是图像增强技术的一种，它主要解决由于图像的灰度级范围较小造成的对比度较低的问题，目的就是将输出图像的灰度级放大到指定的程度，使得图像中的细节看起来更加清晰。对比度增强有几种常用的方法，如线性变换、分段线性变换、伽马变换、直方图正规化、直方图均衡化、局部自适应直方图均衡化等，这些方法的计算代价较小，但是却产生了较为理想的效果。

4.1 灰度直方图

4.1.1 什么是灰度直方图

在数字图像处理中，灰度直方图是一种计算代价非常小但却很有用的工具，它概括了一幅图像的灰度级信息。灰度直方图是图像灰度级的函数，用来描述每个灰度级在图像矩阵中的像素个数或者占有率。举一个简单的例子，假设有如下图像矩阵：

$$I = \begin{pmatrix} 10 & 15 & 55 & 145 \\ 15 & 10 & 10 & 55 \\ 1 & 12 & 10 & 145 \\ 90 & 180 & 0 & 125 \end{pmatrix}$$

我们可以数一下，灰度值 0 在 I 中出现的次数为 1，值 1 出现的次数为 1……值 10 出现的次数为 4……值 255 出现的次数为 0，然后将得到的每个数值按照直方图的可视化方式表示出来即可，横坐标代表灰度级，纵坐标代表对应的每一个灰度级出现的次数，如图 4-1 所示。用占有率（或称归一化直方图、概率直方图）表示就是灰度值 0 在 I 中的占有率为 $\frac{1}{16}$，值 1 的占有率为 $\frac{1}{16}$……值 10 的占有率为 $\frac{4}{16}$……值 255 的占有率为 $\frac{0}{16}$。

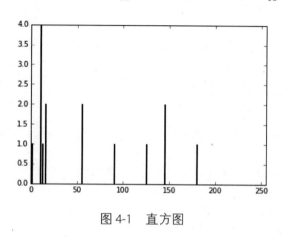

图 4-1　直方图

了解了灰度直方图的定义后，接下来介绍计算灰度直方图的 C++ 和 Python 实现。

4.1.2　Python 及 C++ 实现

1. 灰度直方图的 Python 实现

对于 8 位图来说，图像的灰度级范围是 0~255 之间的整数，通过定义函数 calcGrayHist 来计算灰度直方图，具体代码如下：

```python
def calcGrayHist(image):
    #灰度图像矩阵的高、宽
    rows,cols = image.shape
    #存储灰度直方图
    grayHist = np.zeros([256],np.uint64)
    for r in xrange(rows):
        for c in xrange(cols):
            grayHist[image[r][c]] +=1
    return grayHist
```

返回值是一个一维的 ndarray，依次存放 0~255 之间每一个灰度级对应的像素个数，可以利用 Python 的绘图工具包 Matplotlib 对 calcGrayHist 计算出的灰度直方图进行可视化展示。代码如下：

```python
# -*- coding: utf-8 -*-
import sys
import numpy as np
import cv2
import matplotlib.pyplot as plt
#主函数
if __name__ =="__main__":
    if len(sys.argv) > 1:
        image = cv2.imread(sys.argv[1],cv2.CV_LOAD_IMAGE_GRAYSCALE)
    else:
        print "Usge:python histogram.py imageFile"
    #计算灰度直方图
    grayHist = calcGrayHist(image)
    #画出灰度直方图
    x_range = range(256)
    plt.plot(x_range, grayHist, 'r',linewidth =2,c='black')
    #设置坐标轴的范围
    y_maxValue = np.max(grayHist)
    plt.axis([0,255,0,y_maxValue])
    #设置坐标轴的标签
    plt.xlabel('gray Level')
    plt.ylabel("number of pixels")
    #显示灰度直方图
    plt.show()
```

其实 Matplotlib 本身也提供了计算直方图的函数 hist，本章节提供的灰度直方图的可视化展示效果均是由以下程序生成的。

```python
# -*- coding: utf-8 -*-
import sys
import numpy as np
import cv2
import matplotlib.pyplot as plt
#主函数
```

```python
if __name__ =="__main__":
    if len(sys.argv) > 1:
        image = cv2.imread(sys.argv[1],cv2.CV_LOAD_IMAGE_GRAYSCALE)
    else:
        print "Usge:python histogram.py imageFile"
    #得到图像矩阵的高、宽
    rows,cols = image.shape
    #将二维的图像矩阵,变为一维的数组,便于计算灰度直方图
    pixelSequence = image.reshape([rows*cols,])
    #组数
    numberBins = 256
    #计算灰度直方图
    histogram,bins,patch= plt.hist(pixelSequence,numberBins,facecolor='black',histtype='bar')
    #设置坐标轴的标签
    plt.xlabel(u"gray Level")
    plt.ylabel(u"number of pixels")
    #设置坐标轴的范围
    y_maxValue = np.max(histogram)
    plt.axis([0,255,0,y_maxValue])
    plt.show()
```

2. 灰度直方图的 C++ 实现

OpenCV 提供了函数 calcHist 来实现直方图的构建,但是在计算 8 位图的灰度直方图时,它使用起来略显复杂。与"灰度直方图的 Python 实现"部分定义的函数类似,可以定义函数 calcGrayHist 来计算灰度直方图,其中输入参数为 8 位图,将返回的灰度直方图存储为一个 1 行 256 列的 Mat 类型。代码如下:

```cpp
Mat calcGrayHist(const Mat & image)
{
    //存储 256 个灰度级的像素个数
    Mat histogram = Mat::zeros(Size(256, 1), CV_32SC1);
    //图像的高和宽
    int rows = image.rows;
    int cols = image.cols;
    //计算每个灰度级的个数
```

```cpp
    for (int r = 0; r < rows; r++)
    {
        for (int c = 0; c < cols; c++)
        {
            int index = int(image.at<uchar>(r, c));
            histogram.at<int>(0, index) += 1;
        }
    }
    return histogram;
}
```

图像对比度是通过灰度级范围来度量的,而灰度级范围可通过观察灰度直方图得到,灰度级范围越大代表对比度越高;反之,对比度越低,低对比度的图像在视觉上给人的感觉是看起来不够清晰,所以通过算法调整图像的灰度值,从而调整图像的对比度是有必要的。最简单的一种对比度增强方法是通过灰度值的线性变换来实现的。

4.2 线性变换

4.2.1 原理详解

假设输入图像为 I,宽为 W、高为 H,输出图像记为 O,图像的线性变换可以利用以下公式定义:

$$O(r,c) = a * I(r,c) + b, 0 \leqslant r < H, 0 \leqslant c < W$$

如图 4-2 所示,当 $a=1, b=0$ 时,O 为 I 的一个副本;如果 $a>1$,则输出图像 O 的对比度比 I 有所增大;如果 $0<a<1$,则 O 的对比度比 I 有所减小。而 b 值的改变,影响的是输出图像的亮度,当 $b>0$ 时,亮度增加;当 $b<0$ 时,亮度减小。

举例:假设图像的灰度级范围是 [50,100],通过 $a=2, b=0$ 的线性变换,可以将输出图像的灰度级拉伸到 [100,200],灰度级范围有所增加,从而提高了对比度;而如果令 $a=0.5, b=0$,则输出图像的灰度级会压缩到 [25,50],灰度级范围有所减小,则降低了对比度。下面介绍线性变换的代码实现,从处理图像的效果上可以更直观地理解线性变换的作用。

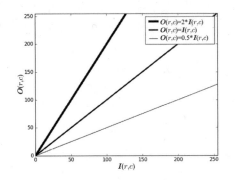

图 4-2 线性变换，a 取 0.5、1、2，$b = 0$

4.2.2 Python 实现

对于图像矩阵的线性变换，无非就是一个常数乘以一个矩阵，在 Numpy 中通过乘法运算符 "*" 可以实现，在实现代码中需要注意这个常数的数据类型会影响输出矩阵的数据类型。示例代码如下：

```
>>import numpy as np
>>I=np.array([[0,200],[23,4]],np.uint8)
>>O=2*I
>>O
array([[  0,144],[ 46,  8]], dtype=uint8)
```

在上面代码中，输入的是一个 uint8 类型的 ndarray，用数字 2 乘以该数组，返回的 ndarray 的数据类型是 uint8。注意第 0 行第 1 列，200*2 应该等于 400，但是 400 超出了 uint8 的数据范围，Numpy 是通过模运算归到 uint8 范围的，即 400%256 = 144，从而转换成 uint8 类型。如果将常数 2 改为 2.0，虽然这个常数只是整型和浮点型的区别，但是结果却不一样。代码如下：

```
>>O=2.0*I
>>O
array([[0.,400.],[46.,8.]])
>>O.dtype
dtype('float64')
```

可以发现返回的 ndarray 的数据类型变成了 float64，也就是说，相乘的常数是 2 和 2.0 会导致返回的 ndarray 的数据类型不一样，就会造成 200*2 的返回值是 144，而 200*2.0 的返回值却是 400；而对 8 位图进行对比增强来说，线性变换计算出的输出值可能要大于 255，需要将这些值截断为 255，而不是取模运算，所以不能简单地只是用 "*" 运算符来实现线性变换。具体代码如下：

```python
# -*- coding: utf-8 -*-
import cv2
import numpy as np
import sys
#主函数
if __name__ =="__main__":
    if len(sys.argv) > 1:
        #读入图像
        I = cv2.imread(sys.argv[1],cv2.CV_LOAD_IMAGE_GRAYSCALE)
    else:
        print "Usge:python lineContrast.py imageFile"
    #线性变换
    a = 2
    O=float(a)*I
    #进行数据截断，大于 255 的值要截断为 255
    O[O>255]=255
    #数据类型转换
    O = np.round(O)
    O=O.astype(np.uint8)
    #显示原图和线性变换后的效果
    cv2.imshow("I",I)
    cv2.imshow("O",O)
    cv2.waitKey(0)
    cv2.destroyAllWindows()
```

上述代码中的 O[O>255]=255 的作用是将数组 O 中大于 255 的值均设置为 255，成员函数 astype 的作用是改变 ndarray 的数据类型。

如图 4-3 所示，图（a）的灰度级范围通过它的直方图（图（b））可以看出大约在 [0,150] 之间，我们通过 $a = 2$ 的线性对比度拉伸将其灰度级范围扩展到 [0,255] 之间，结果如图（c）所示，它的直方图如图（d）所示，显然经过线性对比度增强后，较之前变得更加清晰了。

 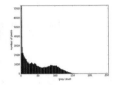  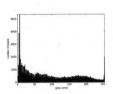

(a) 原图　　　　　(b) 图 (a) 的灰度直方图　　(c) $a=2$ 的线性变换　　(d) 图 (c) 的灰度直方图

图 4-3　线性对比度拉伸

4.2.3　C++ 实现

在 OpenCV 中实现一个常数与矩阵相乘有多种方式。线性变换的第一种方式，通过 Mat 的成员函数

`Mat::convertTo(OutputArray m, int rtype, double alpha=1, double beta=0)`

实现线性变换，该函数参数之间的关系如下：

$$m(x, y) = saturate\_cast < rtype > (alpha(*this)(x, y) + beta)$$

其中参数 m 代表输出矩阵，参数 rtype 是输出矩阵 m 的数据类型，参数 alpha 和 beta 分别可以理解为线性变换中的 a 和 b。利用该函数实现线性变换的示例代码如下：

```
Mat I = (Mat_<uchar>(2, 2) << 0, 200, 23, 4);
Mat O;
I.convertTo(O, CV_8UC1, 2.0, 0);
```

其中输入的 I 的数据类型为 uchar，打印输出 O 的值，结果为：

`[[0,255],[46,8]]`

也就是当输出矩阵的数据类型是 CV_8U 时，大于 255 的值会自动截断为 255。

线性变换的第二种方式，使用乘法运算符 "*"，仍然使用上述代码中的输入矩阵 I，代码如下：

`Mat O=3.5*I;`

输出矩阵 O 的值为 [[0,255],[80,14]]，使用乘法运算符 "*"，无论常数是什么数据类型，输出矩阵的数据类型总是和输入矩阵的数据类型相同，当数据类型是 CV_8U 时，在返回值中将大于 255 的值自动截断为 255。

线性变换的第三种方式,利用 OpenCV 提供的函数:

convertScaleAbs(InputArray src, OutputArray dst, double alpha=1, double beta=0)

其中参数的关系为 dst = alpha * src + beta,dst 的数据类型和输入矩阵 src 的数据类型是相同的。示例代码如下:

```
Mat I = (Mat_<uchar>(2, 2) << 0, 200, 23, 4);
Mat O;
convertScaleAbs(I,O,2.0,0);
```

以上线性变换是对整个灰度级范围使用了相同的参数,有的时候也需要针对不同的灰度级范围进行不同的线性变换,这就是常用的分段线性变换,经常用于降低较亮或较暗区域的对比度来增强灰度级处于中间范围的对比度,或者压低中间灰度级处的对比度来增强较亮或较暗区域的对比度。如图 4-4 所示,从图(a)的灰度直方图(图(b))可以看出,图像的灰度级主要集中在 [100,150] 之间,可以通过以下分段线性变换:

$$O(r,c) = \begin{cases} 0.5 * I(r,c), & I(r,c) < 50 \\ 3.6 * I(r,c) - 310, & 50 \leqslant I(r,c) < 150 \\ 0.238 * I(r,c) + 194, & 150 \leqslant I(r,c) \leqslant 255 \end{cases}$$

将主要的灰度级拉伸到 [50,230],结果如图(c)所示,对比度拉伸后显然比原图能够更加清晰地看到更多的细节。

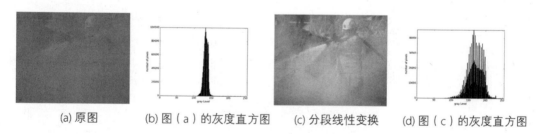

(a) 原图　　(b) 图(a)的灰度直方图　　(c) 分段线性变换　　(d) 图(c)的灰度直方图

图 4-4　分段线性变换

线性变换的参数需要根据不同的应用及图像自身的信息进行合理的选择,可能需要进行多次测试,所以选择合适的参数是相当麻烦的。我们希望有一种基于当前图像情况自动选取 a 和 b 的值的方法,下面就介绍一种显而易见但却很有效的方法,通常称为直方图正规化。

4.3 直方图正规化

4.3.1 原理详解

假设输入图像为 I，高为 H、宽为 W，$I(r,c)$ 代表 I 的第 r 行第 c 列的灰度值，将 I 中出现的最小灰度级记为 $I_{\min}$，最大灰度级记为 $I_{\max}$，即 $I(r,c) \in [I_{\min}, I_{\max}]$，为使输出图像 O 的灰度级范围为 $[O_{\min}, O_{\max}]$，$I(r,c)$ 和 $O(r,c)$ 做以下映射关系：

$$O(r,c) = \frac{O_{\max} - O_{\min}}{I_{\max} - I_{\min}}(I(r,c) - I_{\min}) + O_{\min}$$

其中 $0 \leqslant r < H$，$0 \leqslant c < W$，$O(r,c)$ 代表 O 的第 r 行第 c 列的灰度值。这个过程就是常称的直方图正规化。因为 $0 \leqslant \frac{I(r,c) - I_{\min}}{I_{\max} - I_{\min}} \leqslant 1$，所以 $O(r,c) \in [O_{\min}, O_{\max}]$，一般令 $O_{\min} = 0$，$O_{\max} = 255$。显然，直方图正规化是一种自动选取 a 和 b 的值的线性变换方法，其中

$$a = \frac{O_{\max} - O_{\min}}{I_{\max} - I_{\min}}, b = O_{\min} - \frac{O_{\max} - O_{\min}}{I_{\max} - I_{\min}} * I_{\min}$$

了解了直方图正规化的原理，接下来介绍该算法的 Python 和 C++ 实现。

4.3.2 Python 实现

在直方图正规化中需要计算出原图中出现的最大灰度级和最小灰度级，Numpy 提供的函数 max 和 min 可以计算出 ndarray 中的最大值和最小值，其他步骤与线性变换是类似的。具体代码如下：

```
# -*- coding: utf-8 -*-
import cv2
import numpy as np
import sys
#主函数
if __name__ =="__main__":
    #读入图像
    I = cv2.imread(sys.argv[1],cv2.CV_LOAD_IMAGE_GRAYSCALE)
    #求 I 的最大值、最小值
    Imax = np.max(I)
```

```python
Imin = np.min(I)
#要输出的最小灰度级和最大灰度级
Omin,Omax=0,255
#计算 a 和 b 的值
a = float(Omax-Omin)/(Imax-Imin)
b = Omin - a*Imin
#矩阵的线性变换
O = a*I + b
#数据类型转换
O=O.astype(np.uint8)
#显示原图和直方图正规化的效果
cv2.imshow("I",I)
cv2.imshow("O",O)
cv2.waitKey(0)
cv2.destroyAllWindows()
```

用以上程序处理图 4-5（a），从图（a）的灰度直方图（图（b））可以看出，图（a）中出现的灰度级主要集中在 0~150 之间，这造成了图像的对比度偏低，可以通过直方图正规化将图像的灰度级拉伸到 0~255 之间，正规化后的图像（图（c））看起来更加清晰，图（c）的直方图如图（d）所示，显然，其灰度级范围比图（a）的范围要大。

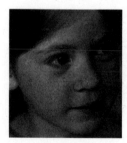 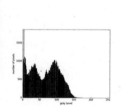 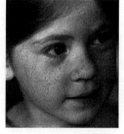 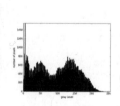

(a) 原图　　(b) 图（a）的灰度直方图　　(c) 直方图正规化　　(d) 图（c）的灰度直方图

图 4-5　直方图正规化

4.3.3　C++ 实现

在直方图正规化中最核心的步骤之一是计算原图中出现的最小灰度级和最大灰度级，OpenCV 提供的函数：

```
void minMaxLoc(InputArray src, double* minVal, double* maxVal=0, Point* minLoc
=0, Point* maxLoc=0, InputArray mask=noArray())
```

可以计算矩阵中的最小值和最大值,其参数解释如表 4-1 所示。

表 4-1 函数 minMaxLoc 的参数解释

参数	解释
src	输入矩阵
minVal	最小值,double 类型指针
maxVal	最大值,double 类型指针
minLoc	最小值的位置索引,Point 类型指针
maxLoc	最大值的位置索引,Point 类型指针

利用 minMaxLoc 函数不仅可以计算出矩阵中的最大值和最小值,而且可以求出最大值的位置和最小值的位置。当然,在使用过程中如果只想得到最大值和最小值,则将其他的变量值设为 NULL 即可。例如:

```
minMaxLoc(src, &minVal, &maxValue, NULL, NULL)
```

只计算出最大值和最小值。

对于直方图正规化的 C++ 实现,首先利用 minMaxLoc 函数计算出原图中的最大值和最小值,然后使用函数 convertScaleAbs 或者成员函数 converTo 完成直方图正规化中的线性变换步骤。具体代码如下:

```cpp
//输入图像矩阵
Mat I = imread(argv[1], CV_LOAD_IMAGE_GRAYSCALE);
//找到 I 的最大值和最小值
double Imax, Imin;
minMaxLoc(I, &Imin, &Imax, NULL, NULL);
//设置 Omin和Omax
double Omin = 0, Omax = 255;
//计算 a 和 b
double a = (Omax - Omin) / (Imax - Imin);
double b = Omin - a*Imin;
//线性变换
Mat O;
convertScaleAbs(I, O, a,b);
```

```
//显示原图和直方图正规化的效果
imshow("I", I);
imshow("O", O);
```

对于图像直方图正规化的操作，OpenCV 提供的函数 normalize 实现了类似的功能。

4.3.4 正规化函数 normalize

OpenCV 提供的函数：

```
void normalize(InputArray src, OutputArray dst, double alpha=1, double beta=0,
int norm_type=NORM_L2, int dtype=-1, InputArray mask=noArray())
```

实现了多种正规化操作，其参数解释如表 4-2 所示。

表 4-2 函数 normalize 的参数解释

参数	解释
src	输入矩阵
dst	结构元
alpha	结构元的锚点
beta	腐蚀操作的次数
norm_type	边界扩充类型
dtype	边界扩充值

在介绍这个函数的作用之前，首先需要了解矩阵范数的概念。矩阵 **src** 范数一般有三种形式：

（1） 1-范数——计算矩阵中值的绝对值的和：$||\mathbf{src}||_1 = \sum_{r=1}^{M} \sum_{c=1}^{N} |\mathbf{src}(r,c)|$。

（2） 2-范数——计算矩阵中值的平方和的开方：$||\mathbf{src}||_2 = \sqrt{\sum_{r=1}^{M} \sum_{c=1}^{N} |\mathbf{src}(r,c)|^2}$。

（3） ∞-范数——计算矩阵中值的绝对值的最大值：$||\mathbf{src}||_\infty = \max |\mathbf{src}(r,c)|$。

以输入矩阵：

$$\mathbf{src} = \begin{pmatrix} -55 & 80 \\ 100 & 255 \end{pmatrix}$$

为例，介绍函数 normalize 的计算输出参数 dst 的过程，当参数 norm_type=NORM_L1 时，计算 src 的 1-范数，即

$$||\mathbf{src}||_1 = |-55| + |80| + |100| + |255| = 490$$

dst 的计算过程如下：

$$\mathbf{dst} = \text{alpha} * \frac{\mathbf{src}}{||\mathbf{src}||_1} + \text{beta} = \begin{pmatrix} \frac{-55}{490} & \frac{80}{490} \\ \frac{100}{490} & \frac{255}{490} \end{pmatrix} + \text{beta}$$

当 norm_type=NORM_L2 时，计算 **src** 的 2-范数，即

$$||\mathbf{src}||_2 = \sqrt{|-55|^2 + |80|^2 + |100|^2 + |255|^2} = 290.6$$

dst 的计算过程如下：

$$\mathbf{dst} = \text{alpha} * \frac{\mathbf{src}}{||\mathbf{src}||_1} + \text{beta} = \begin{pmatrix} \frac{-55}{290.6} & \frac{80}{290.6} \\ \frac{100}{290.6} & \frac{255}{290.6} \end{pmatrix} + \text{beta}$$

当 norm_type=NORM_INF 时，计算 **src** 的 ∞-范数，即

$$||\mathbf{src}||_\infty = \max\{|-55|, |80|, |100|, |255|\} = 255$$

dst 的计算过程如下：

$$\mathbf{dst} = \text{alpha} * \frac{\mathbf{src}}{||\mathbf{src}||_\infty} + \text{beta} = \begin{pmatrix} \frac{-55}{255} & \frac{80}{255} \\ \frac{100}{255} & \frac{255}{255} \end{pmatrix} + \text{beta}$$

当 norm_type=NORM_MINMAX 时，首先计算 **src** 的最小值 $\mathbf{src}_{min} = -55$，**src** 的最大值 $\mathbf{src}_{max} = 255$，**dst** 的每一个值是按照以下规则计算的：

$$\mathbf{dst}(r,c) = \text{alpha} * \frac{\mathbf{src}(r,c) - \mathbf{src}_{min}}{\mathbf{src}_{max} - \mathbf{src}_{min}} + \text{beta}$$

所以

$$\mathbf{dst} = \text{alpha} * \begin{pmatrix} \frac{-55-(-55)}{255-(-55)} & \frac{80-(-55)}{255-(-55)} \\ \frac{100-(-55)}{255-(-55)} & \frac{255-(-55)}{255-(-55)} \end{pmatrix} + \text{beta}$$

使用函数 normalize 对图像进行对比度增强时，经常令参数 norm_type = NORM_MIN-MAX，仔细观察会发现和直方图正规化原理详解中提到的计算方法是相同的，参数 alpha 相当于 O_{max}，参数 beta 相当于 O_{min}。注意，使用 normalize 可以处理多通道矩阵，分别对每一个通道进行正规化操作。使用该函数对图像进行对比度增强的 C++ 代码如下：

```cpp
#include<opencv2/core.hpp>
#include<opencv2/imgproc.hpp>
#include<opencv2/highgui.hpp>
using namespace cv;
int main(int argc, char*argv[])
{
    //输入图像
    Mat src = imread(argv[1], CV_LOAD_IMAGE_ANYCOLOR);
    if (!src.data)
        return -1;
    //直方图正规化
    Mat dst;
    normalize(src, dst, 255, 0, NORM_MINMAX, CV_8U);
    //显示
    imshow("原图", src);
    imshow("直方图正规化", dst);
    waitKey(0);
    return 0;
}
```

该函数的 Python API 的使用示例如下：

```python
# -*- coding: utf-8 -*-
import cv2
import sys
#主函数
if __name__ =="__main__":
    if len(sys.argv) > 1:
        #输入图像
        src = cv2.imread(sys.argv[1],cv2.IMREAD_ANYCOLOR)
    else:
        print "Usge:python normlize.py imageFile"
    #直方图正规化
```

```
dst = cv2.normalize(src,255,0,cv2.NORM_MINMAX,cv2.CV_8U)
#显示原图和直方图正规化的效果
cv2.imshow("src",src)
cv2.imshow("dst",dst)
cv2.waitKey(0)
cv2.destroyAllWindows()
```

以上介绍的都是灰度值的线性变换，下面介绍常用的增加图像对比度的非线性变换——伽马变换。

4.4 伽马变换

4.4.1 原理详解

假设输入图像为 I，宽为 W、高为 H，首先将其灰度值归一化到 $[0,1]$ 范围，对于 8 位图来说，除以 255 即可。$I(r,c)$ 代表归一化后的第 r 行第 c 列的灰度值，输出图像记为 O，伽马变换就是令 $O(r,c) = I(r,c)^\gamma$，$0 \leqslant r < H$，$0 \leqslant c < W$，如图 4-6 所示。

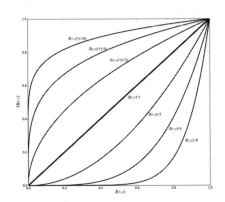

图 4-6　伽马变换，$\gamma = \frac{1}{8}, \frac{1}{4}, \frac{1}{2}, 1, 2, 4, 8$

当 $\gamma = 1$ 时，图像不变。如果图像整体或者感兴趣区域较暗，则令 $0 < \gamma < 1$ 可以增加图像对比度；相反，如果图像整体或者感兴趣区域较亮，则令 $\gamma > 1$ 可以降低图像对比度。

4.4.2　Python 实现

图像的伽马变换实质上是对图像矩阵中的每一个值进行幂运算，Numpy 提供的幂函数 power 实现了该功能。示例代码如下：

```
>>import numpy as np
>>I=np.array([[1,2],[3,4]])
>>O=np.power(I,2) # 对 I 中的每一个值求平方
>>O
array([[ 1,  4],[ 9, 16]])
```

了解了幂函数 power 之后，可以利用该函数实现图像的伽马变换，首先将图像的灰度值归一化到 [0,1] 范围。具体代码如下：

```
# -*- coding: utf-8 -*-
import cv2
import numpy as np
import sys
#主函数
if __name__ =="__main__":
    #读入图像
    I = cv2.imread(sys.argv[1],cv2.CV_LOAD_IMAGE_GRAYSCALE)
    #图像归一化
    fI = I/255.0
    #伽马变换
    gamma = 0.5
    O = np.power(fI,gamma)
    #显示原图和伽马变换后的效果
    cv2.imshow("I",I)
    cv2.imshow("O",O)
    cv2.waitKey()
    cv2.destroyAllWindows()
```

如图 4-7 所示，观察图（a）可以发现整幅图像较暗，其中大部分细节都看不到。从图（a）的灰度直方图（图（b））可以看出灰度值主要集中在灰度直方图的两侧，即灰度值较低和较高的范围内，对于这类情况可以通过伽马变换进行修正，从而增加图像对比度。如图（c）所示，伽马校正后已经较为清晰地展现了图像中更多的细节，而观察图（c）的灰度直方图（图（d））也可以看出伽马变换后灰度值集中在中间部分。

 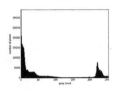  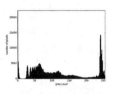

(a) 原图　　　　(b) 图（a）的灰度直方图　　(c) 伽马变换 γ = 0.4　(d) 图（c）的灰度直方图

图 4-7　图像的伽马变换

4.4.3　C++ 实现

对于对矩阵中的每一个值进行幂运算，OpenCV 同样提供了函数：

`void pow(InputArray src, double power, OutputArray dst)`

来实现该功能，其中输出参数 dst 的数据类型和 src 是相同的。示例代码如下：

```
Mat I = (Mat_<float>(2, 2) << 0, 200, 23, 4);
Mat O;
pow(I, 2, O);
```

在上述代码中，因为 I 的数据类型是 CV_32F，所以 O 的数据类型也是 CV_32F，其值为：

[[0,40000],
 [529,16]]

如果将 I 的数据类型换成 CV_8U，再看一下输出结果。代码如下：

```
Mat I = (Mat_<uchar>(2, 2) << 0, 200, 23, 4);
Mat O;
pow(I, 2, O);
```

其中 O 的数据类型与 I 一样，也是 CV_8U，这时候 O 的值为：

[[0,255]
 [255,16]],

也就是说，如果原矩阵是 CV_8U 类型的，那么在进行幂运算时，大于 255 的值会自动截断为 255。

在对图像进行伽马变换时，应先将图像的灰度值归一化到 [0, 1] 范围，然后再进行幂运算。具体代码如下：

```
//输入图像矩阵
Mat I = imread(argv[1], CV_LOAD_IMAGE_GRAYSCALE);
//灰度值归一化
Mat fI;
I.convertTo(fI, CV_64F, 1.0 / 255, 0);
//伽马变换
double gamma = 0.5;
Mat O;
pow(fI, gamma, O);//注意 O 和 fI 有相同的数据类型
//显示伽马变换后的效果
imshow("O",O)
```

对于以上代码，如果想本地保存 O，则还需要将灰度值变为在 [0, 255] 之间且转换为 CV_8U 类型。代码如下：

```
O.convertTo(O, CV_8U, 255,0);
imwrite("O.jpg", O);
```

如果没有数据类型转换，则直接保存浮点型的 O，这样虽然不会报错，但是保存后图像呈现黑色，看不到任何信息。

伽马变换在提升对比度上有比较好的效果，但是需要手动调节 γ 值。下面介绍一种利用图像的直方图自动调节图像对比度的方法。

4.5 全局直方图均衡化

4.5.1 原理详解

假设输入图像为 I，高为 H、宽为 W，hist_I 代表 I 的灰度直方图，$\text{hist}_I(k)$ 代表灰度值等于 k 的像素点个数，其中 $k \in [0, 255]$。全局直方图均衡化操作是对图像 I 进行改变，使得输出图像 O 的灰度直方图 hist_O 是"平"的，即每一个灰度级的像素点个数是"相等"的。注意，其实这里的"相等"不是严格意义上的等于，而是约等于，比如高为 137、宽为 255 的图像矩阵不可能出现每一个灰度级的像素点个数是严格相等的，即 $\text{hist}_O(k) \approx \frac{H*W}{256}$，$k \in [0, 255]$，那么对于任意的灰度级 p，$0 \leqslant p \leqslant 255$，总能找到 q，$0 \leqslant q \leqslant 255$，使得

$$\sum_{k=0}^{p} \text{hist}_I(k) = \sum_{k=0}^{q} \text{hist}_O(k)$$

其中 $\sum_{k=0}^{p}\text{hist}_I(k)$ 和 $\sum_{k=0}^{q}\text{hist}_O(q)$ 称为 I 和 O 的累加直方图。又因为 $\text{hist}_O(k) \approx \frac{H*W}{256}$，所以

$$\sum_{k=0}^{p}\text{hist}_I(k) \approx (q+1)\frac{H*W}{256}$$

化简上式可得

$$q \approx \frac{\sum_{k=0}^{p}\text{hist}_I(k)}{H*W} * 256 - 1$$

上式给出了一个从亮度级为 p 的输入像素到亮度级为 q 的输出像素的映射，那么令

$$O(r,c) = \frac{\sum_{k=0}^{I(r,c)}\text{hist}_I(k)}{H*W} * 256 - 1$$

其中 $I(r,c)$ 是 I 的第 r 行第 c 列的灰度值，$O(r,c)$ 是对应位置输出的灰度值，其中 $0 \leqslant r < H$，$0 \leqslant c < W$，这样就计算出了输出图像 O 的每一个位置的灰度值。下面根据直方图均衡化原理，介绍相应的 Python 和 C++ 实现。

4.5.2 Python 实现

对于直方图均衡化的实现主要分四个步骤：

第一步：计算图像的灰度直方图。

第二步：计算灰度直方图的累加直方图。

第三步：根据累加直方图和直方图均衡化原理得到输入灰度级和输出灰度级之间的映射关系。

第四步：根据第三步得到的灰度级映射关系，循环得到输出图像的每一个像素的灰度级。其中第三步和第四步对应于 4.5.1 节中的最后两个公式。

按照这四个步骤，Python 实现代码如下：

```
def equalHist(image):
    #灰度图像矩阵的高、宽
    rows,cols = image.shape
    #第一步：计算灰度直方图
    grayHist = calcGrayHist(image)
```

```
#第二步：计算累加灰度直方图
zeroCumuMoment = np.zeros([256],np.uint32)
for p in xrange(256):
    if p == 0:
        zeroCumuMoment[p] = grayHist[0]
    else:
        zeroCumuMoment[p] = zeroCumuMoment[p-1] + grayHist[p]
#第三步：根据累加灰度直方图得到输入灰度级和输出灰度级之间的映射关系
outPut_q = np.zeros([256],np.uint8)
cofficient = 256.0/(rows*cols)
for p in xrange(256):
    q = cofficient* float(zeroCumuMoment[p]) -1
    if q >= 0:
        outPut_q[p] = math.floor(q)
    else:
        outPut_q[p] = 0
#第四步：得到直方图均衡化后的图像
equalHistImage  = np.zeros(image.shape,np.uint8)
for r in xrange(rows):
    for c in xrange(cols):
        equalHistImage[r][c] = outPut_q[image[r][c]]
return equalHistImage
```

图 4-8 显示了直方图均衡化在提升图像对比度上的显著作用。观察图（a）发现图像整体较暗，且从图（a）的灰度直方图（图（b））可以看出灰度值主要集中在 [0, 50] 之间，经过直方图均衡化处理后得到的图（c）比原图更加清晰地展示了图像中的细节。根据直方图均衡化原理，图（c）的灰度直方图应该是"平"的，但是实际的效果如图（d）所示，呈现出参差不齐的外形，而不是"平"的，这是由于在一些灰度级处可能没有像素，而在另外一些灰度级处像素很拥挤造成的。

 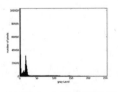  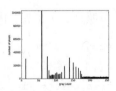

(a) 原图　　　(b) 图（a）的灰度直方图　　　(c) 直方图均衡化　　　(d) 图（c）的灰度直方图

图 4-8　直方图均衡化

直方图均衡化后的结果易受噪声、阴影和光照变化的影响，噪声对所得图像的影响非常大，对于去除图像中噪声的方法，在后面的"图像平滑"一章中会详细介绍。

4.5.3 C++ 实现

对于直方图均衡化的 C++ 实现与 Python 类似，通过定义函数 equalHist 依次按照四个步骤来实现，输入参数为 8 位的灰度图。具体代码如下：

```cpp
Mat equalHist(Mat image)
{
    CV_Assert(image.type() == CV_8UC1);
    //灰度图像的高、宽
    int rows = image.rows;
    int cols = image.cols;
    //第一步：计算图像的灰度直方图
    Mat grayHist = calcGrayHist(image);
    //第二步：计算累加灰度直方图
    Mat zeroCumuMoment = Mat::zeros(Size(256, 1), CV_32SC1);
    for (int p = 0; p < 256; p++)
    {
        if (p == 0)
            zeroCumuMoment.at<int>(0, p) = grayHist.at<int>(0, 0);
        else
            zeroCumuMoment.at<int>(0, p) = zeroCumuMoment.at<int>(0, p - 1) +
            grayHist.at<int>(0, p);
    }
    //第三步：根据累加直方图得到输入灰度级和输出灰度级之间的映射关系
    Mat outPut_q = Mat::zeros(Size(256, 1), CV_8UC1);
    float coffa cient = 256.0 / (rows*cols);
    for (int p = 0; p < 256; p++)
    {
        float q = cofficient*zeroCumuMoment.at<int>(0, p) - 1;
        if (q >= 0)
            outPut_q.at<uchar>(0, p) = uchar(floor(q));
        else
            outPut_q.at<uchar>(0, p) = 0;
```

```cpp
    }
    //第四步:得到直方图均衡化后的图像
    Mat equalHistImage = Mat::zeros(image.size(), CV_8UC1);
    for (int r = 0; r < rows; r++)
    {
        for (int c = 0; c < cols; c++)
        {
            int p = image.at<uchar>(r, c);
            equalHistImage.at<uchar>(r, c) = outPut_q.at<uchar>(0, p);
        }
    }
    return equalHistImage;
}
```

理解了直方图均衡化原理,就可以轻松掌握 OpenCV 实现的直方图均衡化函数 cqualizeHist,其使用方法很简单,只支持对 8 位图的处理。虽然全局直方图均衡化方法对提高对比度很有效,但是均衡化处理以后暗区域的噪声可能会被放大,变得清晰可见,而亮区域可能会损失信息。为了解决该问题,提出了自适应直方图均衡化(Aptive Histogram Equalization)方法。

4.6 限制对比度的自适应直方图均衡化

4.6.1 原理详解

自适应直方图均衡化首先将图像划分为不重叠的区域块(tiles),然后对每一个块分别进行直方图均衡化。显然,在没有噪声影响的情况下,每一个小区域的灰度直方图会被限制在一个小的灰度级范围内;但是如果有噪声,每一个分割的区域块执行直方图均衡化后,噪声会被放大。为了避免出现噪声这种情况,提出了"限制对比度"(Contrast Limiting)[3],如果直方图的 bin 超过了提前预设好的"限制对比度",那么会被裁减,然后将裁剪的部分均匀分布到其他的 bin,这样就重构了直方图。如图 4-9 所示,假设设置"限制对比度"为 40,第四个 bin 的值为 45,该值大于 40,然后将多出的 45-40=5 均匀分布到每一个 bin,重构后的直方图如图(b)所示,接下来利用重构后的直方图进行均衡化操作。

下面介绍 OpenCV 实现的限制对比度的自适应直方图均衡化函数,在 OpenCV 手册和示例文档中并没有提及该函数。

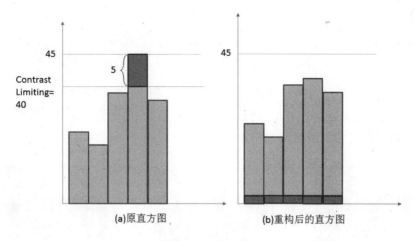

图 4-9 直方图

4.6.2 代码实现

OpenCV 提供的函数 createCLAHE 构建指向 CLAHE 对象的指针,其中默认设置"限制对比度"为 40,块的大小为 8×8。C++ API 的使用代码如下:

```cpp
#include<opencv2/core.hpp>
#include<opencv2/highgui.hpp>
#include<opencv2/imgproc.hpp>
using namespace cv;
int main(int argc, char*argv[])
{
    //输入图像
    Mat src = imread(argv[1], IMREAD_GRAYSCALE);
    if (!src.data)
        return -1;
    //构建 CLAHE 对象
    Ptr<CLAHE> clahe = createCLAHE(2.0, Size(8, 8));
    Mat dst;
    //限制对比度的自适应直方图均衡化
    clahe->apply(src, dst);
    //显示原图及均衡化后的效果
    imshow("原图", src);
    imshow("对比度增强", dst);
```

```
    waitKey(0);
    return 0;
}
```

图 4-10 显示了对原图 (a) 进行全局直方图均衡化（HE）和限制对比度自适应直方图均衡化的效果，仔细观察会发现原图中比较亮的区域，经过 HE 处理后出现了失真的情况，而且出现了明显的噪声，而 CLAHE 避免了这两种情况。

(a) 原图　　　　　　(b) 全局直方图均衡化（HE）　　　　　　(c) CLAHE

图 4-10　HE 和 CLAHE

下面介绍 createCLAHE 的 Python API 的使用方式，具体代码如下：

```python
# -*- coding: utf-8 -*-
import cv2
import numpy as np
import sys
#主函数
if __name__ =="__main__":
    if len(sys.argv) > 1:
        #第一步：读入图像
        src = cv2.imread(sys.argv[1],cv2.IMREAD_ANYCOLOR)
    else:
        print "Usge:python CLAHE.py imageFile"
    #创建 CLAHE 对象
    clahe = cv2.createCLAHE(clipLimit=2.0,tileGridSize=(8,8))
    #限制对比度的自适应阈值均衡化
    dst = clahe.apply(src)
```

```
#显示
cv2.imshow("src",src)
cv2.imshow("clahe",dst)
cv2.waitKey(0)
cv2.destroyAllWindows()
```

对比度增强只是图像增强方法中的一种手段，本章中提到的对比度拉伸的方法受图像噪声的影响会很明显，在下一章中会介绍去除噪声的方法，去噪之后再使用对比度增强技术效果会更好。

4.7 参考文献

[1] Rafael C.Gonzalez, Richard E.Woods. Digital Image Processing, Third Edition.

[2] Kenneth R.Castleman. Digital Image Processing.

[3] Pizer, S. M., Amburn, E. P., Austin, J. D., Cromartie, R., Geselowitz, A., Greer, T., Romeny, B. T. H., and Zimmerman, J. B. (1987). Adaptive histogram equalization and its variations. Computer Vision, Graphics, and Image Processing, 39(3), 355–368.

[4] 章毓晋. 图像处理和分析 [M]. 北京：清华大学出版社，1999.

5 图像平滑

每一幅图像都包含某种程度的噪声，噪声可以理解为由一种或者多种原因造成的灰度值的随机变化，如由光子通量的随机性造成的噪声等，在大多数情况下，通过平滑技术（也常称为滤波技术）进行抑制或者去除，其中具备保持边缘（Edge Preserving）作用的平滑技术得到了更多的关注。常用的平滑处理算法包括基于二维离散卷积的高斯平滑、均值平滑，基于统计学方法的中值平滑，具备保持边缘作用的平滑算法的双边滤波、导向滤波等。

5.1 二维离散卷积

在介绍基于二维离散卷积的平滑算法之前，有必要详细介绍一下二维离散卷积的定义及其性质。

5.1.1 卷积定义及矩阵形式

二维离散卷积是基于两个矩阵的一种计算方式，通过以下示例进行理解。假设

$$I = \begin{pmatrix} 1 & 2 \\ 3 & 4 \end{pmatrix}, K = \begin{pmatrix} -1 & -2 \\ 2 & 1 \end{pmatrix}$$

那么 I 与 K 的二维离散卷积的计算步骤如下。

第一步：将 K 逆时针翻转 $180°$，即

$$K_{\text{flip}} = \begin{pmatrix} 1 & 2 \\ -2 & -1 \end{pmatrix}$$

第二步：K_{flip} 沿着 I 按照先行后列的顺序移动，每移动到一个固定位置，对应位置就相乘，然后求和。为了方便演示整个过程，将矩阵 I 和 K_{flip} 的数值依次放入栅格中，过程如下：

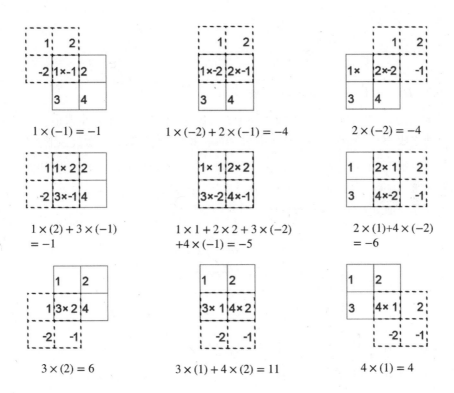

在移动过程中，将对应位置积的和依次存入矩阵 C_{full} 中，即 $\begin{pmatrix} -1 & -4 & -4 \\ -1 & -5 & -6 \\ 6 & 11 & 4 \end{pmatrix}$，该矩阵就是 I 和 K "full 卷积"的结果，用符号 ★ 表示，记 $C_{\text{full}} = I \bigstar K$，其中 K 通常称为卷积核，或者卷积掩码，或者卷积算子。

显然，高为 H_1、宽为 W_1 的矩阵 I 与高为 H_2、宽为 W_2 的卷积核 K 的 full 卷积结果是一个高为 $H_1 + H_2 - 1$、宽为 $W_1 + W_2 - 1$ 的矩阵，一般 $H_2 \leqslant H_1$，$W_2 \leqslant W_1$。此外，对于 full 卷积的计算过程也可以用矩阵的形式进行表示。

1. **计算 full 卷积的矩阵形式**

   第一步：在 I 和 K 的右侧与下侧填充零，将其尺寸扩展到 $H \times W$，其中 $H = H_1 + H_2 - 1$，$W = W_1 + W_2 - 1$，扩展后的新矩阵记为 I_p 和 K_p，即

   $$I_p(r,c) = \begin{cases} I(r,c), & 0 \leqslant r < H_1, 0 \leqslant c < W_1 \\ 0, & \text{else} \end{cases}$$

   $$K_p(r,c) = \begin{cases} K(r,c), & 0 \leqslant r < H_2, 0 \leqslant c < W_2 \\ 0, & \text{else} \end{cases}$$

   其中 $0 \leqslant r < H_1 + H_2 - 1, 0 \leqslant c < W_1 + W_2 - 1$。

   第二步：把 I_p 按行堆叠，重构成一个 $(H*W) \times 1$ 的列向量 i_p。步骤是，将 I_p 的第一行转置，使之成为 i_p 的最上面的 W 个元素，然后将其他行转置，依次放在下面。

   第三步：基于矩阵 K_p 的每一行构造一个 $W \times W$ 的循环矩阵。构造循环矩阵的步骤是，以构造基于 K_p 的第 r 行的循环矩阵 G_r 为例，首先将该行转置作为 G_r 的第一列，然后其后的每一列都是由前一列向下移位得到的，即

   $$G_r = \begin{pmatrix} K_p(r,0) & K_p(r,W-1) & \cdots & K_p(r,1) \\ K_p(r,1) & K_p(r,0) & \cdots & K_p(r,2) \\ \vdots & \vdots & \vdots & \vdots \\ K_p(r,W-1) & K_p(r,W-2) & \cdots & K_p(r,0) \end{pmatrix}$$

   这样就构造出了 H 个 $W \times W$ 的循环矩阵。

   第四步：以第三步得到的 H 个循环矩阵为块矩阵，构造块循环矩阵 G，即

   $$G = \begin{pmatrix} G_0 & G_{H-1} & \cdots & G_1 \\ G_1 & G_0 & \cdots & G_2 \\ \vdots & \vdots & \ddots & \vdots \\ G_{H-1} & G_{H-2} & \cdots & G_0 \end{pmatrix}$$

   与第三步基于行向量构造循环矩阵类似，显然，G 为一个 $(H*W) \times (H*W)$ 的矩阵。

   第五步：二维卷积写成以下简单的矩阵形式：

   $$C = G \bullet i_p$$

显然，C 是一个 $(H*W)\times 1$ 的列向量。

第六步：将第五步计算得到的列向量 C 重新排列成一个 $H\times W$ 的矩阵。步骤是，取 C 的前 W 个值并转置作为第一行，接着取第二个前 W 个值并转置作为第二行，依此类推，就可以重新排列成 $H\times W$ 的矩阵，该矩阵就是 full 卷积的结果 C_{full}。

利用矩阵的形式计算上面提到的示例，因为 I 和 K 的尺寸均是 2×2，所以 full 卷积的尺寸为 $(2+2-1)\times(2+2-1)=(3,3)$。首先，按照第一步对两者进行补 0，可得到：

$$I_p=\begin{pmatrix}1&2&0\\3&4&0\\0&0&0\end{pmatrix},K_p=\begin{pmatrix}-1&-2&0\\2&1&0\\0&0&0\end{pmatrix}$$

然后，根据第二、三、四步分别构造 i_p 和 G，根据第五步计算 C，可得到：

$$C=\begin{pmatrix}-1&0&-2&0&0&0&2&0&1\\-2&-1&0&0&0&0&1&2&0\\0&-2&-1&0&0&0&0&1&2\\2&0&1&-1&0&-2&0&0&0\\1&2&0&-2&-1&0&0&0&0\\0&1&2&0&-2&-1&0&0&0\\0&0&0&2&0&1&-1&0&-2\\0&0&0&1&2&0&-2&-1&0\\0&0&0&0&1&2&0&-2&-1\end{pmatrix}\cdot\begin{pmatrix}1\\2\\0\\3\\4\\0\\0\\0\\0\end{pmatrix}=\begin{pmatrix}-1\\-4\\-4\\-1\\-5\\-6\\6\\11\\4\end{pmatrix}$$

最后，根据第六步，将 C 转换成一个 3 行 3 列的矩阵，即

$$C_{\text{full}}=\begin{pmatrix}-1&-4&-4\\-1&-5&-6\\6&11&4\end{pmatrix}$$

显然，得到的结果和按照 full 卷积的定义得到的结果是相同的。

2. valid 卷积

从 full 卷积的计算过程可知，如果 K_{flip} 靠近 I 的边界，那么就会有部分延伸到 I 之外而导致访问到未定义的值，忽略边界，只是考虑 I 能完全覆盖 K_{flip} 内的值的情况，该过程称为 valid 卷积。还是上面提到的示例，满足情况的只有

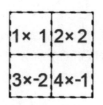

$$1 \times 1 + 2 \times 2 + 3 \times (-2) + 4 \times (-1) = -5$$

所以该示例中的 I 与 K 的 valid 卷积 $C_{\text{valid}} = \begin{pmatrix} 5 \end{pmatrix}$。

高为 H_1、宽为 W_1 的矩阵 I 与高为 H_2、宽为 W_2 的卷积核 K 的 valid 卷积结果是一个高为 $H_1 - H_2 + 1$、宽为 $W_1 - W_2 + 1$ 的矩阵 C_{valid}，当然，只有当 $H_2 \le H_1$ 且 $W_2 \le W_1$ 时才会存在 valid 卷积。如果存在 valid 卷积，那么显然 C_{valid} 是 C_{full} 的一部分，用 Python 语法表示两者的关系如下：

$$C_{\text{valid}} = C_{\text{full}}[H_2 - 1 : H_1, W_2 - 1 : W_2]$$

用 OpenCV 语法表示两者的关系为：

$$C_{\text{valid}} = C_{\text{full}}(\text{Rect}(W_2 - 1, H_2 - 1, W_1 - W_2 + 1, H_1 - H_2 + 1))$$

而对于图像处理来说，图像矩阵 I 与卷积核 K 无论是 full 卷积还是 valid 卷积，得到的矩阵的尺寸都要么比原图的尺寸大，要么比原图的尺寸小，这都不是我们想要的结果。通过以下 same 卷积来解决该问题。

3. same 卷积

为了使得到的卷积结果和原图像的高、宽相等，所以通常在计算过程中给 K_{flip} 指定一个"锚点"，然后将"锚点"循环移至图像矩阵的 (r, c) 处，其中 $0 \le r < H_1$，$0 \le c < W_1$，接下来对应位置的元素逐个相乘，最后对所有的积进行求和作为输出图像矩阵在 (r, c) 处的输出值。这个卷积过程称为 same 卷积，用符号 ★ 表示，如图 5-1 所示。

举例：还是以上面提到的两个矩阵为例，假设将 K_{flip} 的左上角即第 0 行第 0 列作为锚点的位置，该位置用"灰色"标记，则 same 卷积的过程如下：

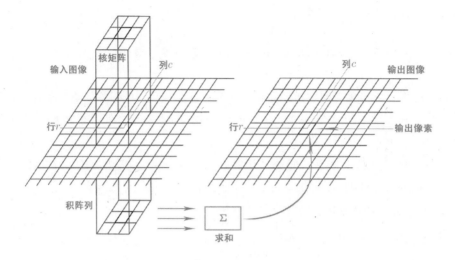

图 5-1 same 卷积

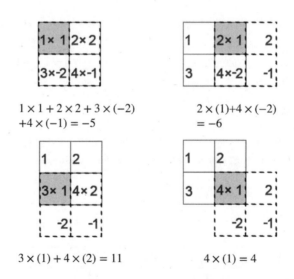

将得到的每一个值按照行列的顺序存入矩阵中,即为 same 卷积的结果:$C_{\text{same}} = \begin{pmatrix} -5 & -6 \\ 11 & 4 \end{pmatrix}$。显然,same 卷积也是 full 卷积的一部分,假设 K_{flip} 的锚点的位置在第 kr 行第 kc 列(注意:这里说的位置是从索引 0 开始的),用 Python 语法表示两个矩阵的关系为:

$$C_{\text{same}} = C_{\text{full}}[H_2 - kr - 1 : H_1 + H_2 - kr - 1, W_2 - kc - 1 : W_1 + W_2 - kc - 1]$$

用 OpenCV 语法表示两个矩阵的关系为：

$$C_{\text{same}} = C_{\text{full}}(\text{Rect}(W_2 - kc - 1, H_2 - kr - 1, W_1, H_1))$$

大部分时候，为了更方便地指定卷积核的锚点，通常卷积核的宽、高为奇数，那么可以简单地令中心点为锚点的位置。same 卷积是 full 卷积的一部分，而如果 valid 卷积存在，那么 valid 卷积是 same 卷积的一部分。

对于 full 卷积和 same 卷积，矩阵 I 边界处的值由于缺乏完整的邻接值，因此卷积运算在这些区域需要特殊处理，方法是进行边界扩充，有如下几种常用方式。

（1）在矩阵 I 边界外填充常数，通常进行的是 0 扩充。

（2）通过重复 I 边界处的行和列，对输入矩阵进行扩充，使卷积在边界处可计算。

（3）卷绕输入矩阵，即矩阵的平铺。

（4）以矩阵边界为中心，令矩阵外某位置上未定义的灰度值等于图像内其镜像位置的灰度值，这种处理方式会令结果产生最小程度的干扰。

利用上述不同的边界扩充方式得到的 same 卷积只是在距离矩阵上、下、左、右四个边界小于卷积核半径的区域内值会不同，所以只要在用卷积运算进行图像处理时，图像的重要信息不要落在距离边界小于卷积核半径的区域内就行。关于这一点后面再详细讨论，这样选用何种边界扩充方式差别并不大，其中最常用的是第四种方式。

OpenCV 提供的函数：

```
void copyMakeBorder(InputArray src, OutputArray dst, int top, int bottom, int
left, int right, int borderType,const Scalar& value=Scalar())
```

实现了对矩阵边界的扩充，其参数解释如表 5-1 所示。

表 5-1　函数 copyMakeBorder 的参数解释

参数	解释
src	输入矩阵
dst	输出矩阵：对 src 边界扩充后的结果
top	上侧扩充的行数
bottom	下侧扩充的行数
left	左侧扩充的列数
right	右侧扩充的列数

续表

参数	解释
borderType（边界扩充类型）	BORDER_REPLICATE：边界复制 BORDER_CONSTANT：常数扩充 BORDER_REFLECT：反射扩充 BORDER_REFLECT_101：以边界为中心反射扩充 BORDER_WRAP：平铺扩充
value	borderType=BORDER_CONSTANT 时的常数

注意：函数 copyMakeBorder 可以对多通道矩阵进行边界扩充，所以参数 value 是 Scalar 类。表 5-1 中的参数 borderType 的类型还不全，枚举类型 borderType 的声明在头文件 opencv2/imgproc/imgproc.hpp 中，可查看全部的边界扩充类型：

```
enum { BORDER_REPLICATE, BORDER_CONSTANT,
       BORDER_REFLECT, BORDER_WRAP,
       BORDER_REFLECT_101, BORDER_REFLECT101,
       BORDER_TRANSPARENT,
       BORDER_DEFAULT=BORDER_REFLECT_101, BORDER_ISOLATED=16 };
```

默认的边界扩充方式是 BORDER_REFLECT_101。该函数的 Python API 的使用示例代码如下：

```
>>import cv2
>>import numpy as np
>>src=np.array([[5,1,7],[1,5,9],[2,6,2]])
>>dst=cv2.copyMakeBorder(src,2,2,2,2,cv2.BORDER_REFLECT_101)
```

图 5-2 显示的是设置不同的边界扩充类型后的输出值，其中图（a）采用的是复制边界的方式，图（b）采用的是常数为 0 的边界扩充方式，图（c）采用的是反射（镜像）扩充方式，图（d）采用的是以边界为轴的反射扩充方式。BORDER_REFLECT_101 是默认的扩充方式，也是最理想的一种扩充方式。注意观察 BORDER_REFLECT 和 BORDER_REFLECT_101 的细微区别。

函数 copyMakeBorder 的 C++ API 的使用示例代码如下：

```
Mat src = (Mat_<uchar>(3, 3) << 5, 1, 7, 1, 5, 9, 2, 6, 2);
Mat dst;
copyMakeBorder(src, dst, 2, 2, 2, 2, BORDER_REFLECT_101);
```

5	5	5	1	7	7	7
5	5	5	1	7	7	7
5	5	5	1	7	7	7
1	1	1	5	9	9	9
2	2	2	6	2	2	2
2	2	2	6	2	2	2
2	2	2	6	2	2	2

(a) BORDER_REPLICATE

0	0	0	0	0	0	0
0	0	0	0	0	0	0
0	0	5	1	7	0	0
0	0	1	5	9	0	0
0	0	2	6	2	0	0
0	0	0	0	0	0	0
0	0	0	0	0	0	0

(b) BORDER_CONSTANT

(c) BORDER_REFLECT

(d) BORDER_REFLECT_101

图 5-2　边界扩充

图 5-3 显示的是对图像进行不同边界扩充后的效果。

(a) 常数　　　　(b) 反射（镜像）　　　　(c) 复制　　　　(d) 平铺

图 5-3　图像的边界扩充的效果

了解了二维离散卷积的定义及卷积运算过程中的边界处理方式，下面介绍离散卷积的 Python 和 C++ 实现。

4. Python 实现

对于二维离散卷积的运算，Python 的科学计算包 Scipy 提供的函数：

```
convolve2d(in1, in2, mode='full', boundary='fill', fillvalue=0)
```

实现了该功能，其参数解释如表 5-2 所示。

表 5-2 函数 convolve2d 的参数解释

参数	解释
in1	输入的二维数组
in2	输入的二维数组，代表卷积核
mode	卷积类型：'full'、'valid'、'same'
boundary	边界填充方式：'fill'、'wrap'、'symm'
fillvalue	当 boundary='fill' 时，设置边界填充的值，默认值为 0

对于函数 convolve2d，当参数 mode='same' 时，卷积核 in2 的锚点的位置因为其尺寸的不同而不同，假设将它的宽、高分别记为 W_2、H_2：

（1）当 W_2 和 H_2 均为奇数时，锚点的位置默认为中心点 $(\frac{H_2-1}{2}, \frac{W_2-1}{2})$。

（2）当 H_2 为偶数、W_2 为奇数时，锚点的位置默认在 $(H_2-1, \frac{W_2-1}{2})$。

（3）当 H_2 为奇数、W_2 为偶数时，锚点的位置默认在 $(\frac{H_2-1}{2}, W_2-1)$。

（4）当 H_2 和 W_2 均为偶数时，锚点的位置默认在右下角 (H_2-1, W_2-1)。

而对于边界扩充，值 'fill' 等价于函数 copyMakeBorder 的 BORDER_CONSTANT，值 'symm' 等价于 BORDER_REFLECT，值 'warp' 等价于 BORDER_WRAP。

那么如何利用函数 convolve2d 计算任意卷积核且任意指定的锚点的 same 卷积呢？方法是首先计算出 full 卷积，然后利用 same 卷积和 full 卷积的关系，从 full 卷积中截取就可以了。same 卷积的 Python 实现的示例代码如下：

```python
# -*- coding: utf-8 -*-
import numpy as np
from scipy import signal
#主函数
if __name__ =="__main__":
    #输入矩阵
    I = np.array([[1,2],[3,4]],np.float32)
    # I 的高和宽
    H1,W1 = I.shape[:2]
    #卷积核
```

```
K = np.array([[-1,-2],[2,1]],np.float32)
# K 的高和宽
H2,W2 = K.shape[:2]
#计算 full 卷积
c_full = signal.convolve2d(I,K,mode='full')
#指定锚点的位置
kr,kc = 0,0
#根据锚点的位置,从 full 卷积中截取得到 same 卷积
c_same = c_full[H2-kr-1:H1+H2-kr-1,W2-kc-1:W1+W2-kc-1]
```

5. C++ 实现

在 OpenCV 中并没有直接给出卷积运算的函数,但是可以用其中的两个函数来实现 same 卷积。对于卷积运算的第一步,使用函数 flip 使得输入的卷积核逆时针翻转 180°;通过函数:

```
void filter2D(InputArray src, OutputArray dst, int ddepth, InputArray kernel,
Point anchor=Point(-1,-1), double delta=0, int borderType=BORDER_DEFAULT )
```

实现卷积运算的第二步,其参数解释如表 5-3 所示。

表 5-3 函数 filter2D 的参数解释

参数	解释
src	输入矩阵
dst	输出矩阵
ddepth	输出矩阵的数据类型(位深)
kernel	卷积核,且数据类型为 CV_32F/CV_64F
anchor	锚点的位置
delta	默认值为 0
borderType	边界扩充类型

对于该函数,需要特别注意的是输入矩阵和输出矩阵的数据类型的对应:

当 src.depth() = CV_8U 时,ddepth = -1/CV_16S/CV_32F/CV_64F。

当 src.depth() = CV_16U/CV_16S 时,ddepth = -1/CV_32F/CV_64F。

当 src.depth() = CV_32F 时,ddepth = -1/CV_32F/CV_64F。

当 src.depth() = CV_64F 时,ddepth = -1/CV_64F。

其中，当参数 ddepth=-1 时，代表输出矩阵和输入矩阵的数据类型一样，而对于输入的卷积核 kernel 的数据类型必须是 CV_32F 或者 CV_64F；否则，即使程序不报错，计算出的卷积结果也有可能不正确。

为了方便使用这两个函数完成卷积运算，将它们封装在函数 conv2D 中，其所有参数的解释与 filter2D 类似。代码如下：

```
void conv2D(InputArray src, InputArray kernel, OutputArray dst, int ddepth,
Point anchor = Point(-1, -1), int borderType = BORDER_DEFAULT)
{
    //卷积运算的第一步：卷积核逆时针翻转180°
    Mat kernelFlip;
    flip(kernel, kernelFlip, -1);
    //卷积运算的第二步
    filter2D(src,dst,ddepth,kernelFlip,anchor,0.0,borderType);
}
```

通过参数 anchor 指定锚点的位置，当参数 kernel 的宽、高均为奇数且让中心点作为锚点的位置时，也可以使用 Point(−1,−1) 代替 Point($\frac{kernel.cols-1}{2}$, $\frac{kernel.rows-1}{2}$)。上面计算 same 卷积的例子是将第 0 行第 0 列作为锚点的位置的，该过程的 C++ 实现代码如下：

```
Mat I = (Mat_<float>(2, 2) << 1,2,3,4);
Mat K = (Mat_<float>(2, 2) << -1, -2, 2, 1);
Mat c_same;
conv2D(I, K, c_same, CV_32FC1, Point(0, 0),BORDER_CONSTANT);
```

c_same 的结果为：

```
[[-5,-6],
 [11,4]]
```

如果我们不小心把以上代码中的 K 的数据类型写成 uchar，则 c_same 的结果是：

```
[[1187,1018],
 [11,4]]
```

显然，得到的结果是不对的。当然，对于 same 卷积的 Python 实现，也可以使用 flip 和 filter2D 这两个函数的 Python API 实现来代替 Scipy 中的 convolve2d，这里就不再赘述了。

5.1.2 可分离卷积核

如果一个卷积核至少由两个尺寸比它小的卷积核 full 卷积而成,并且在计算过程中在所有边界处均进行扩充零的操作,且满足

$$\text{Kernel} = \text{kernel}_1 \star \text{kernel}_2 \star \cdots \star \text{kernel}_n$$

其中 **kernel**$_i$ 的尺寸均比 **Kernel** 小,$1 \leq i \leq n$,则称该卷积核是可分离的。

在图像处理中经常使用这样的卷积核,它可以分离为一维水平方向和一维垂直方向上的卷积核,例如:

$$\begin{pmatrix} 4 & 8 & 12 \\ 5 & 10 & 15 \\ 6 & 12 & 18 \end{pmatrix} = \begin{pmatrix} 1 & 2 & 3 \end{pmatrix} \star \begin{pmatrix} 4 \\ 5 \\ 6 \end{pmatrix}$$

或者

$$\begin{pmatrix} 4 & 8 & 12 \\ 5 & 10 & 15 \\ 6 & 12 & 18 \end{pmatrix} = \begin{pmatrix} 4 \\ 5 \\ 6 \end{pmatrix} \star \begin{pmatrix} 1 & 2 & 3 \end{pmatrix}$$

需要注意的是,full 卷积是不满足交换律的,但是一维水平方向和一维垂直方向上的卷积核的 full 卷积是满足交换律的。示例的 Python 实现如下:

```python
# -*- coding: utf-8 -*-
import numpy as np
from scipy import signal
#主函数
if __name__ =="__main__":
    kernel1 = np.array([[1,2,3]],np.float32)
    kernel2 = np.array([[4],[5],[6]],np.float32)
    #计算两个核的全卷积
    kernel = signal.convolve2d(kernel1,kernel2,mode='full')
    print kernel
```

5.1.3 离散卷积的性质

1. full 卷积的性质

如果卷积核 **Kernel** 是可分离的，且 $\text{Kernel} = \text{kernel}_1 \star \text{kernel}_2$，则有：

$$I \star \text{Kernel} = I \star (\text{kernel}_1 \star \text{kernel}_2) = (I \star \text{kernel}_1) \star \text{kernel}_2$$

通过以下例子了解该性质，假设

$$I = \begin{pmatrix} 1 & 2 & 3 & 10 & 12 \\ 32 & 43 & 12 & 4 & 190 \\ 12 & 234 & 78 & 0 & 12 \\ 43 & 90 & 32 & 8 & 90 \\ 71 & 12 & 4 & 98 & 123 \end{pmatrix}, \text{Kernel} = \begin{pmatrix} 1 & 0 & -1 \\ 1 & 0 & -1 \\ 1 & 0 & -1 \end{pmatrix}$$

计算两者的 full 卷积，代码如下：

```
I_Kernel = signal.convolve2d(I,kernel,mode='full',boundary = 'fill',fillvalue=0)
```

返回结果如下：

```
[[   1.    2.    2.    8.    9.  -10.  -12.]
 [  33.   45.  -18.  -31.  187.  -14. -202.]
 [  45.  279.   48. -265.  121.  -14. -214.]
 [  87.  367.   35. -355.  170.  -12. -292.]
 [ 126.  336.  -12. -230.  111. -106. -225.]
 [ 114.  102.  -78.    4.  177. -106. -213.]
 [  71.   12.  -67.   86.  119.  -98. -123.]]
```

本例中 **Kernel** 是可分离的，即

$$\text{Kernel} = \begin{pmatrix} 1 \\ 1 \\ 1 \end{pmatrix} \star \begin{pmatrix} 1 & 0 & -1 \end{pmatrix} \text{ 或者 Kernel} = \begin{pmatrix} 1 & 0 & -1 \end{pmatrix} \star \begin{pmatrix} 1 \\ 1 \\ 1 \end{pmatrix}$$

利用 full 卷积的结合律计算 I 和 **Kernel** 的 full 卷积，代码如下：

```
kernel1 = np.array([[1],[1],[1]],np.float32)
kernel2 = np.array([[1,0,-1]],np.float32)
I_k1 = signal.convolve2d(I,kernel1,mode='full',boundary = 'fill',fillvalue= 0)
I_k1_k2 = signal.convolve2d(I_k1,kernel2,mode='full',boundary = 'fill',
fillvalue= 0)
```

返回结果如下:

```
[[   1.    2.    2.    8.    9.  -10.  -12.]
 [  33.   45.  -18.  -31.  187.  -14. -202.]
 [  45.  279.   48. -265.  121.  -14. -214.]
 [  87.  367.   35. -355.  170.  -12. -292.]
 [ 126.  336.  -12. -230.  111. -106. -225.]
 [ 114.  102.  -78.    4.  177. -106. -213.]
 [  71.   12.  -67.   86.  119.  -98. -123.]]
```

显然，对比两次的结果可以发现它们是相同的。

2. same 卷积的性质

对于 same 卷积，讨论一种具体的情况。矩阵 I 与卷积核 **Kernel** 的 same 卷积，其中 **Kernel** 的宽为 W_2、高为 H_2，且 W_2 和 H_2 均为奇数，**Kernel** 可分离为水平方向上的 $1 \times W_2$ 的卷积核和垂直方向上的 $H_2 \times 1$ 的卷积核，即 **Kernel** = **kernel**$_1$ ★ **kernel**$_2$。与 full 卷积的结合律类似，针对可分离卷积核的 same 卷积有类似性质：

$$I \star \text{Kernel} = (I \star \text{kernel}_1) \star \text{kernel}_2$$

上面在计算 same 卷积时，锚点的位置默认在卷积核的中心位置，对边界的扩充决定了上式等号成立的条件。首先讨论边界扩充为常数扩充的情况，使用 full 卷积例子的两个矩阵来计算 same 卷积，代码如下：

```
c_same = signal.convolve2d(I,kernel,mode='same',boundary = 'fill',fillvalue= 0)
```

边界扩充采用补零的操作，返回结果如下:

```
[[  45.  -18.  -31.  187.  -14.]
 [ 279.   48. -265.  121.  -14.]
 [ 367.   35. -355.  170.  -12.]
 [ 336.  -12. -230.  111. -106.]
 [ 102.  -78.    4.  177. -106.]]
```

根据卷积核的分离性进行 same 卷积运算，先后两次 same 卷积均采用边界补零的操作，代码如下：

```
kernel1 = np.array([[1],[1],[1]],np.float32)
kernel2 = np.array([[1,0,-1]],np.float32)
c_same1 = signal.convolve2d(I,kernel1,mode='same',boundary = 'fill',fillvalue= 0)
c_same12 = signal.convolve2d(c_same1,kernel2,mode='same',boundary = 'fill', fillvalue= 0)
```

最后的返回结果为：

```
[[  45.  -18.  -31.  187.  -14.]
 [ 279.   48. -265.  121.  -14.]
 [ 367.   35. -355.  170.  -12.]
 [ 336.  -12. -230.  111. -106.]
 [ 102.  -78.    4.  177. -106.]]
```

显然，两种计算方式的结果是相同的。如果采用其他不为 0 的常数扩充边界，那么得到的卷积结果可能是不相同的，但是只有上、下、左、右边界处不相同。

推广到一般情况，对于不为 0 的常数扩充边界，如果 **Kernel** 的尺寸为 $H_2 \times W_2$，那么两种计算 same 卷积的方式只有矩阵上侧的前 $\frac{H_2-1}{2}$ 行、左侧的前 $\frac{W_2-1}{2}$ 列、下侧的最后 $\frac{H_2-1}{2}$ 行、右侧的最后 $\frac{H_2-1}{2}$ 列才会不同，其他中间部分是相同的，而在图像处理中用到的卷积核的尺寸很小，这些部分数值不相同也就可以忽略了。对边界处理进行其他操作，比如令 boundary = 'symm' 或 'wrap'，两种计算方式的输出结果也是相同的，可以修改上述代码来验证。当然，不同的边界扩充类型，也只是边界范围内的值不同，比如当 boundary = 'wrap' 时，上述示例的 same 卷积结果为：

```
[[-268.  -85.   55.  306.   -8.]
 [  65.   48. -265.  121.   31.]
 [  75.   35. -355.  170.   75.]
 [ 111.  -12. -230.  111.   20.]
 [-121.  -76.   12.  186.   -1.]]
```

与采用边界补零计算出的 same 卷积结果进行比较，发现只有第 0 行、第 0 列、最后 1 行、最后 1 列不相同。

讨论了这么多，那么利用 same 卷积的结合率的优势是什么呢？假设图像矩阵 I 的尺寸为高 H_1、宽 W_1，卷积核 **Kernel** 的尺寸为高 H_2、宽 W_2，那么进行 same 卷积的运算量大

概为 $(H_1 * W_1) * (H_2 * W_2)$，可以看出卷积运算是非常耗时的，而且随着卷积核尺寸的增大耗时会越来越多。如果 **Kernel** 可分离为一维水平方向上的 $1 \times W_2$ 的卷积核和一维垂直方向上的 $H_2 \times 1$ 的卷积核，或者分离为一维垂直方向上的 $H_2 \times 1$ 的卷积核和一维水平方向上的 $1 \times W_2$ 卷积核，则可使卷积运算量减少到 $(H_1 * W_1) * (H_2 + C_2)$，这里就体现出了分离性卷积核的优势。

对于可分离的 same 卷积的 C++ 实现可以使用前面写好的 conv2D，再进行封装一次，具体代码如下：

```cpp
/*可分离的离散二维卷积，先进行垂直方向上的卷积，然后进行水平方向上的卷积*/
void sepConv2D_Y_X(InputArray src, OutputArray src_kerY_kerX, int ddepth,
InputArray kernelY, InputArray kernelX, Point anchor = Point(-1, -1), int
borderType = BORDER_DEFAULT)
{
    //输入矩阵与垂直方向上的卷积核的卷积
    Mat src_kerY;
    conv2D(src, kernelY, src_kerY, ddepth, anchor, borderType);
    //上面得到的卷积结果，接着和水平方向上的卷积核卷积
    conv2D(src_kerY, kernelX, src_kerY_kerX, ddepth, anchor, borderType);
}
```

还是用以上的例子，首先利用原卷积核进行 same 卷积，代码如下：

```cpp
//输入矩阵
Mat I = (Mat_<float>(5, 5) << 1, 2, 3, 10, 12,
        32, 43, 12, 4, 190,
        12, 234, 78, 0, 12,
        43, 90, 32, 8, 90,
        71, 12, 4, 98, 123);
//卷积核
Mat kernel=(Mat_<float>(3, 3)<<1, 0, -1, 1, 0, -1, 1, 0, -1);
//same 卷积
Mat c_same;
conv2D(I, kernel, c_same, CV_32FC1, Point(-1, -1), 4);
```

打印 c_same 的结果如下：

```
[[  0. -38. -70. 365.  -0.]
 [  0.  48. -265. 121.  -0.]
```

```
  [   0.   35. -355.  170.   -0.]
  [   0.  -12. -230.  111.   -0.]
  [   0.  -89.   78.  235.    0.]]
```

然后利用卷积核的分离性,代码如下:

```
Mat kernel1 = (Mat_<float>(1, 3) << 1, 0, -1);
Mat kernel2 = (Mat_<float>(3, 1) << 1, 1, 1);
Mat c_same;
sepConv2D_X_Y(I, c_same, CV_32FC1, kernel1, kernel2);
```

打印 c_same 的结果如下:

```
[[   0.  -38.  -70.  365.   -0.]
 [   0.   48. -265.  121.   -0.]
 [   0.   35. -355.  170.   -0.]
 [   0.  -12. -230.  111.   -0.]
 [   0.  -89.   78.  235.    0.]]
```

显然,两者得到的结果是相同的。当然,也可先进行水平方向上的卷积,然后进行垂直方向上的卷积,具体代码如下:

```
/*可分离的离散二维卷积,先进行水平方向上的卷积,然后进行垂直方向上的卷积*/
void sepConv2D_X_Y(InputArray src, OutputArray src_kerX_kerY, int ddepth,
InputArray kernelX, InputArray kernelY, Point anchor = Point(-1, -1), int
borderType = BORDER_DEFAULT)
{
    //输入矩阵与水平方向上的卷积核的卷积
    Mat src_kerX;
    conv2D(src, kernelX, src_kerX, ddepth, anchor, borderType);
    //上面得到的卷积结果,接着和垂直方向上的卷积核卷积,得到最终的输出结果
    conv2D(src_kerX, kernelY, src_kerX_kerY, ddepth, anchor, borderType);
}
```

推广 same 卷积的性质,对于任意的 $H_1 \times W_1$ 的卷积核 kernel_1 和 $H_2 \times W_2$ 的卷积核 kernel_2,其中 H_1、W_1、H_2、W_2 均为奇数,那么 same 卷积满足以下性质:

$$I \star \text{kernel}_1 \star \text{kernel}_2 \approx I \star (\text{kernel}_1 \star \text{kernel}_2)$$

上式中出现的所有 same 卷积操作，锚点的位置默认在卷积核的中心，**kernel**$_1$ 和 **kernel**$_2$ full 卷积结果的尺寸为 $(H_1 + H_2 - 1) \times (W_1 + W_2 - 1)$，那么"≈"号两边的 same 卷积结果也只有在四个边界范围内，即最上面和最下面 $\frac{H_1 + H_2 - 2}{2}$ 行、最左边和最右边 $\frac{W_1 + W_2 - 2}{2}$ 列处才可能有不相同的值，而在"中间部分"的对应位置处的所有值都是相同的，可以修改以上程序简单验证该过程。而在图像处理中，往往用到的卷积核的尺寸都很小，可以忽略边界处的不同，认为两者的结果是相同的，但是明显左边的计算效率会高一些。假设 I 的尺寸为 $H \times W$，等式左边的乘法执行次数大约为 $(H*W)*(H_1*W_1 + H_2*W_2)$，而右边的执行次数大约为 $(H*W)*((H_1 + H_2 - 1)*(W_1 + W_2 - 1))$，显然，等式左边的乘法执行次数要少于右边的执行次数。

掌握了二维离散卷积之后，接下来介绍两种常用的基于卷积运算的图像平滑算法——高斯平滑和均值平滑，而其中的高斯卷积核和均值卷积核均是可分离的。

5.2 高斯平滑

5.2.1 高斯卷积核的构建及分离性

假设构造宽（列数）为 W、高（行数）为 H 的高斯卷积算子 **gaussKernel**$_{H \times W}$，其中 W 和 H 均为奇数，锚点的位置在 $(\frac{H-1}{2}, \frac{W-1}{2})$，步骤如下。

第一步：计算高斯矩阵。

$$\mathbf{gaussMatrix}_{H \times W} = \Big[\text{gauss}(r, c, \sigma) \Big]_{0 \leqslant r \leqslant H-1, 0 \leqslant c \leqslant W-1, r,c \in N}$$

其中

$$\text{gauss}(r, c, \sigma) = \frac{1}{2\pi\sigma^2} e^{-\frac{(r - \frac{H-1}{2})^2 + (c - \frac{W-1}{2})^2}{2\sigma^2}}$$

r、c 代表位置索引，其中 $0 \leqslant c \leqslant W-1$，$0 \leqslant r \leqslant H-1$，且 r,c 均为整数。

第二步：计算高斯矩阵的和。

$$\text{sum}(\mathbf{gaussMatrix}_{H \times W})$$

第三步：高斯矩阵除以其本身的和，即归一化，得到的便是高斯卷积算子。

$$\mathbf{gaussKernel}_{H \times W} = \mathbf{gaussMatrix} / \text{sum}(\mathbf{gaussMatrix})$$

利用上述三个步骤构建高斯卷积算子的 Python 实现代码如下：

```
def getGaussKernel(sigma,H,W):
    #第一步：构建高斯矩阵
    gaussMatrix = np.zeros([H,W],np.float32)
    #得到中心点的位置
    cH = (H-1)/2
    cW = (W-1)/2
    #计算gauss(sigma,r,c)
    for r in xrange(H):
        for c in xrange(W):
            norm2 = math.pow(r-cH,2) + math.pow(c-cW,2)
            gaussMatrix[r][c] = math.exp(-norm2/(2*math.pow(sigma,2)))
    #第二步：计算高斯矩阵的和
    sumGM = np.sum(gaussMatrix)
    #第三步：归一化
    gaussKernel = gaussMatrix/sumGM
    return gaussKernel
```

因为最后要归一化，所以在代码实现中可以去掉高斯函数中的系数 $\frac{1}{2\pi\sigma^2}$。对于以上代码中的第一步"计算高斯矩阵"，也可以利用 Numpy 中的函数 power 和 exp 进行简化，代码风格类似于 MATLAB。代码如下：

```
r,c = np.mgrid[0:H:1, 0:W:1]
r -= (H-1)/2
c -= (W-1)/2
gaussMatrix = numpy.exp(-0.5*(numpy.power(r)+numpy.power(c))/math.pow(sigma,2))
```

显然，高斯卷积算子翻转 180° 和本身是相同的。

高斯卷积算子是可分离卷积核

因为 $e^{-\frac{(r-\frac{H-1}{2})^2+(c-\frac{W-1}{2})^2}{2\sigma^2}} = e^{-\frac{(r-\frac{H-1}{2})^2}{2\sigma^2}} * e^{-\frac{(c-\frac{W-1}{2})^2}{2\sigma^2}}$，所以高斯卷积核可分离成一维水平方向上的高斯核和一维垂直方向上的高斯核，或者反过来，即：

$$\text{gaussKernel}_{H\times W} = \text{gaussKernel}_{1\times W} \star \text{gaussKernel}_{H\times 1}$$
$$= \text{gaussKernel}_{H\times 1} \star \text{gaussKernel}_{1\times W}$$

基于这种分离性，OpenCV 只给出了构建一维垂直方向上的高斯卷积核的函数：

`Mat getGaussianKernel(int ksize, double sigma, int ktype=CV\_64F )`

其参数解释如表 5-4 所示。

表 5-4 函数 getGaussianKernel 的参数解释

参数	解释
ksize	一维垂直方向上高斯核的行数，而且是正奇数
sigma	标准差
ktype	返回值的数据类型为 CV_32F 或 CV_64F，默认是 CV_64F

返回值就是一个 ksize×1 的垂直方向上的高斯核，而对于一维水平方向上的高斯核，只需对垂直方向上的高斯核进行转置就可以了。该函数的 Python API 的示例代码如下：

```
>>import cv2
>>import numpy as np
>>gk = cv2.getGaussianKernel(3,2,cv2.CV_64F)
```

输出结果为 3×1 的 ndarray，显示结果如下：

```
>>gk
array([[ 0.31916777],
       [ 0.36166446],
       [ 0.31916777]])
```

由于高斯卷积算子是可分离的，所以真正对图像进行高斯平滑时，可根据 same 卷积的结合律和卷积核的分离性对图像先进行一维水平方向上的高斯平滑，然后再进行一维垂直方向上的高斯平滑，或者反过来，先垂直后水平。

5.2.2 高斯卷积核的二项式近似

首先，回忆一下高中学的二项式展开式：

$$(x+y)^n = \sum_{k=0}^{n} C_n^k x^k y^{n-k}$$

其中 $n \geq 1$ 且为整数，展开式中的系数：

$$C_n^k = \frac{n!}{(k!)*(n-k)!}, k = 0, 1, 2, 3, \cdots, n$$

在二项式展开式中，令 $x = 1$，$y = 1$，则 $2^n = \sum_{k=0}^{n} C_n^k$。令

$$f(k) = 2^{-n} C_n^k = 2^{-n} \frac{n!}{(k!)*(n-k)!}, k = 0, 1, 2, 3, \cdots, n$$

显然，$\sum_{k=0}^{n} f(k) = 1$。

再回忆一下二项分布 $X \sim \text{Binomial}(n, p)$，该分布的期望 $\mu = np$，方差 $\sigma^2 = np(1-p)$，当 $p = \frac{1}{2}$ 时，$\mu = \frac{n}{2}$，$\sigma^2 = \frac{n}{4}$。

一维高斯函数为：

$$g(x, \mu, \sigma) = \frac{1}{\sqrt{2\pi}\sigma} e^{-\frac{(x-\mu)^2}{2\sigma^2}}$$

那么

$$f(k) \approx g(k, \frac{n}{2}, \frac{n}{4})$$

图 5-4 分别显示的是当 $n = 2$、6、12、16 时，数列 $\{f(k)\}$ 与对应的一维高斯函数 $g(x, \frac{n}{2}, \frac{n}{4})$ 的关系，图中的点代表数列，显然 $\{f(k)\}$ 基本上在一维高斯函数的曲线上，即 $f(k) \approx g(k, \frac{n}{2}, \frac{n}{4})$，而且 $\sum_{k=0}^{n} f(k) = 1$，$\sum_{k=0}^{n} f(k) \approx \sum_{k=0}^{n} g(k, \frac{n}{2}, \frac{n}{4})$，那么 $\{f(k)\}$ 可以近似作为一维的高斯平滑算子。

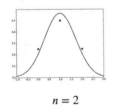
$n = 2$
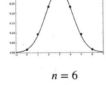
$n = 6$
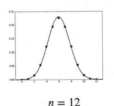
$n = 12$
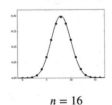
$n = 16$

图 5-4 $f(k)$ 和 $g(x, \mu, \sigma)$ 的关系

因为一维的高斯卷积核的尺寸是奇数，那么对应二项式的指数 n 为偶数，如表 5-5 所示，只列出 n 是偶数的情况。

表 5-5　高斯卷积核的二项式近似

n	$\mu=\frac{n}{2}$	$\sigma^2=\frac{n}{4}$	窗口大小	$g(k,\mu,\sigma)*2^n \approx f(k)*2^n = C_n^k$
2	1	0.5	3×3	1　2　1
4	2	1	5×5	1　4　6　4　1
6	3	1.5	7×7	1　6　15　20　15　6　1
8	4	2	9×9	1　8　28　56　70　56　28　8　1

举例：利用表 5-5 构造 3×3 的高斯卷积核，则取

$$n=2: \quad \frac{1}{2^2}\begin{pmatrix}1\\2\\1\end{pmatrix} \star \frac{1}{2^2}\begin{pmatrix}1 & 2 & 1\end{pmatrix} = \frac{1}{16}\begin{pmatrix}1 & 2 & 1\\ 2 & 4 & 2\\ 1 & 2 & 1\end{pmatrix}$$

对于一维高斯算子的二项式近似是构建边缘检测 Sobel 算子的基础，这一点将在"边缘检测"一章中再详细介绍。下面介绍图像高斯平滑的具体实现及其效果。

5.2.3　Python 实现

通过定义函数 gaussBlur 来实现图像的高斯平滑，首先进行水平方向上的高斯卷积，然后再进行垂直方向上的高斯卷积，其中 sigma、H、W 分别代表高斯卷积核的标准差、高、宽，而后面两个参数同 signal.convolve2d 的，用来表示图像矩阵的边界扩充方式，常用的方式是'symm'，具体代码如下：

```python
def gaussBlur(image,sigma,H,W,_boundary = 'fill',_fillvalue = 0):
    #构建水平方向上的高斯卷积核
    gaussKenrnel_x=cv2.getGaussianKernel(sigma,W,cv2.CV_64F)
    #转置
    gaussKenrnel_x = np.transpose(gaussKenrnel_x)
    #图像矩阵与水平高斯核卷积
    gaussBlur_x=signal.convolve2d(image,gaussKenrnel_x,mode='same',boundary = _boundary,fillvalue=_fillvalue)
    #构建垂直方向上的高斯卷积核
    gaussKenrnel_y=cv2.getGaussianKernel(sigma,H,cv2.CV_64F)
    #与垂直方向上的高斯核卷积核
    gaussBlur_xy = signal.convolve2d(gaussBlur_x,gaussKenrnel_y,mode='same',boundary = _boundary,fillvalue=_fillvalue)
    return gaussBlur_xy
```

以上代码实现返回的卷积结果的数据类型是浮点型,假设输入的图像是 8 位图,进行高斯卷积后,需要将结果用命令 astype(numpy.uint8) 进行数据类型转换,从而进行灰度级显示,否则用 imshow 显示时为黑色。主函数代码如下:

```
#主函数
if __name__ =="__main__":
    if len(sys.argv)>1:
        image = cv2.imread(sys.argv[1],cv2.CV_LOAD_IMAGE_GRAYSCALE)
    else:
        print "Usge:python gaussBlur.py imageFile"
    cv2.imshow("image",image)
    #高斯平滑
    blurImage = gaussBlur(image,5,51,51,'symm')
    #对blurImage进行灰度级显示
    blurImage = np.round(blurImage)
    blurImage = blurImage.astype(np.uint8)
    cv2.imshow("GaussBlur",blurImage)
    cv2.waitKey(0)
    cv2.destroyAllWindows()
```

图 5-5 显示了使用不同尺寸和标准差的高斯核对图(a)进行高斯平滑的效果,随着卷积核尺寸和标准差的增大,平滑效果越来越明显,图像变得越来越模糊,只能显示大概的轮廓。

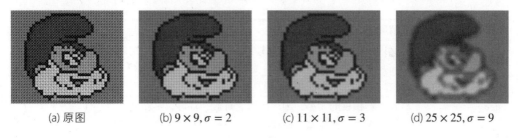

(a) 原图　　(b) $9 \times 9, \sigma = 2$　　(c) $11 \times 11, \sigma = 3$　　(d) $25 \times 25, \sigma = 9$

图 5-5 高斯平滑

5.2.4 C++ 实现

因为高斯卷积核是可分离的,所以可以通过定义可分离卷积函数 sepConv2D_Y_X 来实现图像的高斯平滑。代码如下:

```
Mat  gaussBlur(const Mat & image, Size winSize,float sigma, int ddepth=CV_64F,
Point anchor = Point(-1, -1), int borderType = BORDER_DEFAULT)
```

```
{
    //卷积核的宽、高均为奇数
    CV_Assert(winSize.width % 2==1&&winSize.height%2 == 1);
    //构建垂直方向上的高斯卷积算子
    Mat gK_y=getGaussianKernel(sigma,winSize.height,CV_64F);
    //构建水平方向上的高斯卷积算子
    Mat gK_x = getGaussianKernel(sigma,winSize.width,CV_64F);
    gK_x = gK_x.t();//转置
    //分离的高斯卷积
    Mat blurImage;
    sepConv2D_Y_X(image, blurImage, ddepth, gK_y, gK_x, Point(-1, -1));
    return blurImage;
}
```

理解了上述高斯平滑的过程，就可以明白 OpenCV 实现的高斯平滑函数：

```
void GaussianBlur(InputArray src, OutputArray dst, Size ksize, double sigmaX,
double sigmaY=0,int borderType=BORDER_DEFAULT )
```

该函数可以处理灰度图像和彩色图像，处理彩色图像时也是分别处理每一个通道的。其参数解释如表 5-6 所示。

表 5-6　函数 GaussianBlur 的参数解释

参数	解释
src	输入矩阵，支持的数据类型为 CV_8U、CV_16U、CV_16S、CV_32F、CV_64F，通道数不限
dst	输出矩阵，大小和数据类型与 src 相同
ksize	高斯卷积核的大小，宽、高均为奇数，且可以不相同
sigmaX	一维水平方向高斯卷积核的标准差
sigmaY	一维垂直方向高斯卷积核的标准差，默认值为 0，表示与 sigmaX 相同
borderType	边界扩充方式

从参数的设置可以看出，GaussianBlur 也是通过分离的高斯卷积核实现的，也可以令水平方向和垂直方向上的标准差不相同，但是一般会取相同的标准差。当平滑窗口比较小时，对标准差的变化不是很敏感，得到的高斯平滑效果差别不大；相反，当平滑窗口较大时，对标准差的变化很敏感，得到的高斯平滑效果差别较大。

5.3 均值平滑

5.3.1 均值卷积核的构建及分离性

高为 H、宽为 W 的均值卷积算子的构建方法很简单，令所有元素均为 $\frac{1}{W*H}$ 即可，记：

$$\text{meanKernel}_{H\times W} = \frac{1}{H*W}\left[1\right]_{H\times W}$$

其中 W、H 均为奇数，锚点的位置在 $(\frac{H-1}{2},\frac{W-1}{2})$。

均值平滑算子是可分离卷积核，即：

$$\text{meanKernel}_{H\times W} = \text{meanKernel}_{1\times W} \star \text{meanKernel}_{H\times 1}$$
$$= \text{meanKernel}_{H\times 1} \star \text{meanKernel}_{1\times W}$$

举例：5 行 3 列的均值平滑算子可以进行以下分离。

$$\frac{1}{3*5}\begin{pmatrix} 1 & 1 & 1 \\ 1 & 1 & 1 \\ 1 & 1 & 1 \\ 1 & 1 & 1 \\ 1 & 1 & 1 \end{pmatrix} = \frac{1}{3}\begin{pmatrix} 1 & 1 & 1 \end{pmatrix} \star \frac{1}{5}\begin{pmatrix} 1 \\ 1 \\ 1 \\ 1 \\ 1 \end{pmatrix}$$

均值平滑，顾名思义，图像中每一个位置的邻域的平均值作为该位置的输出值，代码实现与分离的高斯卷积是类似的，只需将高斯算子替换成均值算子即可。利用卷积核的分离性和卷积的结合律，虽然减少了运算量，但是随着卷积核窗口的增加，计算量仍会继续增大，可以利用图像的积分，实现时间复杂度为 $O(1)$ 的快速均值平滑。

5.3.2 快速均值平滑

在介绍快速均值平滑之前，先了解一下什么是图像的积分。R 行 C 列的图像矩阵 $\boldsymbol{I}$ 的积分 Integral 由以下定义计算：

$$\text{Integral}(r,c) = \sum_{i=0}^{i=r}\sum_{j=0}^{j=c}\boldsymbol{I}(i,j), 0 \leqslant r < R, 0 \leqslant c < C$$

即任意一个位置的积分等于该位置左上角所有值的和。举例如下：

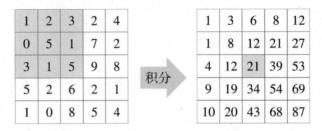

原矩阵 I I 的积分结果

利用矩阵的积分，可以计算出矩阵中任意矩形区域的和：

$$\sum_{r=rTop}^{rBottom} \sum_{c=cLeft}^{cRight} I(r,c) = \textbf{Integral}(rBottom, cRight) + \textbf{Integral}(rTop-1, cLeft-1)$$

$$- \textbf{Integral}(rBottom, cLeft-1) - \textbf{Integral}(rTop-1, cRight)$$

举例：计算 I 的以 $(2,2)$ 为中心，从左上角 $(rTop, cLeft) = (1,1)$ 至右下角 $(rBottom, cRight) = (3,3)$ 的矩形区域的和。

1	2	3	4
0	5	1	7	2
3	1	5	9	8
5	2	6	2	1
1	0	8	5	4

1	3	6	8	12
1	8	12	21	27
4	12	21	39	53
9	19	34	54	69
10	20	43	68	87

可以从积分后的图像矩阵中找到对应的值计算：

$$\sum_{r=1}^{3} \sum_{c=1}^{3} I(r,c) = \textbf{Integral}(3,3) + \textbf{Integral}(0,0) - \textbf{Integral}(3,0) - \textbf{Integral}(0,3)$$

即：$5+1+7+1+5+9+2+6+2 = 54+1-8-9$。

均值平滑的原理本质上是计算任意一个点的邻域的平均值，而平均值是由该邻域的和除以邻域的面积得到的。这样无论怎样改变平滑窗口的大小，都可以利用图像的积分快速计算每个点的邻域的和。接下来介绍利用图像的积分实现图像的均值平滑。

5.3.3 Python 实现

对于图像的积分的实现，可以分两步完成：先对图像矩阵按行积分，然后再按列积分；或者反过来，先列积分后行积分。为了在快速均值平滑中省去判断边界的问题，所以对积分后图像矩阵的上边和左边进行补零操作，尺寸为 $(R+1) \times (C+1)$。代码如下：

```python
def integral(image):
    rows,cols = image.shape
    #行积分运算
    inteImageC = np.zeros((rows,cols),np.float32)
    for r in xrange(rows):
        for c in xrange(cols):
            if c == 0:
                inteImageC[r][c] = image[r][c]
            else:
                inteImageC[r][c] = inteImageC[r][c-1] + image[r][c]
    #列积分运算
    inteImage = np.zeros(image.shape,np.float32)
    for c in xrange(cols):
        for r in xrange(rows):
            if r == 0:
                inteImage[r][c] = inteImageC[r][c]
            else:
                inteImage[r][c] = inteImage[r-1][c] + inteImageC[r][c]
    #上边和左边进行补零
    inteImage_0 = np.zeros((rows+1,cols+1),np.float32)
    inteImage_0[1:rows+1,1:cols+1] = inteImage
    return inteImage_0
```

实现了图像的积分后，通过定义函数 fastMeanBlur 来实现均值平滑，其中 image 是输入矩阵，winSize 为平滑窗口尺寸，宽、高均为奇数，borderType 为边界扩充类型。如果在图像的边界进行的处理是补零操作，那么随着窗口的增大，平滑后黑色边界会越来越明显，所以在进行均值平滑处理时，比较理想的边界扩充类型是镜像扩充。具体代码如下：

```python
def fastMeanBlur(image,winSize,borderType = cv2.BORDER_DEFAULT):
    halfH = (winSize[0]-1)/2
    halfW = (winSize[1]-1)/2
```

```python
ratio = 1.0/(winSize[0]*winSize[1])
#边界扩充
paddImage = cv2.copyMakeBorder(image,halfH,halfH,halfW,halfW,borderType)
#图像积分
paddIntegral = integral(paddImage)
#图像的高、宽
rows,cols = image.shape
#均值滤波后的结果
meanBlurImage = np.zeros(image.shape,np.float32)
r,c = 0,0
for h in range(halfH,halfH+rows,1):
    for w in range(halfW,halfW+cols,1):
        meanBlurImage[r][c]=(paddIntegral[h+halfH+1][w+halfW+1]+
        paddIntegral[h-halfH][w-halfW]-paddIntegral[h+halfH+1][w-halfW]-
        paddIntegral[h-halfH][w+halfW+1])*ratio
        c+=1
    r+=1
    c=0
return meanBlurImage
```

函数 fastMeanBlur 返回的结果是浮点型,如果输入的是 8 位图,则需要利用命令 astype(numpy.uint8) 将结果转换为 8 位图。

图 5-6 显示的是不同尺寸的均值平滑算子对图(a)平滑的效果,显然随着均值平滑算子窗口的增大,处理后细节部分越来越不明显,只是显示了大概轮廓。

(a) 原图　　　　　(b) 5×5 均值平滑　　　(c) 7×7 均值平滑　　　(d) 11×11 均值平滑

图 5-6　均值平滑

5.3.4 C++ 实现

对于图像的积分,OpenCV 提供了函数:

`void integral(InputArray src, OutputArray sum, int sdepth=-1 )`

来实现该功能,结果与 5.3.3 节 Python 实现的积分结果相同,其参数解释如表 5-7 所示。

表 5-7 函数 integral 的参数解释

参数	解释
src	输入 $H \times W$ 的矩阵,数据类型为 CV_8U、CV_32F、CV_64F
sum	输出矩阵,大小为 $(H+1) \times (W+1)$
sdepth	输出矩阵的数据类型:CV_32S/CV_32F/CV_64F

此外,OpenCV 还提供了该函数的两个重载函数。该函数的 C++ API 的使用示例如下:

```
Mat src = (Mat_<uchar>(2, 2) << 1, 2, 3, 4);
Mat dst;
integral(src, dst, CV_32F);
```

同样,该函数的 Python API 的使用也很简单,代码如下:

```
>>src=np.array([[1,2],[3, 4]],np.uint8)
>>dst=cv2.integral(src,sdepth=cv2.CV_32F)
>>dst
array([[  0.,   0.,   0.],
       [  0.,   1.,   3.],
       [  0.,   4.,  10.]], dtype=float32)
```

从结果可以看出,积分后也是在最上面一行和最左列进行了补 0,目的只是在使用时会更方便。

与 Python 实现类似,通过定义函数 fastMeanBlur 来实现快速均值平滑,其中该函数的参数 img 代表输入图像,winSize 代表平滑窗口的尺寸,borderType 代表边界扩充类型。具体代码如下:

```
Mat fastMeanBlur(Mat img, Size winSize, int borderType, Scalar value=Scalar())
{
    //判断窗口的高、宽是奇数
```

```cpp
int hei = winSize.height;
int wid = winSize.width;
CV_Assert(hei % 2 == 1 && wid % 2 == 1);
//窗口半径
int hh = (hei-1) / 2;
int ww = (wid - 1) / 2;
//窗口的面积,即宽乘以高
float area = float(hei*wid);
//边界扩充
Mat paddImg;
cv::copyMakeBorder(img, paddImg,hh, hh, ww, ww, borderType, value);
//图像积分
Mat inte;
cv::integral(paddImg, inte, CV_32FC1);
//输入图像矩阵的高、宽
int rows = img.rows;
int cols = img.cols;
int r = 0, c = 0;
Mat meanImg = Mat::zeros(img.size(),CV_32FC1);
for (int h = hh; h < hh+rows; h++)
{
    for (int w = ww; w < ww+cols; w++)
    {
        float bottomRight = inte.at<float>(h + hh + 1, w + ww + 1);
        float topLeft = inte.at<float>(h - hh , w - ww);
        float topRight = inte.at<float>(h+hh+1,w-ww);
        float bottomLeft = inte.at<float>(h-hh,w+ww+1);
        meanImg.at<float>(r, c) = (bottomRight + topLeft - topRight - bottomLeft) / area;
        c++;
    }
    r++;
    c = 0;
}
return meanImg;
}
```

对于快速均值平滑，OpenCV 提供了 boxFilter 和 blur 两个函数来实现该功能，而且这两个函数均可以处理多通道图像矩阵，本质上是对图像的每一个通道分别进行均值平滑。第一个函数：

```
void boxFilter(InputArray src, OutputArray dst, int ddepth, Size ksize, Point anchor=Point(-1,-1),bool normalize=true, int borderType=BORDER_DEFAULT )
```

其参数解释如表 5-8 所示。

表 5-8 函数 boxFilter 的参数解释

参数	解释
src	输入矩阵，数据类型为 CV_8U、CV_32F、CV_64F
sum	输出矩阵，其大小和数据类型与 src 相同
ddepth	位深
ksize	平滑窗口的尺寸
normalize	是否归一化

第二个函数：

```
void blur(InputArray src, OutputArray dst, Size ksize, Point anchor=Point(-1,-1), int borderType=BORDER_DEFAULT )
```

其参数解释如表 5-9 所示。

表 5-9 函数 blur 的参数解释

参数	解释
src	输入矩阵，数据类型为 CV_8U、CV_32F、CV_64F
dst	输出矩阵，其大小和数据类型与 src 相同
ksize	中值算子的尺寸，Size(宽, 高)
anchor	锚点，如果宽、高均为奇数，则 Point(-1,-1) 代表中心点
borderType	边界扩充类型

显然，函数 boxFilter(src,dst,src.type(),ksize,Point(-1,-1),true,BORDER_DEFAULT) 与函数 blur 的作用是一样的。比如利用 5 行 3 列的均值算子对 8 位图 I 进行平滑处理，该函数的 C++ API 的使用示例如下：

```
Mat dst;
blur(I,dst,Size(3,5),Point(1,2));
//上面的 Point(1,2) 可以用 Point(-1,-1)代替
//blur(I,dst,Size(3,5),Point(-1,-1));
imshow("dst",dst)
```

函数 blur 的 Python API 的使用示例与之类似，代码如下：

```
dst=blur(I,(3,5))
```

5.4 中值平滑

5.4.1 原理详解

中值平滑，类似于卷积，也是一种邻域运算，但计算的不是加权求和，而是对邻域中的像素点按灰度值进行排序，然后选择该组的中值作为输出的灰度值。

假设输入图像为 I，高为 R、宽为 C，对于图像中的任意位置 $(r,c), 0 \leq r < R, 0 \leq c < C$，取以 (r,c) 为中心、宽为 W、高为 H 的邻域，其中 W 和 H 均为奇数，对邻域中的像素点灰度值进行排序，然后取中值，作为输出图像 O 的 (r,c) 位置处的灰度值。

以图像矩阵

$$I = \begin{pmatrix} 125 & 190 & 11 & 190 & 90 \\ 141 & 234 & 21 & 67 & 23 \\ 165 & 234 & 31 & 189 & 1 \\ 112 & 12 & 41 & 56 & 121 \\ 141 & 123 & 51 & 76 & 222 \end{pmatrix}$$

为例，取以位置 $(1,1)$ 为中心的 3×3 邻域，对邻域中的像素点灰度值按从小到大进行排序：

11	21	31	125	141	165	190	234	234

可以看出 141 是该组灰度值的中值，那么输出图像 $O(1,1) = 141$，依此类推，会得到输出图像的所有像素点的灰度值。当然，对边界处的处理和卷积运算一样，可采用多种策略，而对边界进行镜像补充是较为理想的一种选择。

中值滤波最重要的能力是去除椒盐噪声。椒盐噪声是指在图像传输系统中由于解码误差等原因，导致图像中出现孤立的白点或者黑点。可以通过以下代码对图像模拟添加椒盐噪声，其中参数 number 指添加椒盐噪声的数量。

```python
def salt(image,number):
    #图像的高、宽
    rows,cols = image.shape
    #加入椒盐噪声后的图像
    saltImage = np.copy(image)
    for i in xrange(number):
        randR = random.randint(0,rows-1)
        randC = random.randint(0,cols-1)
        saltImage[randR][randC] = 255
    return saltImage
```

接下来介绍中值平滑的实现及其效果。

5.4.2 Python 实现

对于 Python 实现的中值平滑，首先利用命令 ndarray$[r_1:r_2+1, c_1:c_2+1]$ 得到 ndarray 从左上角 (r_1, c_1) 至右下角 (r_2, c_2) 的矩形区域，然后利用 Numpy 提供的函数 median 取该区域的中数。具体实现代码如下：

```python
def medianBlur(image,winSize):
    #图像的高、宽
    rows,cols = image.shape
    #窗口的高、宽，均为奇数
    winH,winW = winSize
    halfWinH = (winH-1)/2
    halfWinW = (winW-1)/2
    #中值滤波后的输出图像
    medianBlurImage = np.zeros(image.shape,image.dtype)
    for r in xrange(rows):
        for c in xrange(cols):
            #判断边界
            rTop = 0 if r-halfWinH < 0 else r-halfWinH
            rBottom = rows-1 if r+halfWinH > rows-1 else r+halfWinH
```

```python
            cLeft = 0 if c-halfWinW < 0 else c-halfWinW
            cRight = cols-1 if c+halfWinW > cols-1 else c+halfWinW
            #取邻域
            region = image[rTop:rBottom+1,cLeft:cRight+1]
            #求中值
            medianBlurImage[r][c] = np.median(region)
    return medianBlurImage
```

使用该函数进行中值平滑的主函数代码如下：

```python
if __name__ =="__main__":
    if len(sys.argv)>1:
        image = cv2.imread(sys.argv[1],cv2.CV_LOAD_IMAGE_GRAYSCALE)
    else:
        print "Usge:python medianBlur.py imageFile"
    #显示原图
    cv2.imshow("image",image)
    #中值滤波
    medianBlurImage = medianBlur(image,(3,3))
    #显示中值滤波后的结果
    cv2.imshow("medianBlurImage",medianBlurImage)
    cv2.waitKey(0)
    cv2.destroyAllWindows()
```

如图 5-7 所示，图（a）是添加了椒盐噪声的图像，图（b）是 3×3 中值滤波后的结果，去除了图像中的黑色孤立点，显然几乎看不到椒盐噪声的影响，并且随着中值平滑窗口的增大，椒盐噪声会完全被消除，如图（c）和图（d）所示。而且中值平滑后的效果并没有降低边缘的锐利程度，也就是说，中值平滑具有一定的保边作用。

(a) 原图　　　　　(b) 3×3 中值平滑　　　(c) 15×15 中值平滑　　(d) 25×25 中值平滑

图 5-7　中值平滑

5.4.3 C++ 实现

OpenCV 并没有提供直接计算中数的函数，可以利用另外两个函数 sort 和 reshape 间接计算中数。首先了解一下 OpenCV 提供的排序函数：

void sort(InputArray src, OutputArray dst, int flags)

其参数解释如表 5-10 所示。

表 5-10 函数 sort 的参数解释

参数	解释
src	输入单通道矩阵
dst	输出矩阵，其大小和数据类型与 src 相同
flags	CV_SORT_EVERY_ROW：对每一行排序 CV_SORT_EVERY_COLUMN：对每一列排序 CV_SORT_ASCENDING：升序排列 CV_SORT_DESCENDING：降序排列

其中参数 flags 是可以组合使用的，如 CV_SORT_EVERY_ROW+CV_SORT_ASCENDING 代表对输入矩阵的每一行进行升序排列，使用该函数的 Python API 快速验证其使用方法，示例代码如下：

```
>>mat = np.array([[4,6,3],[7,5,6],[2,9,1]])
>>mat
array([[4, 6, 3],
       [7, 5, 6],
       [2, 9, 1]])
```

对矩阵 mat 的每一行进行升序排列：

```
>>ra=cv2.sort(mat,cv2.SORT_EVERY_ROW+cv2.SORT_ASCENDING)
>>ra
array([[3, 4, 6],
       [5, 6, 7],
       [1, 2, 9]])
```

使用函数 sort 的 C++ API 时，需要注意参数 flags，比如对每一行进行处理，flags 的值是 CV_SORT_EVERY_ROW；而该函数的 Python API 的 flags 的值是 SORT_EVERY_ROW，

不是 CV_SORT_EVERY_ROW，看示例代码就明白了。对于取邻域的中值的方法，需要利用 Mat 的成员函数 reshape 将矩阵变为一行或者一列，然后使用 sort 函数进行排序，最后取中间位置的数即为中数。整个过程的 C++ 代码如下：

```cpp
Mat mat = (Mat_<float>(3, 3) << 4,6,3,7,5,6,2,9,1);
//将 mat 转换为一行
Mat rmat = mat.reshape(1,1);
//利用函数 sort 进行行排序
Mat s;
cv::sort(rmat, s, CV_SORT_EVERY_ROW);
//取中数
float median = s.at<float>(0,(s.cols-1)/2);
```

显然中数为 5。对于图像的中值平滑，为了省去判断边界的问题，需要对输入的图像矩阵进行扩充边界的操作。具体代码如下：

```cpp
Mat medianSmooth(const Mat & I, Size size, int borderType = BORDER_DEFAULT)
{
    CV_Assert(I.type() == CV_8UC1);
    int H = size.height;
    int W = size.width;
    //窗口的高、宽均为奇数，一般设置两者是相同的
    CV_Assert(H > 0 && W > 0);
    CV_Assert(H % 2 == 1 && W % 2 == 1);
    //对原图像矩阵进行边界扩充
    int h = (H - 1) / 2;
    int w = (W - 1) / 2;
    Mat Ip;
    copyMakeBorder(I, Ip, h, h, w, w, borderType);
    //输入图像的高、宽
    int rows = I.rows;
    int cols = I.cols;
    //中值平滑后的输出图像
    Mat medianI(I.size(), CV_8UC1);
    int i = 0, j = 0;
    //中数的位置
    int index = (H*W - 1) / 2;
    for (int r = h; r < h + rows; r++)
```

```
        {
            for (int c = w; c < w + cols; c++)
            {
                //取以当前位置为中心、大小为 size 的邻域
                Mat region = Ip(Rect(c-w, r-h, W,H)).clone();
                //将该邻域转换成行矩阵
                region = region.reshape(1, 1);
                //排序
                cv::sort(region, region, CV_SORT_EVERY_ROW);
                //取中数
                uchar mValue = region.at<uchar>(0, index);
                medianI.at<uchar>(i, j) = mValue;
                j++;
            }
            i++;
            j = 0;
        }
        return medianI;
}
```

上述函数只能处理 8 位图,其他数据类型与之类似。利用该函数对图像进行中值平滑的主函数代码如下:

```
int main(int argc, char*argv[])
{
    //输入图像
    Mat image = imread(argv[1], CV_LOAD_IMAGE_GRAYSCALE);
    if (!image.data)
        return -1;
    //中值平滑
    Mat medianImage = medianSmooth(image, Size(7, 7));
    imshow("原图", image);
    imshow("中值平滑", medianImage);
    waitKey(0);
    return 0;
}
```

一般来说，如果图像中出现较亮或者较暗的物体，若其大小小于中值平滑的窗口半径，那么它们基本上会被滤掉，而较大的目标则几乎会原封不动地保存下来。因此，中值平滑的窗口尺寸需要根据所遇到的不同问题而进行相应的调整。图 5-8 显示了使用不同尺寸的中值平滑窗口对图（a）进行平滑的效果，通过观察可以发现，随着中值平滑窗口的增大，图像中的点或者线逐渐变小或变细，甚至消失。

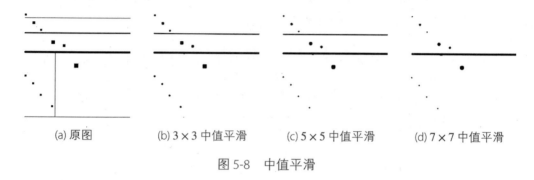

(a) 原图　　(b) 3×3 中值平滑　　(c) 5×5 中值平滑　　(d) 7×7 中值平滑

图 5-8　中值平滑

中值平滑需要对邻域中的所有像素点按灰度值排序，一般比卷积运算要慢，有一些算法[1][2]能够加速中值平滑。在 OpenCV 中同样通过定义函数：

```
medianBlur(InputArray src, OutputArray dst, int ksize)
```

实现了中值平滑功能，该函数的使用方法很简单，其参数解释如表 5-11 所示。

表 5-11　函数 medianBlur 的参数解释

参数	解释
src	输入矩阵
dst	输出矩阵，其大小和数据类型与 src 相同
ksize	若为大于 1 的奇数，则窗口的大小为 ksize×ksize

使用该函数进行中值平滑，只需要几行代码就可以了。比如对输入的图像矩阵 src 进行 5×5 中值平滑，C++ 示例代码如下：

```
Mat src = imread(argv[1], CV_LOAD_IMAGE_GRAYSCALE);
Mat dst;
medianBlur(src,dst,5);
```

上述示例的 Python 代码如下：

```
dst = cv2.medianBlur(src,5)
```

此外，中值平滑只是排序统计平滑中的一种，如果将取邻域的中值变为取邻域中的最小值或者最大值[3]，显然会使图像变暗或者变亮。这类方法就是后面要介绍的形态学处理的基础。

高斯平滑、均值平滑在去除图像噪声时，会使图像的边缘信息变得模糊，接下来就介绍在图像平滑处理过程中可以保持边缘的平滑算法：双边滤波和导向滤波。

5.5 双边滤波

5.5.1 原理详解

均值平滑和高斯平滑本质上是计算每个位置的邻域加权和作为该位置的输出，只是这种运算可以用卷积实现，加权系数模板是通过卷积核逆时针翻转 180° 得到的。双边滤波[4]则是根据每个位置的邻域，对该位置构建不同的权重模板，详细过程如下：

首先，构建 winH × winW 的空间距离权重模板，与构建高斯卷积核的过程类似，winH 和 winW 均为奇数。

$$\text{closenessWeight}(h, w) = \exp(-\frac{(h - \frac{\text{winH} - 1}{2})^2 + (w - \frac{\text{winW} - 1}{2})^2}{2\sigma_1^2})$$

其中 $0 \leqslant h < \text{winH}$，$0 \leqslant w < \text{winW}$，且每个位置的空间距离权重模板是相同的。

然后，构建 winH × winW 的相似性权重模板，是通过 (r, c) 处的值与其邻域值的差值的指数衡量的。

$$\text{similarityWeight}(h, w) = \exp(-\frac{\|I(r, c) - I(r + (h - \frac{\text{winH}-1}{2}), c + (w - \frac{\text{winW}-1}{2}))\|^2}{2\sigma_2^2})$$

其中 $0 \leqslant h < \text{winH}$，$0 \leqslant w < \text{winW}$，显然每个位置的相似性权重模板是不一样的。

最后，将 **closenessWeight** 和 **similarityWeight** 的对应位置相乘（即点乘），然后进行归一化，便可得到该位置的权重模板。将所得到的权重模板和该位置邻域的对应位置相乘，然后求和就得到该位置的输出值，和卷积运算的第二步操作类似。下面给出双边滤波的 Python 和 C++ 实现。

5.5.2 Python 实现

通过定义函数 getClosenessWeight 构建 $H \times W$ 的空间距离权重模板和构建高斯卷积核类似，代码如下：

```python
def getClosenessWeight(sigma_g,H,W):
    r,c = np.mgrid[0:H:1,0:W:1]
    r -= (H-1)/2
    c -= (W-1)/2
    closeWeight = np.exp(-0.5*(np.power(r,2)+np.power(c,2))/math.pow(sigma_g,2)
)
    return closeWeight
```

通过定义函数 bfltGray 实现图像的双边滤波，其中参数 I 代表图像矩阵且灰度值范围是 [0,1]，H、W 分别代表权重模板的高和宽且均为奇数，sigma_g 代表空间距离权重模板的标准差，sigma_d 代表相似性权重模板的标准差，令 $sigma_g > 1, sigma_d < 1$ 效果会比较好，返回值是浮点型矩阵，具体代码如下：

```python
def bfltGray(I,H,W,sigma_g,sigma_d):
    #构建空间距离权重模板
    closenessWeight = getClosenessWeight(sigma_g,H,W)
    #模板的中心点位置
    cH = (H -1)/2
    cW = (W -1)/2
    #图像矩阵的行数和列数
    rows,cols = I.shape
    #双边滤波后的结果
    bfltGrayImage = np.zeros(I.shape,np.float32)
    for r in xrange(rows):
        for c in xrange(cols):
            pixel = I[r][c]
            #判断边界
            rTop = 0 if r-cH < 0 else r-cH
            rBottom = rows-1 if r+cH > rows-1 else r+cH
            cLeft = 0 if c-cW < 0 else c-cW
            cRight = cols-1 if c+cW > cols-1 else c+cW
            #权重模板作用的区域
            region = I[rTop:rBottom+1,cLeft:cRight+1]
```

```python
            #构建灰度值相似性的权重因子
            similarityWeightTemp = np.exp(-0.5*np.power(region -pixel,2.0)/math.pow(sigma_d,2))
            closenessWeightTemp = closenessWeight[rTop-r+cH:rBottom-r+cH+1,
            cLeft-c+cW:cRight-c+cW+1]
            #两个权重模板相乘
            weightTemp = similarityWeightTemp*closenessWeightTemp
            #归一化权重模板
            weightTemp = weightTemp/np.sum(weightTemp)
            #权重模板和对应的邻域值相乘求和
            bfltGrayImage[r][c] = np.sum(region*weightTemp)
    return bfltGrayImage
```

以下是使用函数 bfltGray 对图像进行双边滤波的主函数,如果输入的是 8 位图,则需要转换成灰度值范围是 [0,1] 的浮点型矩阵。代码如下:

```python
if __name__ =="__main__":
    if len(sys.argv)>1:
        image = cv2.imread(sys.argv[1],cv2.CV_LOAD_IMAGE_GRAYSCALE)
    else:
        print "Usge:python BFilter.py imageFile"
    #显示原图
    cv2.imshow("image",image)
    #将灰度值归一化
    image = image/255.0
    #双边滤波
    bfltImage = bfltGray(image,33,33,19,0.2)
    #显示双边滤波的结果
    cv2.imshow("BilateralFiltering",bfltImage)
    cv2.waitKey(0)
    cv2.destroyAllWindows()
```

图 5-9 显示了对图(a)进行不同图像滤波的效果,其中图(c)采用的是尺寸为 51×51、标准差 $\sigma = 5$ 的高斯卷积核,图(d)采用的是 51×51 的均值卷积核,图(b)是双边滤波的效果,其中权重模板的尺寸为 51×51,距离权重模板的标准差为 30,相似性权重模板的标准差为 0.2。显然图(b)对图(a)平滑的同时保持了物体的边缘,而图(c)和图(d)虽然对图像有平滑作用,单却令图(a)的边缘更加模糊。

  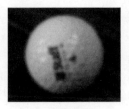 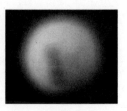

(a) 原图　　　　　　(b) 双边滤波　　　　　(c) 高斯滤波　　　　　(d) 均值滤波

图 5-9　图像平滑

与高斯平滑、均值平滑处理相比较，显然双边滤波在平滑作用的基础上，保持了图像中目标的边缘，但是由于对每个位置都需要重新计算权重模板，所以会非常耗时，一些研究者[5][6][7] 近几年提出了双边滤波的快速算法。

5.5.3　C++ 实现

对于双边滤波的 C++ 实现，首先通过定义函数 getClosenessWeight 实现空间距离权重模板，代码如下：

```cpp
Mat getClosenessWeight(double sigma_g, Size size)
{
    //权重模板的宽、高
    int W = size.width;
    int H = size.height;
    //模板的中心
    int cW = (W - 1) / 2;
    int cH = (H - 1) / 2;
    //权重模板
    Mat closenessWeight = Mat::zeros(size, CV_64FC1);
    for (int r = 0; r < H; r++)
    {
        for (int c = 0; c < W; c++)
        {
            double norm2 = pow(double(r - cH), 2.0) + pow(double(c - cW), 2.0);
            double sigma_g2 = 2.0*pow(sigma_g, 2.0);
            //赋值
            closenessWeight.at<double>(r, c)=exp(-norm2/ sigma_g2);
```

            }
        }
        return closenessWeight;
}
```

通过定义函数 bfltGray 实现图像的双边滤波，其中参数 image 代表图像矩阵且灰度值范围是 [0,1]，参 H 和 W 分别代表权重模板的高和宽且均为奇数，sigma_g 代表空间距离权重模板的标准差，sigma_d 代表相似性权重模板的标准差，令 $sigma_g > 1, sigma_d < 1$ 效果会比较好，返回值是浮点型矩阵。具体代码如下：

```
Mat bfltGray(const Mat & image, Size winSize,float sigma_g,float sigma_d)
{
    int winH = winSize.height;
    int winW = winSize.width;
    //平滑窗口的高、宽均是奇数
    CV_Assert(winH > 0 && winW > 0);
    CV_Assert(winH % 2 == 1 && winW % 2 == 1);
    if (winH == 1 && winW == 1)
        return image;
    int half_winW = (winW - 1) / 2;
    int half_winH = (winH - 1) / 2;
    //空间距离的权重因子
    Mat closenessWeight = getClosenessWeight(sigma_g, winSize);
    //图像的高、宽
    int rows = image.rows;
    int cols = image.cols;
    //双边滤波后的输出图像
    Mat blfImage = Mat::ones(image.size(), CV_32FC1);
    //对每一个像素的邻域进行核卷积
    for (int r = 0; r < rows; r++)
    {
        for (int c = 0; c < cols; c++)
        {
            double pixel = image.at<double>(r, c);
            //判断边界
            int rTop = (r - half_winH) < 0 ? 0 : r - half_winH;
            int rBottom = (r + half_winH) > rows - 1 ? rows - 1 : r + half_winH
```
```

```
            ;
            int cLeft = (c - half_winW) < 0 ? 0 : c - half_winW;
            int cRight = (c + half_winW) > cols - 1 ? cols - 1 : c + half_winW;
            //核作用的区域
            Mat region = image(Rect(Point(cLeft, rTop), Point(cRight + 1,
            rBottom + 1))).clone();
            //相似性权重模板
            Mat similarityWeight;
            pow(region - pixel, 2.0, similarityWeight);
            exp(-0.5*similarityWeight/pow(sigma_d,2),similarityWeight);
            similarityWeight /= pow(sigma_d, 2);
            //空间距离权重
            Rect regionRect = Rect(Point(cLeft - c + half_winW, rTop - r +
            half_winH), Point(cRight - c + half_winW + 1, rBottom - r +
            half_winH + 1));
            Mat closenessWeightTemp = closenessWeight(regionRect).clone();
            //两个权重模板点乘，然后归一化
            Mat weightTemp = closenessWeightTemp.mul(similarityWeight);
            weightTemp = weightTemp/sum(weightTemp)[0];
            //权重模板与当前的邻域对应位置相乘，然后求和
            Mat result = weightTemp.mul(region);
            blfImage.at<float>(r,c) = sum(result)[0];
        }
    }
    return blfImage;
}
```

使用 bfltGray 实现图像的双滤滤波，需要注意 bfltGray 返回的是灰度值在范围 [0,1] 之间的浮点型图像矩阵，如果使用函数 imwrite 直接保存的话，则显示为一张黑色的图片，所以要先乘以 255 并转换为 8 位图进行保存。主函数代码如下：

```
int main(int argc, char*argv[])
{
    //输入图像
    Mat I = imread(argv[1], CV_LOAD_IMAGE_GRAYSCALE);
    if (!I.data)
        return -1;
```

```
//灰度值归一化
Mat fI;
I.convertTo(fI, CV_64FC1, 1.0/ 255, 0);
//双边滤波
Mat blfI=bfltGray(fI, Size(33, 33), 19, 0.5);
//显示原图和双边滤波的结果
imshow("原图", I);
imshow("双边滤波", blfI);
//如果要保存为 8 位图,则需要乘以255,并转换为 CV_8U
blfI.convertTo(blfI, CV_8U, 255, 0);
imwrite("blf.jpg", blfI);
waitKey(0);
return 0;
}
```

图 5-10 显示的是对图 5-6（a）和 5-5（a）所示图像的双边滤波后的效果，其中 w、σ_g、σ_d 分别指双边滤波权重模板的尺寸（宽和高相同），空间距离权重模板的标准差、相似性权重模板的标准差。显然对图 5-6（a）的处理，相比中值平滑来说，在平滑作用的同时非常清晰地保留了边缘。对图 5-6（a）来说，高斯平滑处理后，"方形"纹理消失了，但是同时边缘也模糊了，而双边滤波的处理虽然保留了边缘，但是对纹理平滑的效果不是很理想，不如高斯平滑对纹理的平滑效果好。

(a) w,σ_g,σ_d=25,19,0.3　　(b) w,σ_g,σ_d=33,19,0.2　　(c) w,σ_g,σ_d=33,19,0.2　　(d) w,σ_g,σ_d=33,19,0.5

图 5-10　双边滤波

在 OpenCV 中通过定义函数 bilateralFilter 和 adaptiveBilateralFilter 实现了双边滤波的功能，其使用方法简单，这里不再赘述。在对图 5-5（a）所示的这类有纹理的图像进行平滑处理时，希望将高斯平滑和双边滤波处理后的特性结合起来，即在平滑纹理的同时保留边缘，接下来要介绍的联合双边滤波可以做到这一点。

5.6 联合双边滤波

5.6.1 原理详解

联合双边滤波（Joint bilaterral Filter 或称 Cross Bilater Filter）与双边滤波类似，具体过程如下。

首先，对每个位置的邻域构建空间距离权重模板。与双边滤波构建空间距离权重模板一样。

然后，构建相似性权重模板。这是与双边滤波唯一的不同之处，双边滤波是根据原图，对于每一个位置，通过该位置和其邻域的灰度值的差的指数来估计相似性；而联合双边滤波是首先对原图进行高斯平滑，根据平滑的结果，用当前位置及其邻域的值的差来估计相似性权重模板。

接下来，空间距离权重模板和相似性权重模板点乘，然后归一化，作为最后的权重模板。最后将权重模板与原图（注意不是高斯平滑的结果）在该位置的邻域对应位置积的和作为输出值。整个过程只在第二步计算相似性权重模板时和双边滤波不同，但是对图像平滑的效果，特别是对纹理图像来说，却有很大的不同。下面介绍该算法的 Python 和 C++ 实现。

5.6.2 Python 实现

通过定义函数 jointBLF 实现联合双边滤波，其中构建空间距离权重模板的函数 getClosenessWeight 和双边滤波是一样的，参数 I 代表输入矩阵，注意这里不需要像双边滤波那样进行灰度值归一化；H、W 分别代表权重模板的高和宽，两者均为奇数；sigma_g 和 sigma_d 分别代表空间距离权重模板和相似性权重模板的标准差，这四个参数和双边滤波的定义是一样的。在双边滤波的实现代码中，并没有像卷积平滑那样对边界进行扩充，需要在代码中判断边界，为了省去判断边界的问题，在联合双边滤波的实现中对矩阵进行边界扩充操作，即参数 borderType 的含义，对于扩充边界的处理，这一点就类似于 OpenCV 实现的双边滤波。代码如下：

```
def jointBLF(I,H,W,sigma_g,sigma_d,borderType=cv2.BORDER_DEFAULT):
    #构建空间距离权重模板
    closenessWeight = getClosenessWeight(sigma_g,H,W)
    #对 I 进行高斯平滑
    Ig = cv2.GaussianBlur(I,(W,H),sigma_g)
```

```python
        #模板的中心点位置
        cH = (H -1)/2
        cW = (W -1)/2
        #对原图和高斯平滑的结果扩充边界
        Ip=cv2.copyMakeBorder(I,cH,cH,cW,cW,borderType)
        Igp=cv2.copyMakeBorder(Ig,cH,cH,cW,cW,borderType)
        #图像矩阵的行数和列数
        rows,cols = I.shape
        i,j=0,0
        #联合双边滤波的结果
        jblf = np.zeros(I.shape,np.float64)
        for r in np.arange(cH,cH+rows,1):
            for c in np.arange(cW,cW+cols,1):
                #当前位置的值
                pixel = Igp[r][c]
                #当前位置的邻域
                rTop,rBottom = r-cH,r+cH
                cLeft,cRight = c-cW,c+cW
                #从 Igp 中截取该邻域,用于构建相似性权重模板
                region= Igp[rTop:rBottom+1,cLeft:cRight+1]
                #通过上述邻域,构建该位置的相似性权重模板
                similarityWeight = np.exp(-0.5*np.power(region -pixel,2.0)/math.pow
                (sigma_d,2.0))
                #相似性权重模板和空间距离权重模板相乘
                weight = closenessWeight*similarityWeight
                #将权重模板归一化
                weight = weight/np.sum(weight)
                #权重模板和邻域对应位置相乘并求和
                jblf[i][j] = np.sum(Ip[rTop:rBottom+1,cLeft:cRight+1]*weight)
                j += 1
            j = 0
            i += 1
        return jblf
```

使用上述函数实现图像的联合双边滤波的主函数代码如下:

```python
if __name__ =="__main__":
    if len(sys.argv)>1:
```

```
        I = cv2.imread(sys.argv[1],cv2.CV_LOAD_IMAGE_GRAYSCALE)
    else:
        print "Usge:python JointBilterFilter.py imageFile"
#将 8 位图转换为浮点型
fI = I.astype(np.float64)
#联合双边滤波，返回值的数据类型为浮点型
jblf = jointBLF(fI,33,33,7,2)
#转换为 8 位图
jblf = np.round(jblf)
jblf = jblf.astype(np.uint8)
cv2.imshow("jblf",jblf)
#保存结果
#cv2.imwrite("jblf1.png",jblf)
cv2.waitKey(0)
cv2.destroyAllWindows()
```

图 5-11 显示的是对图 5-5（a）所示图像进行中值平滑和联合双边滤波处理的效果，同时对比图 5-10 所示的双边滤波处理的效果，显然，进行联合双边滤波处理后，"方形"纹理几乎完全消失了，而且同时对边缘的保留也非常的好，并没有感觉出边缘模糊的效果。

(a) 19×19 均值平滑　　(b) 27×27 均值平滑　　(c) 联合双边滤波　　(d) 联合双边滤波

图 5-11　均值平滑与联合双边滤波的比较

5.6.3　C++ 实现

通过定义函数 jointBLF 实现联合双边滤波，其中参数 size 代表权重模板的尺寸，Size 类的第一个参数是宽，第二个参数是高，即 Size(W,H)。具体实现代码如下：

```
Mat jointBLF(Mat I, Size size, float sigma_g, float sigma_d, int borterType = BORDER_DEFAULT)
{
```

```cpp
//构建空间距离权重模板
Mat closeWeight = getClosenessWeight(sigma_g, size);
//对 I 进行高斯平滑
Mat Ig;
GaussianBlur(I, Ig, size, sigma_g);
//模板的中心
int cH = (size.height - 1) / 2;
int cW = (size.width - 1) / 2;
//对原图和高斯平滑的结果扩充边界
Mat Ip,Igp;
copyMakeBorder(I, Ip, cH, cH, cW, cW, borterType);
copyMakeBorder(Ig, Igp, cH, cH, cW, cW, borterType);
//原图像矩阵的高、宽
int rows = I.rows;
int cols = I.cols;
int i = 0, j= 0;
//联合双边滤波
Mat jblf = Mat::zeros(I.size(), CV_64FC1);
for (int r = cH; r < cH + rows; r++)
{
    for (int c = cW; c < cW + cols; c++)
    {
        //当前位置的值
        double pixel = Igp.at<double>(r, c);
        //截取当前位置的邻域
        Mat region = Igp(Rect(c-cW,r-cH,size.width,size.height));
        //当前位置的相似性权重模板
        Mat similarityWeight;
        pow(region - pixel, 2.0, similarityWeight);
        cv::exp(-0.5*similarityWeight / pow(sigma_d, 2.0), similarityWeight
        );
        //相似性权重模板和空间距离权重模板点乘
        Mat weight = closeWeight.mul(similarityWeight);
        //权重模板的归一化
        weight = weight / cv::sum(weight)[0];
        //权重模板和邻域对应位置相乘求和
```

```
            Mat Iregion= Ip(Rect(c - cW, r - cH, size.width, size.height));
            jblf.at<double>(i, j) = sum(Iregion.mul(weight))[0];
            j += 1;
        }
        j = 0;
        i += 1;
    }
    return jblf;
}
```

利用上述联合双边滤波函数处理图像的主函数代码如下：

```
int main(int argc, char*argv[])
{
    //输入图像
    Mat I = imread(argv[1], CV_LOAD_IMAGE_GRAYSCALE);
    if (!I.data)
        return -1;
    //数据类型为 CV_64F
    Mat fI;
    I.convertTo(fI, CV_64F, 1.0, 0);
    //联合双边滤波
    Mat jblf = jointBLF(fI, Size(33, 33), 7, 2);
    //显示联合双边滤波的结果
    Mat jblf8U;
    jblf.convertTo(jblf8U, CV_8U, 1, 0);
    imshow("联合双边滤波", jblf);
    imshow("原图", I);
    waitKey(0);
    return 0;
}
```

图 5-12 显示的是利用多种平滑算法处理纹理图像（图（a））的效果，图（b）是使用 29×29 均值算子进行均值平滑后的效果，图（c）是使用 33×33 的权重模板、距离权重模板的标准差是 10、相似性权重模板的标准差是 0.8 进行双边滤波处理的效果，图（d）是使用 33×33 的权重模板、距离权重模板的标准差为 7、相似性权重模板的标准差为 2 进行联合双边滤波处理的效果，显然图（d）比图（b）和图（c）对纹理的平滑效果更彻底，同时又比两者清晰地保留了边缘。

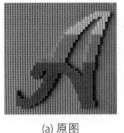 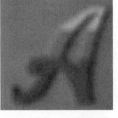  

(a) 原图　　　　(b) 29×29 均值平滑　　　(c) 双边滤波　　　(d) 联合双边滤波

图 5-12　图像平滑

基于双边滤波和联合双边滤波，参考文献 [11] 中提出了循环引导滤波（Guided Image Filtering），双边滤波是根据原图计算相似性权重模板的，联合双边滤波对其进行了改进，是根据图像的高斯平滑结果计算相似性权重模板的，而循环引导滤波，顾名思义，是一种迭代的方法，本质上是一种多次迭代的联合双边滤波，只是每次计算相似性权重模板的依据不一样——利用本次计算的联合双边滤波结果作为下一次联合双边滤波计算相似性权重模板的依据。下面介绍一种不依赖于权重模板的保持边缘的滤波方法——导向滤波。

5.7　导向滤波

5.7.1　原理详解

导向滤波是 Kaiming He[12][13] 提出的，作者在文献中给出了详细的伪码，并在主页上给出了该算法的 MATLAB 实现。导向滤波在平滑图像的基础上，有良好的保边作用，而且在细节增强等方面都有良好的表现，在执行时间上也比双边滤波快很多。虽然理论很深，但是利用 OpenCV 提供的基础函数，根据文中的伪码，就可以实现导向滤波。伪码如下。

输入：导向图像（Guidance Image）I，滤波输入图像（Filtering Input Image）p，均值平滑的窗口半径 r，正则化参数 ϵ。利用导向滤波进行图像的平滑处理时，通常令 $p = I$。

输出：导向滤波结果 q

$\text{mean}_I = f_{\text{mean}}(I, r)$

$\text{mean}_p = f_{\text{mean}}(p, r)$

$\text{corr}_I = f_{\text{mean}}(I .* I, r)$

$\text{corr}_{Ip} = f_{\text{mean}}(I .* p)$

$\text{var}_I = \text{corr}_I - \text{mean}_I .* \text{mean}_I$

$$\text{cov}_{Ip} = \text{corr}_{Ip} - \text{mean}_I .* \text{mean}_p$$

$$a = \text{cov}_{Ip} ./ (\text{var}_I + \epsilon)$$

$$b = \text{mean}_p - a .* \text{mean}_I$$

$$\text{mean}_a = f_{\text{mean}}(a, r)$$

$$\text{mean}_b = f_{\text{mean}}(b, r)$$

$$q = \text{mean}_a .* I + \text{mean}_b$$

其中 f_{mean} 代表均值平滑；.* 代表两个图像矩阵对应值相乘；./ 代表两个图像矩阵对应值相除。从伪码中可以看出，多次使用了均值平滑。需要注意的是，I 和 q 均是归一化的图像矩阵，结果 q 也是灰度值范围为 [0, 1] 的图像矩阵。下面根据作者给出的 MATLAB 实现，使用 Python 和 C++ 进行实现。

5.7.2 Python 实现

通过定义函数 guidedFilter 实现导向滤波，其中参数 I 代表输入的是灰度值归一到 [0,1] 的浮点型矩阵，winSize 代表均值卷积核窗口尺寸，宽、高为奇数，eps 代表正则化参数。返回值为灰度值范围在 [0, 1] 之间的图像矩阵，其中均值平滑使用的是本章"快速均值平滑"一节中定义的函数 fastMeanBlur，当然该函数可以换成 OpenCV 中的函数 blur 或者 boxFilter。具体代码如下：

```python
#导向滤波
def guidedFilter(I,p,winSize,eps):
    #输入图像的高、宽
    rows,cols = I.shape
    # I 的均值平滑
    mean_I = fastMeanBlur(I,winSize,cv2.BORDER_DEFAULT)
    # p 的均值平滑
    mean_p = fastMeanBlur(p,winSize,cv2.BORDER_DEFAULT)
    # I.*p 的均值平滑
    Ip = I*p
    mean_Ip = fastMeanBlur(Ip,winSize,cv2.BORDER_DEFAULT)
    #协方差
    cov_Ip = mean_Ip - mean_I*mean_p
    mean_II = fastMeanBlur(I*I,winSize,cv2.BORDER_DEFAULT)
    #方差
```

```python
    var_I = mean_II - mean_I*mean_I
    a = cov_Ip/(var_I+eps)
    b = mean_p - a*mean_I
    # 对 a 和 b进行均值平滑
    mean_a = fastMeanBlur(a,winSize,cv2.BORDER_DEFAULT)
    mean_b = fastMeanBlur(b,winSize,cv2.BORDER_DEFAULT)
    q = mean_a*I + mean_b
    return q
```

使用该函数对图像进行导向滤波的主函数代码如下：

```python
if __name__ =="__main__":
    if len(sys.argv) > 1:
        image = cv2.imread(sys.argv[1],cv2.CV_LOAD_IMAGE_GRAYSCALE)
    else:
        print "Usge:python guidedFilter.py imageFile"
    #将图像归一化
    image_0_1 = image/255.0
    #显示原图
    cv2.imshow("image",image)
    #导向滤波
    result = guidedFilter(image_0_1,image_0_1,(17,17),pow(0.2,2.0))
    cv2.imshow("guidedFilter",result)
    #保存导向滤波的结果
    result = result*255
    result[result>255] = 255
    result = np.round(result)
    result = result.astype(np.uint8)
    cv2.imwrite("guidedFilter.jpg",result)
    cv2.waitKey(0)
    cv2.destroyAllWindows()
```

在主函数中，需要注意导向滤波返回的是灰度值范围在 [0,1] 之间的图像矩阵，如果想保存 8 位图，则首先乘以 255，然后转换数据类型就可以了。对于导向滤波，可以利用图像的几何变换进行加速。

5.7.3 快速导向滤波

参考文献 [13] 中提出通过先缩小图像，然后再放大图像，加速了导向滤波的执行效率。伪码如下。

输入：导向图像 I，滤波输入图像 p，均值平滑的窗口半径 r，即均值平滑的窗口尺寸为 $(2r+1, 2r+1)$，正则化参数 ϵ，缩放系数 s。利用导向滤波进行图像的平滑处理时，通常令 $p = I$。

输出：导向滤波结果 q

$I' = f_{\text{subsample}}(I, s)$

$p' = f_{\text{subsample}}(p, s)$

$r' = r/s$

$\text{mean}_{I'} = f_{\text{mean}}(I', r')$

$\text{mean}_{p'} = f_{\text{mean}}(p', r')$

$\text{corr}_{I'} = f_{\text{mean}}(I'.*I', r')$

$\text{corr}_{I'p'} = f_{\text{mean}}(I'.*p', r')$

$\text{var}_{I'} = \text{corr}_{I'} - \text{mean}_{I'}.*\text{mean}_{I'}$

$\text{cov}_{I'p'} = \text{corr}_{I'p'} - \text{mean}_{I'}.*\text{mean}_{p'}$

$a' = \text{cov}_{I'p'}./(\text{var}_{I'} + \epsilon)$

$b' = \text{mean}_{p'} - a'.*\text{mean}_{I'}$

$\text{mean}_{a'} = f_{\text{mean}}(a', r')$

$\text{mean}_{b'} = f_{\text{mean}}(b', r')$

$\text{mean}_a = f_{\text{upsample}}(\text{mean}_{a'}, s)$

$\text{mean}_b = f_{\text{upsample}}(\text{mean}_{b'}, s)$

$q = \text{mean}_a.*I + \text{mean}_b$

其中 f_{mean} 代表均值平滑；$f_{\text{subsample}}$ 代表图像下采样，即缩小图像；f_{upsample} 代表图像上采样，即放大图像；.* 代表两个图像矩阵对应值相乘；./ 代表两个图像矩阵对应值相除；I 和 q 都是归一化的图像矩阵；结果 q 也是灰度值范围为 [0, 1] 的图像矩阵。需要注意的是，在选择 r 和 s 值的时候，保证 r' 是大于 1 的整数。

5.7.4 C++ 实现

通过定义函数 guidedFilter 实现快速导向滤波，其中参数 s 代表缩放系数，$0 < s < 1$，对于均值平滑和图像的缩放分别使用的是已经介绍过的两个函数，即 boxFilter 和 resize。具体代码如下：

```cpp
Mat guidedFilter(Mat I, Mat p, int r, float eps, float s)
{
    //输入图像的高、宽
    int rows = I.rows;
    int cols = I.cols;
    //缩小图像
    Mat small_I, small_p;
    Size smallSize(int(round(s*cols)), int(round(s*rows)));
    resize(I, small_I, smallSize,0,0,CV_INTER_CUBIC);
    resize(p, small_p, smallSize, 0, 0, CV_INTER_CUBIC);
    //缩放均值平滑的窗口半径
    int small_r = int(round(r*s));//确保是整型
    Size winSize(2 * small_r + 1, 2 * small_r + 1);
    //均值平滑
    Mat mean_small_I, mean_small_p;
    boxFilter(small_I, mean_small_I, CV_64FC1, winSize);
    boxFilter(small_p, mean_small_p, CV_64FC1, winSize);
    // small_I .* small_p 的均值平滑
    Mat small_Ip = small_I.mul(small_p);
    Mat mean_small_Ip;
    boxFilter(small_Ip, mean_small_Ip, CV_64FC1,winSize);
    //协方差
    Mat cov_small_Ip = mean_small_Ip - mean_small_I.mul(mean_small_p);
    //均值平滑
    Mat mean_small_II;
    boxFilter(small_I.mul(small_I), mean_small_II, CV_64FC1,winSize);
    //方差
    Mat var_small_I = mean_small_II - mean_small_I.mul(mean_small_I);
    Mat small_a = cov_small_Ip/(var_small_I + eps);
    Mat small_b = mean_small_p - small_a.mul(mean_small_I);
```

```cpp
//对small_a 和 small_b 进行均值平滑
Mat mean_small_a, mean_small_b;
boxFilter(small_a, mean_small_a, CV_64FC1, winSize);
boxFilter(small_b, mean_small_b, CV_64FC1, winSize);
//放大
Mat mean_a, mean_b;
resize(mean_small_a, mean_a, I.size(), 0, 0, CV_INTER_LINEAR);
resize(mean_small_b, mean_b, I.size(), 0, 0, CV_INTER_LINEAR);
Mat q = mean_a.mul(I) + mean_b;
return q;
}
```

利用上述函数进行图像导向滤波的主函数代码如下:

```cpp
int main(int argc, char*argv[])
{
    //输入图像
    Mat I = imread(argv[1], CV_LOAD_IMAGE_GRAYSCALE);
    if (!I.data ||!p.data)
        return - 1;
    //显示原图
    imshow("I", I);
    //图像归一化
    Mat fI;
    I.convertTo(fI, CV_64FC1, 1.0 / 255);
    //导向滤波图像平滑
    Mat q = guidedFilter(fI, fI, 7, 0.04,0.3);
    imshow("q", q);
    //细节增强
    Mat I_enhanced = (fI - q)* 5 + q;
    normalize(I_enhanced, I_enhanced, 1, 0, NORM_MINMAX, CV_32FC1);
    imshow("I_enhanced", I_enhanced);
    waitKey(0);
    return 0;
}
```

图 5-13 显示的是利用导向滤波对图（a）进行处理的效果，其中图（b）和图（c）是平滑的效果，显然在平滑掉一些细节的同时又完整地保留了目标的边缘；图（d）是利用导向

滤波进行细节增强后的效果，细节增强后的图像可能会比较暗，可以用伽马变换或者线性变换增加对比度或亮度。

(a) 原图　　　　(b) $14 \times 14, \sigma = 0.1^2$　　　(c) $14 \times 14, \sigma = 0.2^2$　　　(d) 细节增强

图 5-13　导向滤波

图像平滑的方法多种多样，这里只介绍了常见的一些基础性算法，在这方面参考文献 [11] 中给出了很好的综述。后面章节中的阈值分割、边缘检测等图像处理受图像噪声的影响比较大，所以图像平滑是这些图像处理方面的前提，对处理后的效果起着重要的作用。

5.8　参考文献

[1] T.S.Huang, G.T.Yang, and G.Y.Tang. A Fast Two-Dimensonal Median Filtering Algorithm. IEEE Trans.Acoustics, Speech, and Signal Processing, ASSP-27(1):13-18, 1979.

[2] J.T.Astola and T.G.Campbell. On Computation of the Running Median. IEEE Thrans. Acoustics, Speech, and Signal Processing, ASSP-37(4):572-574, 1989.

[3] Kenneth R.Castleman. Digital Image Processing. 2001.

[4] C. Tomasi and R. Manduchi. Bilateral Filtering for Gray and Color Images. IEEE International Conference on Computer Vision, 1998.

[5] Ben Weiss. Fast Median and Bilateral Filtering. 2006.

[6] DURAND, F. AND DORSEY, J. Fast Bilateral Filtering for the Display of High-Dynamic-Range Images. ACM SIGGRAPH 2002.

[7] Sylvain Paris and Frédo Dur. A fast approximation of the BF using a signal processing approach, ECCV 2006.

[8] Sylvain Paris, Pierre Kornprobst, Jack Tumblin, and Frédo Durand. A Gentle Introduction to Bilateral Filtering and its Applications. ACM SIGGRAPH 2008.

[9] EISEMANN, E., AND DURAND, F., 2004. Flash photography enhancement via intrinsic relighting. ACM Transactions on Graphics, 23(3), in this volume.

[10] Digital Photography with Flash and No-Flash Image Pairs

[11] Qi Zhang, Xiaoyong Shen, Li Xu, Jiaya Jia. Rolling Guidance Filter. 2014.

[12] K. He, J. Sun, and X. Tang. Guided image filtering. In ECCV, pages 1-14. 2010.

[13] K. He, J. Sun, and X. Tang. Guided image filtering. TPAMI, 35(6):1397-1409, 2013.

[14] Kaiming He and Jian Sun. Fast Guided Filter.

6

阈值分割

当人观察景物时,在视觉系统中对景物进行分割的过程是必不可少的,这个过程非常有效,以至于人所看到的并不是复杂的景象,而是一些物体的集合体。该过程用数字图像处理描述,就是把图像分成若干个特定的、具有独特性质的区域,每一个区域代表一个像素的集合,每一个集合又代表一个物体,而完成该过程的技术通常称为图像分割,它是从图像处理到图像分析的关键步骤。现有的图像分割方法主要分为如下几类:基于阈值的分割方法、基于区域的分割方法、基于边缘的分割方法,以及基于特定理论的分割方法等。本章主要围绕阈值分割技术展开,它是一种基于区域的、简单的通过灰度值信息提取形状的技术,因其实现简单、计算量小、性能稳定而成为图像分割中最基本和应用最广泛的分割技术。往往阈值分割后的输出图像只有两种灰度值:255 和 0,所以阈值分割处理又常称为图像的二值化处理。阈值分割处理过程可以看作眼睛从背景中分离出前景的过程,如图 6-1 所示。

(a) 原图　　　　　　　　　(b) 阈值分割后的二值图

图 6-1　阈值分割

阈值分割处理主要是根据灰度值信息提取前景,所以对前景物体与背景有较强对比度的图像的分割特别有用。对对比度很弱的图像进行阈值分割,需要先进行图像的对比度增强,然后再进行阈值处理。下面介绍两种常用的阈值分割技术：全局阈值分割和自适应局部阈值分割。

6.1 方法概述

6.1.1 全局阈值分割

全局阈值分割指的是将灰度值大于 thresh（阈值）的像素设为白色，小于或者等于 thresh 的像素设为黑色；或者反过来，将大于 thresh 的像素设为黑色，小于或者等于 thresh 的像素设为白色，两者的区别只是呈现形式不同。

假设输入图像为 I，高为 H、宽为 W，$I(r,c)$ 代表 I 的第 r 行第 c 列的灰度值，$0 \leqslant r < H$，$0 \leqslant c < W$，全局阈值处理后的输出图像为 O，$O(r,c)$ 代表 O 的第 r 行第 c 列的灰度值，则：

$$O(r,c) = \begin{cases} 255, & I(r,c) > thresh \\ 0, & I(r,c) \leqslant thresh \end{cases} \text{或者} O(r,c) = \begin{cases} 0, & I(r,c) > thresh \\ 255, & I(r,c) \leqslant thresh \end{cases}$$

示例：以 150 为阈值对图像矩阵进行阈值分割。

$$\begin{pmatrix} 123 & 234 & 68 \\ 33 & 51 & 17 \\ 48 & 98 & 234 \\ 129 & 89 & 27 \\ 45 & 167 & 134 \end{pmatrix} \xrightarrow[> 150 \text{ 的，输出值为 } 255]{\leqslant 150 \text{ 的，输出值为 } 0} \begin{pmatrix} 0 & 255 & 0 \\ 0 & 0 & 0 \\ 0 & 0 & 255 \\ 0 & 0 & 0 \\ 0 & 255 & 0 \end{pmatrix}$$

下面示例的 Python 实现代码如下：

```
>>import numpy as np
>>src = np.array([[123,234,68],[33,51,17],[48,98,234],
                  [129,89,27],[45,167,134]]);
>>src[src>150] = 255;src[src<=150]=0;
>>src
array[[0,255,0],[0,0,0],[0,0,255],
     [0,0,0],[0,255,0]]
```

其中 src[src>150]=255 代表的意思是将 src 中大于 150 的值设置为 255，注意这里改变了 src，在图像处理中一般不改变原图，所以可以先用 ndarray 的成员函数 copy() 复制一份再进行阈值分割。对于全局阈值处理，OpenCV 也提供了相对应的函数 threshold，下一节详细讨论该函数。

6.1.2 阈值函数 threshold（OpenCV3.X 新特性）

对于全局阈值分割，OpenCV 提供了函数：

```
threshold(InputArray src, OutputArray dst, double thresh, double maxval, int type)
```

来实现此功能，OpenCV 3.X 在 2.X 版本的基础上增加了一个新特性，稍后再讨论。该函数的参数解释如表 6-1 所示。

表 6-1　函数 threshold 的参数解释

参数	解释
src	单通道矩阵，数据类型为 CV_8U 或者 CV_32F
dst	输出矩阵，即阈值分割后的矩阵
thresh	阈值
maxVal	在图像二值化显示时，一般设置为 255
type	类型，可以查看下面的枚举类型 ThresholdTypes，其中 THRESH_TRIANGLE 是 OpenCV 3.X 新增的特性

```
enum ThresholdTypes {THRESH_BINARY = 0,THRESH_BINARY_INV = 1,
                    THRESH_TRUNC = 2, THRESH_TOZERO = 3,
                    THRESH_TOZERO_INV = 4, THRESH_MASK = 7,
                    THRESH_OTSU = 8, THRESH_TRIANGLE = 16};
```

当参数 type=THRESH_BINARY 时，采用以下规则计算输出矩阵：

$$\text{dst}(r,c) = \begin{cases} \text{maxVal}, & \text{src}(r,c) > \text{thresh} \\ 0, & \text{src}(r,c) \leqslant \text{thresh} \end{cases}$$

即在 src 中大于 thresh 的位置，输出矩阵的对应位置设置为 maxVal；否则，设置为 0。

当参数 type=THRESH_BINARY_INV 时，与 type=THRESH_BINARY 相反，采用以下规则计算输出矩阵：

$$\mathrm{dst}(r,c) = \begin{cases} 0, & \mathrm{src}(r,c) > \mathrm{thresh} \\ \mathrm{maxVal}, & \mathrm{src}(r,c) \leqslant \mathrm{thresh} \end{cases}$$

即在 src 中大于 thresh 的位置，输出矩阵的对应位置设置为 0；否则，设置为 maxVal。对于其他类型，如 2、3、4、7 等计算规则类似。

需要注意的是，当类型为 THRESH_OTSU 或 THRESH_TRIANGLE 时，输入参数 src 只支持 uchar 类型，这时 thresh 也是作为输出参数的，即通过 Otsu 和 TRIANGLE 算法自动计算出来。这两种类型和其他类型搭配使用，如设置 type = THRESH_OTSU + THRESH_BINARY，即先利用 THRESH_OTSU 自动计算出阈值，然后利用该阈值采用 THRESH_BINARY 规则，默认是和 THRESH_BINARY 搭配使用的。Otsu 和 TRIANGLE 这两种算法的运行机制，在后面章节中会详细介绍，其中 THRESH_TRIANGLE 和后面提到的直方图阈值处理原理是类似的。先简单看一下这个函数怎么使用，Python API 的使用代码如下：

```python
# -*- coding: utf-8 -*-
import numpy as np
import cv2
#主函数
if __name__ =="__main__":
    src = np.array([[123,234,68],[33,51,17],[48,98,234],
                    [129,89,27],[45,167,134]],np.uint8)
    #手动设置阈值
    the = 150
    maxval = 255
    dst = cv2.threshold(src,the,maxval,cv2.THRESH_BINARY)
    # Otsu 阈值处理
    otsuThe = 0
    otsuThe,dst_Otsu = cv2.threshold(src,otsuThe,maxval,cv2.THRESH_OTSU)
    print otsuThe,dst_Otsu
    # TRIANGLE 阈值处理
    triThe = 0
    triThe,dst_tri = cv2.threshold(src,triThe,maxval,cv2.THRESH_TRIANGLE+cv2.THRESH_BINARY_INV)
    print triThe,dst_tri
```

在上面代码中，第一种情况，手动设置了一个全局阈值为 150。第二种情况，将参数 type 设置为 THRESH_OTSU，这代表需要 Otsu 算法自动计算阈值，所以这时返回了两个值，其中第一个值是计算出的阈值；第二个值是利用计算出的阈值进行阈值分割后的结果。打印结果如下：

```
98
[[255 255   0]
 [  0   0   0]
 [  0   0 255]
 [255   0   0]
 [  0 255 255]]
```

即计算出的阈值为 98，然后使用该阈值利用 THRESH_BINARY 规则对 src 进行阈值分割。第三种情况，与第二种情况类似，打印结果如下：

```
232.0
[[255   0 255]
 [255 255 255]
 [255 255   0]
 [255 255 255]
 [255 255 255]]
```

即根据 TRIANGLE 算法计算出阈值为 232，然后使用该阈值利用 THRESH_BINARY_INV 规则对 src 进行阈值分割。

函数 threshold 的 C++ API 的使用代码如下：

```cpp
#include<opencv2/core/core.hpp>
#include<opencv2/imgproc/imgproc.hpp>
using namespace cv;
#include<iostream>
using namespace std;
int main(int argc, char*argv[])
{
    //输入矩阵为 5 行 3列
    Mat src = (Mat_<uchar>(5, 3) << 123, 234, 68, 33, 51, 17,
        48, 98, 234, 129, 89, 27, 45, 167, 134);
    //第一种情况：手动设置阈值
    double the = 150;
    Mat dst;
    threshold(src, dst, the, 255, THRESH_BINARY);
    //第二种情况：Otsu 算法
    double otsuThe=0;
    Mat dst_Otsu;
```

```cpp
otsuThe = threshold(src, dst_Otsu, otsuThe, 255, THRESH_OTSU+ THRESH_BINARY);
cout << "计算的Otsu阈值: " << otsuThe << endl;
//第三种情况：TRIANGLE 算法
double triThe=0;
Mat dst_tri;
triThe = threshold(src, dst_tri, 0, 255, THRESH_TRIANGLE+ THRESH_BINARY);
cout << "计算的TRIANGLE阈值:" << triThe << endl;
return 0;
}
```

阈值分割的核心就是如何选取阈值，选取正确的阈值是分割成功的关键。在上面示例中，所选取的阈值150是手动设置的，手动设置阈值是通过眼睛观察来实现的，但是使用合适的算法自动计算出阈值会更加方便，后面章节中介绍的直方图技术法、Otsu算法、熵算法等都是比较流行的自动选取全局阈值的算法。

6.1.3 局部阈值分割

在比较理想的情况下，对整个图像使用单个阈值进行阈值化才会成功。而在许多情况下，如受光照不均等因素影响，全局阈值分割往往效果不是很理想，在这种情况下，使用局部阈值（又称自适应阈值）进行分割可以产生好的结果。局部阈值分割的规则如下：

$$O(r,c) = \begin{cases} 255, & I(r,c) > \text{thresh}(r,c) \\ 0, & I(r,c) \leqslant \text{thresh}(r,c) \end{cases} \text{ 或 } O(r,c) = \begin{cases} 0, & I(r,c) > \text{thresh}(r,c) \\ 255, & I(r,c) \leqslant \text{thresh}(r,c) \end{cases}$$

即不再像全局阈值一样，对整个矩阵只有一个阈值，而是针对输入矩阵的每一个位置的值都有相对应的阈值，这些阈值构成了和输入矩阵同等尺寸的矩阵 **thresh**。局部阈值分割的示例如下：

$$I = \begin{pmatrix} 123 & 234 & 68 \\ 33 & 51 & 17 \\ 48 & 98 & 234 \\ 129 & 89 & 27 \\ 45 & 167 & 134 \end{pmatrix} \xrightarrow{\text{对应位置比较}} \begin{array}{|c|c|c|} \hline 50 & 10 & 128 \\ \hline 90 & 123 & 12 \\ \hline 90 & 67 & 123 \\ \hline 10 & 123 & 34 \\ \hline 78 & 0 & 189 \\ \hline \end{array} \xrightarrow{\text{输出}} \begin{pmatrix} 255 & 255 & 0 \\ 0 & 0 & 255 \\ 0 & 255 & 255 \\ 255 & 0 & 0 \\ 0 & 255 & 0 \end{pmatrix}$$

局部阈值分割的核心也是计算阈值矩阵，比较常用的是后面提到的自适应阈值算法（又称移动平均值算法），是一种简单但是高效的局部阈值算法，其核心思想就是把每一个像素的邻域的"平均值"作为该位置的阈值。

下面详细介绍自动计算全局阈值的常用方法。

6.2 直方图技术法

6.2.1 原理详解

一幅含有一个与背景呈现明显对比的物体的图像具有包含双峰的直方图，如图 6-2 所示。对于原图 a，灰度值小一些的峰值对应于前景中的"牛"，灰度值大一些的峰值对应于背景；而原图 b 正好相反，灰度值小一些的峰值对应于背景，而灰度值大一些的峰值对应于前景中的"小狗"，这两张图都存在两个峰值。

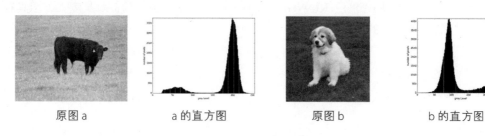

原图 a   a 的直方图   原图 b   b 的直方图

图 6-2 双峰直方图

两个峰值对应于物体内部和外部较多数目的点，两个峰值之间的波谷对应于物体边缘附近相对较少数目的点。直方图技术法就是首先找到这两个峰值，然后取两个峰值之间的波谷位置对应的灰度值，就是所要的阈值。遗憾的是，由于灰度值在直方图中的随机波动，两个波峰（局部最大值）和它们之间的波谷都不能很好地确定，比如在两个峰值之间可能会出现两个最小值，所以希望通过鲁棒的方法选定与最小值对应的阈值。一种常用的方式是先对直方图进行高斯平滑处理，逐渐增大高斯滤波器的标准差，直到能从平滑后的直方图中得到两个唯一的波峰和它们之间唯一的最小值。但这种方式需要手动调节，下面介绍一种规则自动选取波峰和波谷的方式[8]。

假设输入图像为 I，高为 H、宽为 W，$histogram_I$ 代表其对应的灰度直方图，$histogram_I(k)$ 代表灰度值等于 k 的像素点个数，其中 $0 \leq k \leq 255$。

第一步：找到灰度直方图的第一个峰值，并找到其对应的灰度值。显然，灰度直方图的最大值就是第一个峰值且对应的灰度值用 firstPeak 表示。

第二步：找到直方图的第二个峰值，并找到其对应的灰度值。第二个峰值不一定是直方图的第二大值，因为它很有可能出现在第一个峰值的附近。图 6-2 中的灰度直方图可以表明这一点，可以通过以下公式进行计算：

$$secondPeak = \arg_k \max\{(k - firstPeak)^2 * histogram_I(k)\}, 0 \leqslant k \leqslant 255$$

也可以使用绝对值的形式：

$$secondPeak = \arg_k \max\{|k - firstPeak| * histogram_I(k)\}, 0 \leqslant k \leqslant 255$$

第三步：找到这两个峰值之间的波谷，如果出现两个或者多个波谷，则取左侧的波谷即可，其对应的灰度值即为阈值。

OpenCV 3.X 中的 THRESH_TRIANGLE 和直方图技术法是类似的，对灰度直方图具有双峰的图像进行阈值分割的效果比较好。

6.2.2 Python 实现

在利用直方图技术计算阈值时，会计算一个直方图最大值的位置索引，可利用 Numpy 提供的 where 函数，该函数的示例代码如下：

```
>> import numpy as np
>> hist=np.array([10,3,13,2,1,5]);
>> maxLoc = np.where(hist==np.max(hist))
(array([2], dtype=int64),)
```

最后返回的是由 ndarray 组成的元组，即第三个值是最大值的位置索引。

在以上示例矩阵中，只出现一个最大值，如果出现多个最大值会返回什么值呢？示例代码如下：

```
>>hist=np.array([10,3,13,2,13,5]);
>>maxLoc = np.where(hist==np.max(hist))
(array([2,4], dtype=int64),)
```

对于一维数组，如果出现多个最大值，那么返回值为存储最大值的所有位置索引的一维数组组成的元组。

下面通过算法步骤给出 Python 实现，返回值是由计算得出的阈值和阈值分割后结果组成的二元元组。代码如下：

```python
def threshTwoPeaks(image):
    #计算灰度直方图
    histogram = calcGrayHist(image)
    #找到灰度直方图的最大峰值对应的灰度值
    maxLoc = np.where(histogram==np.max(histogram))
    firstPeak = maxLoc[0][0]
    #寻找灰度直方图的第二个峰值对应的灰度值
    measureDists = np.zeros([256],np.float32)
    for k in xrange(256):
        measureDists[k] = pow(k-firstPeak,2)*histogram[k]
    maxLoc2 = np.where(measureDists==np.max(measureDists))
    secondPeak = maxLoc2[0][0]
    #找到两个峰值之间的最小值对应的灰度值，作为阈值
    thresh = 0
    if firstPeak > secondPeak:#第一个峰值在第二个峰值的右侧
        temp = histogram[int(secondPeak):int(firstPeak)]
        minLoc = np.where(temp == np.min(temp))
        thresh = secondPeak + minLoc[0][0]+1
    else:#第一个峰值在第二个峰值的左侧
        temp = histogram[int(firstPeak):int(secondPeak)]
        minLoc = np.where( temp == np.min(temp))
        thresh = firstPeak + minLoc[0][0]+1
    #找到阈值后进行阈值处理，得到二值图
    threshImage_out = image.copy()
    threshImage_out[threshImage_out > thresh] = 255
    threshImage_out[threshImage_out <= thresh] = 0
    return (thresh,threshImage_out)
```

需要注意的是，在求两个峰值之间的波谷时，需要判断第二个峰值是在第一个峰值的左侧还是右侧。

6.2.3 C++ 实现

与 Python 实现类似，通过定义函数 threshTwoPeaks 实现直方图技术的阈值分割，其中 image 是输入的单通道 8 位图，thresh_out 是阈值分割后的矩阵，返回值为计算得到的阈值。具体代码如下：

```cpp
int threshTwoPeaks(const Mat & image, Mat & thresh_out)
{
    //计算灰度直方图
    Mat histogram = calcGrayHist(image);
    //找到灰度直方图最大峰值对应的灰度值
    Point firstPeakLoc;
    minMaxLoc(histogram, NULL, NULL, NULL, &firstPeakLoc);
    int firstPeak = firstPeakLoc.x;
    //寻找灰度直方图第二个峰值对应的灰度值
    Mat measureDists = Mat::zeros(Size(256, 1), CV_32FC1);
    for (int k = 0; k < 256; k++)
    {
        int hist_k = histogram.at<int>(0, k);
        measureDists.at<float>(0, k) = pow(float(k - firstPeak), 2)*hist_k;}
    Point secondPeakLoc;
    minMaxLoc(measureDists, NULL, NULL, NULL, &secondPeakLoc);
    int secondPeak = secondPeakLoc.x;
    //找到两个峰值之间的最小值对应的灰度值，作为阈值
    Point threshLoc;
    int thresh = 0;
    if (firstPeak < secondPeak)//第一个峰值在第二个峰值的左侧
    {
        minMaxLoc(histogram.colRange(firstPeak,secondPeak), NULL, NULL, &threshLoc);
        thresh = firstPeak + threshLoc.x + 1;}
    else//第一个峰值在第二个峰值的右侧
    {
        minMaxLoc(histogram.colRange(secondPeak,firstPeak), NULL, NULL, &threshLoc);
        thresh = secondPeak + threshLoc.x + 1;}
```

```
//阈值分割
threshold(image, thresh_out, thresh, 255, THRESH_BINARY);
return thresh;}
```

采用直方图技术对灰度直方图有两个明显波峰的图像的阈值处理效果比较好，而大多数图像的灰度直方图不会出现明显的两个峰值，如图 6-3 所示。

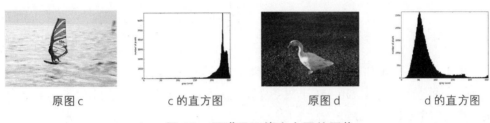

原图 c　　　　c 的直方图　　　　原图 d　　　　d 的直方图

图 6-3　不满足双峰直方图的图像

图 6-4 显示的是对图 6-2 中的原图 a、b 和图 6-3 中的原图 c、d 进行直方图阈值分割后的效果，可以看出在直方图中存在双峰的情况下，使用基于直方图计算得到的阈值效果很好，比较完整地分割出图中目标物体；否则，使用这种方法分割后的效果并不理想，没有比较完整地分割出前景和背景，几乎分辨不清目标物体。

阈值：134　　　　阈值：141　　　　阈值：8　　　　阈值：227

图 6-4　直方图阈值分割

6.3　熵算法

6.3.1　原理详解

信息熵（entropy）的概念来源于信息论，假设信源符号 u 有 N 种取值，记为

$$u_1, u_2, \cdots, u_N$$

且每一种信源符号出现的概率，记为

$$p_1, p_2, \cdots, p_N$$

那么该信源符号的信息熵，记为

$$\text{entropy}(u) = -\sum_{i=1}^{N} p_i \log p_i$$

图像也可以看作一种信源[4]，假设输入图像为 I，normHist_I 代表归一化的图像灰度直方图，那么对于 8 位图可以看成由 256 个灰度符号，且每一个符号出现的概率为 $\text{normHist}_I(k)$ 组成的信源，其中 $0 \leqslant k \leqslant 255$。

利用熵计算阈值的步骤如下。

第一步：计算 I 的累加概率直方图，又称零阶累积矩，记为

$$\text{cumuHist}(k) = \sum_{i=0}^{k} \text{normHist}_I(i), k \in [0, 255]$$

第二步：计算各个灰度级的熵，记为

$$\text{entropy}(t) = -\sum_{k=0}^{t} \text{normHist}_I(k) \log(\text{normHist}_I(k)), 0 \leqslant t \leqslant 255$$

第三步：计算使 $f(t) = f_1(t) + f_2(t)$ 最大化的 t 值，该值即为得到的阈值，即 $\text{thresh} = \arg_t \max(f(t))$，其中

$$f_1(t) = \frac{\text{entropy}(t)}{\text{entropy}(255)} \frac{\log(\text{cumuHist}(t))}{\log(\max\{\text{cumuHist}(0), \text{cumuHist}(1), \cdots, \text{cumuHist}(t)\})}$$

$$f_2(t) = (1 - \frac{\text{entropy}(t)}{\text{entropy}(255)}) \frac{\log(1 - \text{cumuHist}(t))}{\log(\max\{\text{cumuHist}(t+1), \cdots, \text{cumuHist}(255)\})}$$

下面通过这三个步骤给出该算法的代码实现及其效果。

6.3.2 代码实现

对于采用熵算法进行阈值分割的 Python 实现，首先将计算得出的累加概率直方图和各个灰度级的熵分别保存到长度为 256 的 ndarray 中。需要注意的是，在第二步的实现中，因为对数的自变量是不能等于 0 的，如果判断 $\text{normHist}_I(k) = 0$，那么直接令 $\text{entropy}(k) = \text{entropy}(k-1)$ 即可。具体代码如下：

```python
def threshEntroy(image):
    rows,cols = image.shape
    #求灰度直方图
    grayHist = calcGrayHist(image)
    #归一化灰度直方图，即概率直方图
    normGrayHist = grayHist/float(rows*cols)
    #第一步：计算累加直方图，也称零阶累积矩
    zeroCumuMoment = np.zeros([256],np.float32)
    for k in xrange(256):
        if k==0:
            zeroCumuMoment[k] = normGrayHist[k]
        else:
            zeroCumuMoment[k] = zeroCumuMoment[k-1] + normGrayHist[k]
    #第二步：计算各个灰度级的熵
    entropy = np.zeros([256],np.float32)
    for k in xrange(256):
        if k==0:
            if normGrayHist[k] ==0:
                entropy[k] = 0
            else:
                entropy[k] = - normGrayHist[k]*math.log10(normGrayHist[k])
        else:
            if normGrayHist[k] ==0:
                entropy[k] = entropy[k-1]
            else:
                entropy[k] = entropy[k-1] - normGrayHist[k]*math.log10(
                    normGrayHist[k])
    #第三步：找阈值
    fT = np.zeros([256],np.float32)
```

```python
        ft1,ft2 = 0.0,0.0
        totalEntroy = entropy[255]
        for k in xrange(255):
            #找最大值
            maxFront = np.max(normGrayHist[0:k+1])
            maxBack = np.max(normGrayHist[k+1:256])
            if(maxFront == 0 or zeroCumuMoment[k] == 0 or maxFront==1 or
                zeroCumuMoment[k]==1 or totalEntroy==0):
                ft1 = 0
            else:
                ft1 =entropy[k]/totalEntroy*(math.log10(zeroCumuMoment[k])/math.
                    log10(maxFront))
            if(maxBack == 0 or 1 - zeroCumuMoment[k]==0 or maxBack == 1 or 1-
                zeroCumuMoment[k] ==1):
                ft2 = 0
            else:
                if totalEntroy==0:
                    ft2 = (math.log10(1-zeroCumuMoment[k])/math.log10(maxBack))
                else:
                    ft2 = (1-entropy[k]/totalEntroy)*(math.log10(1-zeroCumuMoment[k
                        ])/math.log10(maxBack))
            fT[k] = ft1+ft2
        #找最大值的索引，作为得到的阈值
        threshLoc = np.where(fT==np.max(fT))
        thresh = threshLoc[0][0]
        #阈值处理
        threshold = np.copy(image)
        threshold[threshold > thresh] = 255
        threshold[threshold <= thresh] = 0
        return threshold
```

对于采用熵算法进行阈值分割的 C++ 实现与之类似，具体可查看随书代码。图 6-5 显示的是对图 6-2 中的原图 a、b 和图 6-3 中的原图 c、d 进行熵阈值分割后的效果。从图中可以看出，所得到的效果并没有比采用直方图技术进行阈值分割得到的效果有明显的提升，所以针对阈值分割选取什么样的方法，需要分情况对待。

熵阈值：196　　　　熵阈值：95　　　　熵阈值：232　　　　熵阈值：61

图 6-5　熵阈值分割

对于利用熵的概念计算阈值的方法，还有一些变体，如研究者 Kapur[5]、Johannsen[1]、Portes de Albuquerque[3] 提出的，但是在效果上并没有明显的提升。

6.4　Otsu 阈值处理

在对图像进行阈值分割时，所选取的分割阈值应使前景区域的平均灰度、背景区域的平均灰度与整幅图像的平均灰度之间的差异最大，这种差异用区域的方差来表示。Otsu[2] 提出了最大方差法，该算法是在判别分析最小二乘法原理的基础上推导得出的，计算过程简单，是一种常用的阈值分割的稳定算法。

6.4.1　原理详解

假设输入图像为 I，高为 H、宽为 W，$histogram_I$ 代表归一化的图像灰度直方图，$histogram_I(k)$ 代表灰度值等于 k 的像素点个数在图像中所占的比率，其中 $k \in [0, 255]$。该算法的详细步骤如下。

第一步：计算灰度直方图的零阶累积矩（或称累加直方图）。

$$\mathrm{zeroCumuMoment}(k) = \sum_{i=0}^{k} \mathrm{histogram}_I(i), k \in [0, 255]$$

第二步：计算灰度直方图的一阶累积矩。

$$\mathrm{oneCumuMoment}(k) = \sum_{i=0}^{k} ((i) * \mathrm{histogram}_I(i)), k \in [0, 255]$$

第三步：计算图像 I 总体的灰度平均值 mean，其实就是 $k = 255$ 时的一阶累积距，即

$$mean = oneCumuMoment(255)$$

第四步：计算每一个灰度级作为阈值时，前景区域的平均灰度、背景区域的平均灰度与整幅图像的平均灰度的方差。对方差的衡量采用以下度量：

$$\sigma^2(k) = \frac{(mean * zeroCumuMoment(k) - oneCumuMoment(k))^2}{zeroCumuMoment(k) * (1 - zeroCumuMoment(k))}, k \in [0, 255]$$

第五步：找到上述最大的 $\sigma^2(k)$，然后对应的 k 即为 Otsu 自动选取的阈值，即

$$thresh = \arg_{k \in [0,255]} \max(\sigma^2(k))$$

下面按照这五个步骤实现图像的 Otsu 阈值分割。

6.4.2 Python 实现

通过定义函数 otsu(image) 实现 Otsu 阈值分割，输入参数为 8 位图，返回值为由阈值分割结果和 Otsu 阈值组成的二元元组。需要的注意是，在求方差时，分母有可能出现 0 的情况。具体代码如下：

```python
def otsu(image):
    rows,cols = image.shape
    #计算图像的灰度直方图
    grayHist = calcGrayHist(image)
    #归一化灰度直方图
    uniformGrayHist = grayHist/float(rows*cols)
    #计算零阶累积矩和一阶累积矩
    zeroCumuMoment = np.zeros([256],np.float32)
    oneCumuMoment = np.zeros([256],np.float32)
    for k in xrange(256):
        if k == 0:
            zeroCumuMoment[k] = uniformGrayHist[0]
            oneCumuMoment[k] = (k)*uniformGrayHist[0]
        else:
```

```
            zeroCumuMoment[k] = zeroCumuMoment[k-1] + uniformGrayHist[k]
            oneCumuMoment[k] = oneCumuMoment[k-1] + k*uniformGrayHist[k]
#计算类间方差
variance = np.zeros([256],np.float32)
for k in xrange(255):
    if zeroCumuMoment[k] == 0 or zeroCumuMoment[k] == 1:
        variance[k] = 0
    else:
        variance[k] = math.pow(oneCumuMoment[255]*zeroCumuMoment[k] -
            oneCumuMoment[k],2)/(zeroCumuMoment[k]*(1.0-zeroCumuMoment[k]))
#找到阈值
threshLoc = np.where(variance[0:255] == np.max(variance[0:255]))
thresh = threshLoc[0][0]
#阈值处理
threshold = np.copy(image)
threshold[threshold > thresh] = 255
threshold[threshold <= thresh] = 0
return (threshold,thresh)
```

6.4.3 C++ 实现

与 Python 实现类似，下面依次按照步骤实现 Otsu 阈值分割，其中将直方图的零阶累积矩、一阶累积矩、方差都看作矩阵，声明为 Mat 类，以方便使用。参数 image 为输入的单通道 8 位图，OtsuThreshImage 是 Otsu 阈值分割后的结果，返回值是计算得出的 Otsu 阈值。具体代码如下：

```cpp
int otsu(const Mat & image, Mat &OtsuThreshImage)
{
    //计算灰度直方图
    Mat histogram = calcGrayHist(image);
    //归一化灰度直方图
    Mat normHist;
    histogram.convertTo(normHist, CV_32FC1, 1.0 / (image.rows*image.cols), 0.0)
;
    //计算累加直方图（零阶累积矩）和一阶累积矩
    Mat zeroCumuMoment = Mat::zeros(Size(256, 1), CV_32FC1);
```

```cpp
Mat oneCumuMoment = Mat::zeros(Size(256, 1), CV_32FC1);
for (int i = 0; i < 256; i++)
{
    if (i == 0)
    {
        zeroCumuMoment.at<float>(0,i)=normHist.at<float>(0,i);
        oneCumuMoment.at<float>(0,i)=i*normHist.at<float>(0,i);
    }
    else
    {
        zeroCumuMoment.at<float>(0,i)=zeroCumuMoment.at<float>(0,i-1)+
        normHist.at<float>(0,i);
        oneCumuMoment.at<float>(0,i)=oneCumuMoment.at<float>(0,i-1) + i*
        normHist.at<float>(0,i);
    }
}
//计算类间方差
Mat variance = Mat::zeros(Size(256, 1), CV_32FC1);
//总平均值
float mean = oneCumuMoment.at<float>(0, 255);
for (int i = 0; i < 255; i++)
{
    if (zeroCumuMoment.at<float>(0, i) == 0 || zeroCumuMoment.at<float>(0, i) == 1)
        variance.at<float>(0, i) = 0;
    else
    {
        float cofficient = zeroCumuMoment.at<float>(0, i)*(1.0 -
        zeroCumuMoment.at<float>(0, i));
        variance.at<float>(0, i) = pow(mean*zeroCumuMoment.at<float>(0, i)
        - oneCumuMoment.at<float>(0, i), 2.0) / cofficient;
    }
}
//找到阈值
Point maxLoc;
minMaxLoc(variance, NULL, NULL, NULL, &maxLoc);
```

```
    int otsuThresh = maxLoc.x;
    //阈值处理
    threshold(image, OtsuThreshImage, otsuThresh, 255, THRESH_BINARY);
    return otsuThresh;
}
```

对于 OpenCV 提供的阈值函数 threshold，其参数 type 也可以设置为 THRESH_OTSU，代表 Otsu 自动阈值分割，对该算法现在只支持处理 8 位图。

图 6-6 显示的是对图 6-2 中的原图 a、b 和 6-3 中的原图 c、d 进行 Otsu 阈值分割后的效果。从图中可以看出，所得到的效果比采用直方图技术和熵阈值法得到的效果要好，均比较完整地分割了前景和背景，能够分辨出图中的目标物体。

Otsu 阈值：130

Otsu 阈值：148

Otsu 阈值：108

Otsu 阈值：168

图 6-6　Otsu 阈值分割

6.5　自适应阈值

在不均匀照明或者灰度值分布不均的情况下，如果使用全局阈值分割，那么得到的分割效果往往会很不理想，如处理光照不均匀的两幅图 a 和 b，效果如图 6-7 所示。

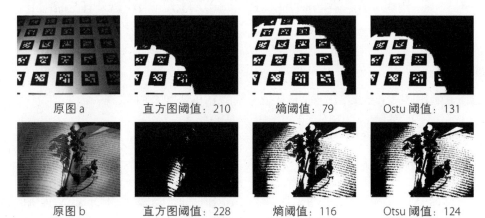

图 6-7　全局阈值分割

显然得到的结果只是将光照较强的区域分割出来了,而阴影部分或者光照较弱的区域却没有分割出来。既然全局阈值不合适,那么想到的策略是针对每一个位置的灰度值设置一个对应的阈值,而该位置阈值的设置也和其邻域有必然的关系。

6.5.1 原理详解

在对图像进行平滑处理时,均值平滑、高斯平滑、中值平滑用不同规则计算出以当前像素为中心的邻域内的灰度"平均值",所以可以使用平滑处理后的输出结果作为每个像素设置阈值的参考值,如参考文献 [7] 中提到用均值滤波后的结果乘以某个比例系数作为最后的阈值矩阵。

在自适应阈值处理中,平滑算子的尺寸决定了分割出来的物体的尺寸,如果滤波器尺寸太小,那么估计出的局部阈值将不理想。凭经验,平滑算子的宽度必须大于被识别物体的宽度,平滑算子的尺寸越大,平滑后的结果越能更好地作为每个像素的阈值的参考,当然也不能无限大。

假设输入图像为 I,高为 H、宽为 W,平滑算子的尺寸记为 $H \times W$,其中 W 和 H 均为奇数。自适应阈值分割算法的步骤如下。

第一步:对图像进行平滑处理,平滑结果记为 $f_{\text{smooth}}(I)$,其中 f_{smooth} 可以代表均值平滑、高斯平滑、中值平滑。

第二步:自适应阈值矩阵 $\mathbf{Thresh} = (1 - \text{ratio}) * f_{\text{smooth}}(I)$,一般令 ratio = 0.15。

第三步:利用局部阈值分割的规则

$$O(r,c) = \begin{cases} 255, & I(r,c) > \mathbf{Thresh}(r,c) \\ 0, & I(r,c) \geqslant \mathbf{Thresh}(r,c) \end{cases} \text{ 或 } O(r,c) = \begin{cases} 0, & I(r,c) > \mathbf{Thresh}(r,c) \\ 255, & I(r,c) \geqslant \mathbf{Thresh}(r,c) \end{cases}$$

进行阈值分割。

接下来利用这三个步骤给出自适应阈值分割的 Python 和 C++ 实现。

6.5.2 Python 实现

在下面的 Python 实现中,平滑处理采用的是均值平滑算子,使用 OpenCV 提供的函数 boxFilter,对于其他平滑处理,替换对应的函数即可。具体代码如下:

```python
def adaptiveThresh(I,winSize,ratio=0.15):
    #第一步：对图像矩阵进行均值平滑
    I_mean = cv2.boxFilter(I,cv2.CV_32FC1,winSize)
    #第二步：原图像矩阵与平滑结果做差
    out = I - (1.0-ratio)*I_mean
    #第三步：当差值大于或等于 0 时，输出值为 255 ；反之，输出值为 0
    out[out>=0] = 255
    out[out<0] = 0
    out = out.astype(np.uint8)
    return out
```

对图 6-7 中的原图 a 进行自适应阈值分割，效果如图 6-8 所示，其中自适应阈值是分别使用 3×3、7×7、11×11、31×31 的均值平滑算子。从效果可以看出，当平滑算子的尺寸较小时得到的效果并不理想，而随着尺寸的增大，自适应阈值分割出的前景物体越来越完整，与采用其他阈值算法分割的效果相比，可以看出自适应阈值克服了光照不均匀的情况。

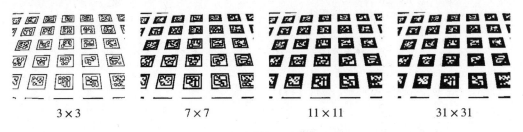

图 6-8 均值自适应阈值分割

6.5.3 C++ 实现

在以下 C++ 实现的自适应阈值分割中，利用 OpenCV 提供的 boxFilter、GaussianBlur、medianBlur 函数分别完成了均值平滑、高斯平滑和中值平滑，其中 radius 为平滑算子窗口的半径，即平滑窗口尺寸为 $(2*radius+1, 2*radius+1)$，返回值为自适应阈值分割后的结果。具体代码如下：

```cpp
enum METHOD {MEAN,GAUSS,MEDIAN};
Mat adaptiveThresh(Mat I, int radius, float ratio, METHOD method= MEAN)
{
    //第一步：对图像矩阵进行平滑处理
    Mat smooth;
    switch (method)
```

```
    {
    case MEAN://均值平滑
        boxFilter(I,smooth,CV_32FC1,Size(2*radius+1,2*radius+1));
        break;
    case GAUSS://高斯平滑
        GaussianBlur(I,smooth, Size(2*radius+1,2*radius+1),0,0);
        break;
    case MEDIAN://中值平滑
        medianBlur(I, smooth, 2 * radius + 1);
        break;
    default:
        break;
    }
    //第二步：平滑结果乘以比例系数，然后图像矩阵与其做差
    I.convertTo(I, CV_32FC1);
   smooth.convertTo(smooth, CV_32FC1);
    Mat diff = I - (1.0 - ratio)*I_smooth;
    //第三步：阈值处理，当大于或等于 0 时，输出值为 255；反之，输出值为 0
    Mat out = Mat::zeros(diff.size(), CV_8UC1);
    for (int r = 0; r < out.rows; r++)
    {
        for (int c = 0; c < out.cols; c++)
        {
            if (diff.at<float>(r, c) >= 0)
                out.at<uchar>(r, c) = 255;
        }
    }
    return out;
}
```

对图 6-7 中的原图 b 进行自适应阈值分割，显示效果如图 6-9 所示，其中自适应阈值是分别使用 3×3、7×7、17×17、43×43 的中值平滑算子。与采用均值算子类似，当平滑算子的尺寸较小时得到的效果并不理想，随着尺寸的增大，分割出的前景物体越来越完整。

显然，自适应阈值分割可以克服光照不均匀、阴影的情况，从而能够较完整地分割出区域。理解了以上步骤，就可以理解 OpenCV 提供的自适应阈值函数：

```
void adaptiveThreshold(InputArray src, OutputArray dst, double maxValue, int
```

adaptiveMethod, int thresholdType, int blockSize, double C)

它们的实现原理是相同的，其参数解释如表 6-2 所示。

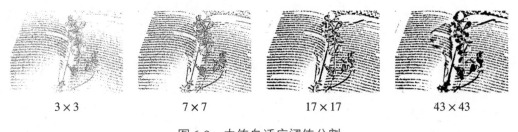

3×3　　　　　7×7　　　　　17×17　　　　　43×43

图 6-9　中值自适应阈值分割

表 6-2　函数 adaptiveThreshold 的参数解释

参数	解释
src	单通道矩阵，数据类型为 CV_8U
dst	输出矩阵，即阈值分割后的矩阵
maxValue	与函数 Threshold 类似，一般取 255
adaptiveMethod	ADAPTIVE_THRESH_MEAN_C：采用均值平滑 ADAPTIVE_THRESH_GAUSSIAN_C：采用高斯平滑
thresholdType	THRESH_BINARY、THRESH_BINARY_INV
blockSize	平滑算子的尺寸，且为奇数
C	比例系数

函数 adaptiveThreshold 只是采用了均值平滑、高斯平滑，并没有采用常用的中值平滑，其实这三种平滑处理方法对自适应阈值分割的结果还是有一些区别的，所以在处理特定问题时，需要通过实验对比的方式，选择其中一种比较理想的平滑方式。对图像进行阈值分割后仍然需要进一步的处理，这就是下一章将要介绍的形态学处理。

6.6　二值图的逻辑运算

6.6.1　"与"和"或"运算

对于阈值处理后的二值图，还可以利用二值图之间的逻辑运算："与"运算和"或"运算，以便得到想要的结果。OpenCV 提供的两个函数 bitwise_and 和 bitwise_or 分别实现了两个矩阵之间的与运算和或运算,它们本质上完成的是两个矩阵对应位置数值的逻辑运算。下面介绍这两个函数的 Python API 和 C++ API 的使用方法。

6.6.2 Python 实现

首先构建两个简单的二值化 ndarray,然后查看两者的与运算和或运算的输出结果。代码如下:

```
# -*- coding: utf-8 -*-
import cv2
import numpy as np
src1 = np.array([[255,0,255]])
src2 = np.array([[255,0,0]])
#与运算
dst_and = cv2.bitwise_and(src1,src2)
#或运算
dst_or = cv2.bitwise_or(src1,src2)
print dst_and#打印与运算的结果
print dst_or#打印或运算的结果
```

打印结果如下:

```
[[255   0   0]]
[[255   0 255]]
```

从打印结果可以看出,255 和 255 的与运算结果为 255、或运算结果为 255,0 和 0 的与运算结果为 0、或运算结果为 0,255 和 0 的与运算结果为 0、或运算结果为 255。接下来通过 C++ 实现直观地理解与运算和或运算针对二值图处理产生的效果。

6.6.3 C++ 实现

首先构建两个尺寸相同的二值化图像矩阵,其中一个包含一个白色的矩形区域,如图 6-10(a)所示,另一个包含一个白色的圆形区域,如图 6-10(b)所示,然后对这两个二值图进行与运算和或运算。具体代码如下:

```
#include<opencv2/core.hpp>
#include<opencv2/imgproc.hpp>
```

```cpp
#include<opencv2/highgui.hpp>
using namespace cv;
int main(int argc, char*argv[])
{
    //两个二值图
    Mat src1 = Mat::zeros(Size(100, 100), CV_8UC1);
    cv::rectangle(src1, Rect(25, 25, 50, 50), Scalar(255), CV_FILLED);
    imshow("src1", src1);
    Mat src2 = Mat::zeros(Size(100, 100), CV_8UC1);
    cv::circle(src2, Point(75, 50), 25, Scalar(255), CV_FILLED);
    imshow("src2", src2);
    //与运算
    Mat dst_and;
    bitwise_and(src1, src2, dst_and);
    imshow("与运算", dst_and);
    //或运算
    Mat dst_or;
    bitwise_or(src1, src2, dst_or);
    imshow("或运算", dst_or);
    waitKey(0);
    return 0;
}
```

图 6-10（c）显示的是图（a）和图（b）与运算的结果，可以看出通过与运算操作后，得到了两个白色区域相交的部分，可以理解为集合的交集。图 6-10（d）显示的是图（a）和图（b）或运算的结果，可以看出通过或运算操作后，得到了两个白色区域的并集。

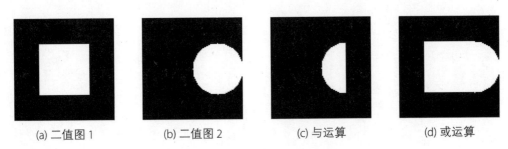

(a) 二值图 1　　(b) 二值图 2　　(c) 与运算　　(d) 或运算

图 6-10　二值图的逻辑运算

6.7 参考文献

[1] Johannsen, G., and J. Bille. A Threshold Selection Method Using Information Measures. Proceedings of the Sixth International Conference on Pattern Recognition, Munich, Germany (1982): 140–143.

[2] Otsu, N. A Threshold Selection Method from Grey-level Histograms. IEEE Transactions on Systems, Man, and Cybernetics 9, no.1 (1979): 377–393.

[3] Portes de Albuquerque, M., I. A. Esquef, and A. R. Gesualdi Mello. Image Thresholding Using Tsallis Entropy. Pattern RecognitionLetters 25 (2004): 1059–1065.

[4] Pun, T. A New Method for Grey-Level Picture Thresholding Using the Entropy of the Histogram, Signal Processing 2, no.3 (1980). 223–237.

[5] Kapur, J. N., P. K. Sahoo, and A. K. C.Wong. A New Method for Gray-Level Picture Thresholding Using the Entropy of the Histogram. Computer Vision, Graphics, and Image Processing 29, no. 3 (1985): 273–285.

[6] Pierre D. Wellner. Adaptive Thresholding for the DigitalDesk, EuroPARC Technical Report EPC-93-110 (1993).

[7] Derek Bradley, Gerhard Roth. Adaptive Thresholding Using the Integral Image.

[8] J. R. Parker. Algorithms for Image Processing and Computer Vision (2012).

7

形态学处理

在"阈值分割"一章中我们已经讨论了如何分割区域，但是分割的结果经常包含一些干扰，有的甚至影响了目标物体的形状。数学形态学提供了一组有用的方法，能够用来调整分割区域的形状以获得比较理想的结果，它最初是从数学中的集合论发展而来并用于处理二值图的，虽然运算很简单，但是往往可以产生很好的效果，后来将这些方法推广到普通的灰度级图像处理中。常用的形态学处理方法包括：腐蚀、膨胀、开运算、闭运算、顶帽运算、底帽运算，其中腐蚀和膨胀是最基础的方法，其他方法是两者相互组合而产生的。

7.1 腐蚀

7.1.1 原理详解

首先回忆一下第 5 章中介绍的中值平滑操作——取每一个位置的矩形邻域内值的中值作为该位置的输出灰度值，图像的腐蚀操作与中值平滑操作类似，它是取每一个位置的矩形邻域内值的最小值作为该位置的输出灰度值。不同的是，这里的邻域不再单纯是矩形结构的，如图 7-1 所示，也可以是椭圆形结构的、十字交叉形结构的等，它在大多数书中的定义是结构元，只是用来指明邻域结构的形状，与卷积核类似，它同样需要指定一个锚点。

图 7-1　结构元

用图 7-1 所示的三个结构元处理以下矩阵，比如对于第 1 行第 1 列的位置，锚点的位置与该位置重合，取结构元规定好的邻域：

$$\begin{pmatrix} 125 & 190 & 11 & 190 \\ 141 & 234 & 21 & 67 \\ 165 & 234 & 31 & 189 \\ 112 & 12 & 41 & 56 \end{pmatrix} \begin{pmatrix} 125 & 190 & 11 & 190 \\ 141 & 234 & 21 & 67 \\ 165 & 234 & 31 & 189 \\ 112 & 12 & 41 & 56 \end{pmatrix} \begin{pmatrix} 125 & 190 & 11 & 190 \\ 141 & 234 & 21 & 67 \\ 165 & 234 & 31 & 189 \\ 112 & 12 & 41 & 56 \end{pmatrix}$$

在不同结构的邻域内最小值依次为 21、11、21，这些最小值就是输出图像在第 1 行第 1 列的灰度值，其他位置依此类推，便可得到完整的输出图像。

因为取每个位置邻域内的最小值，所以腐蚀后输出图像的总体亮度的平均值比起原图会有所降低，图像中比较亮的区域的面积会变小甚至消失，而比较暗的区域的面积会增大。图像 I 与结构元 S 的腐蚀操作记为：

$$E = I \ominus S$$

因为对图像进行腐蚀操作后缩小了亮度区域的面积，所以针对阈值分割后前景是白色的二值图，可以通过 $I - E$ 操作来提取边界。对于边界的提取，在下一章"边缘检测"中再详细叙述。下面介绍 OpenCV 提供的腐蚀操作的函数及其处理图像的效果。

7.1.2　实现代码及效果

对于图像的腐蚀操作，OpenCV 提供了函数：

erode(src, element[, dst[, anchor[, iterations[, borderType[, borderValue]]]]])

来实现该功能，其参数解释如表 7-1 所示。

表 7-1　函数 erode 的参数解释

参数	解释
src	输入矩阵
element	结构元
anchor	结构元的锚点
iterations	腐蚀操作的次数
borderType	边界扩充类型
borderValue	边界扩充值

与卷积操作类似，对于边界处的像素的邻域有可能会超出图像边界，所以需要扩充图像边界，边界扩充类型与图像平滑中提到的方式相同，其中的镜像扩充操作效果是最好的。对于函数 erode 经常需要调节的参数是 element 和 iterations，其他参数采用默认值即可，而代表结构元的参数 element 是 OpenCV 提供的函数：

getStructuringElement(shape, ksize[, anchor])

的返回值，其参数解释如表 7-2 所示。

表 7-2　函数 getStructuringElement 的参数解释

参数	解释
shape	MORPH_RECT：产生矩形的结构元 MORPH_ELLIPSEM：产生椭圆形的结构元 MORPH_CROSS：产生十字交叉形的结构元
ksize	结构元的尺寸
anchor	结构元的锚点

通过函数 getStructuringElement 的返回值可以直观地理解所产生的结构元的形状。例如，利用该函数构造一个 3×3 的矩形的结构元，代码如下：

```
>>import cv2
>>S = cv2.getStructuringElement(cv2.MORPH_RECT,(3,3))
array([[1, 1, 1],
       [1, 1, 1],
       [1, 1, 1]], dtype=uint8)
```

构造一个 5×5 的椭圆形的结构元,代码如下:

```
>>S = cv2.getStructuringElement(cv2.MORPH_ELLIPSE,(5,5))
array([[0, 0, 1, 0, 0],
       [1, 1, 1, 1, 1],
       [1, 1, 1, 1, 1],
       [1, 1, 1, 1, 1],
       [0, 0, 1, 0, 0]], dtype=uint8)
```

构造一个 5×3 的十字交叉形的结构元,代码如下:

```
>>S = cv2.getStructuringElement(cv2.MORPH_CROSS,(3,5))
array([[0, 1, 0],
       [0, 1, 0],
       [1, 1, 1],
       [0, 1, 0],
       [0, 1, 0]], dtype=uint8)
```

上面三段代码的返回值 S 是用来指明邻域形状的,将 S 赋给函数 erode 的参数 element 即可。

接下来介绍如何利用函数 erode 和 getStructuringElement 来完成对图像的腐蚀操作。Python API 的使用代码如下:

```python
# -*- coding: utf-8 -*-
import sys
import cv2
#主函数
if __name__ == "__main__":
    if len(sys.argv) > 1:
        #读入图像
        I = cv2.imread(sys.argv[1],cv2.CV_LOAD_IMAGE_GRAYSCALE)
    else:
        print "Usge:python erode.py imageFile"
    #创建矩形结构元
    s = cv2.getStructuringElement(cv2.MORPH_RECT,(3,3))
    #腐蚀图像,迭代次数采用默认值1
    r = cv2.erode(I,s)
    #边界提取
    e = I - r
```

```python
#显示原图和腐蚀后的结果
cv2.imshow("I",I)
cv2.imshow("erode",r)
#显示边界提取的效果
cv2.imshow("edge",e)
cv2.waitKey(0)
cv2.destroyAllWindows()
```

上述腐蚀操作的 C++ API 的使用代码如下：

```cpp
int mian(int argc, char*argv[])
{
    //输入图像
    Mat I = cv::imread(argv[1], CV_LOAD_IMAGE_GRAYSCALE);
    if (!I.data)
        return -1;
    //创建矩形结构元
    Mat s=cv::getStructuringElement(cv::MORPH_RECT,Size(3,3));
    //2 次腐蚀操作
    Mat E;
    cv::erode(I, E, s,Point(-1,-1),2);
    //显示图像
    imshow("I", I);
    imshow("erode", E);
    waitKey(0);
    return 0;
}
```

观察图 6-6，采用 Otsu 阈值分割处理的第三幅图中有很多零星的亮点，这些亮点不是我们想要的区域，可以通过腐蚀操作来消除。图 7-2（a）、(b)、(c) 分别是使用 3×3、5×5、11×11 的矩形结构元腐蚀 1 次后的效果，其中 3×3 的矩形腐蚀已经消除了原图中多数细小的亮度高的区域，而随着结构元尺寸的增大，目标物体（指该图中的白色区域）的面积明显越来越小，如果对图像反复进行腐蚀运算，则会消除整个目标物体，图（d）是利用原二值图减去图（a）提取的边界图。对于使用其他形状和尺寸的结构元腐蚀后的效果，可以修改上面的程序进行观察。

图 7-2 显示的是对二值图进行腐蚀操作后的效果，图 7-3 给出了对图 6-2 中的原图 a（灰度图）腐蚀后的效果，依次使用 3×3、11×11、19×19、41×41 的矩形结构元，随着结构

元尺寸的增大，灰度较暗的区域的面积也随着增大，同时灰度较亮的区域的面积就随着减小了，而且处理后的效果可以隐约看出结构元的形状，即很多重叠的矩形块，很像马赛克效果。当然，如果采用椭圆形或者十字交叉形的结构元进行腐蚀，则同样会出现类似的椭圆或者十字交叉的形状。

(a) 3×3 矩形腐蚀　　(b) 5×5 矩形腐蚀　　(c) 11×11 矩形腐蚀　　(d) 边界提取

图 7-2　二值图腐蚀

   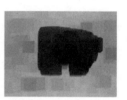

(a) 3×3 矩形腐蚀　　(b) 11×11 矩形腐蚀　　(c) 19×19 矩形腐蚀　　(d) 41×41 矩形腐蚀

图 7-3　灰度图腐蚀

7.2　膨胀

7.2.1　原理详解

与中值平滑和腐蚀操作类似，膨胀是取每一个位置邻域内的最大值，同样，邻域的形状由结构元决定。既然取邻域内的最大值，那么显然膨胀后的输出图像的总体亮度的平均值比起原图会有所上升，而图像中较亮物体的尺寸会变大；相反，较暗物体的尺寸会减小，甚至消失。图像 I 和结构元 S 的膨胀操作记为：

$$D = I \oplus S$$

7.2.2 Python 实现

OpenCV 提供的函数：

dilate(src, element[, dst[, anchor[, iterations[, borderType[, borderValue]]]]])

实现了膨胀操作，所有参数的设置与函数 erode 是一样的。下面改进 7.1.2 节中的腐蚀操作的代码，在程序中实现利用进度条调节结构元半径的操作，以便可以方便地对比观察结构元的尺寸对形态学处理的影响。具体代码如下：

```python
# -*- coding: utf-8 -*-
import sys
import cv2
#主函数
if __name__ =="__main__":
    if len(sys.argv) > 1:
        #读入图像
        I = cv2.imread(sys.argv[1],cv2.CV_LOAD_IMAGE_GRAYSCALE)
    else:
        print "Usge:python dilate.py imageFile"
    #显示原图
    cv2.imshow("I",I)
    #结构元半径
    r = 1
    MAX_R = 20
    #显示膨胀效果的窗口
    cv2.namedWindow("dilate",1)
    def nothing(*arg):
        pass
    #调节结构元半径
    cv2.createTrackbar("r","dilate",r,MAX_R,nothing)
    while True:
        #得到当前的r值
        r = cv2.getTrackbarPos('r', 'dilate')
        #创建结构元
        s = cv2.getStructuringElement(cv2.MORPH_ELLIPSE,(2*r+1,2*r+1))
```

```
        #膨胀图像
        d = cv2.dilate(I,s)
        #显示膨胀效果
        cv2.imshow("dilate",d)
        ch = cv2.waitKey(5)
        #按下Esc键退出循环
        if ch == 27:
            break
cv2.destroyAllWindows()
```

图 7-4 显示了对图 6-2 中的原图 b 使用不同尺寸的矩形结构元膨胀后的效果，显然随着结构元尺寸的增大，亮度较高区域的面积也随着增大，同样，效果中隐约出现了重叠的结构元形状，类似打上了白色的马赛克。

(a) 3×3 矩形膨胀　　(b) 11×11 矩形膨胀　　(c) 19×19 矩形膨胀　　(d) 41×41 矩形膨胀

图 7-4　灰度图膨胀

7.2.3　C++ 实现

至此，对图像的腐蚀和膨胀操作使用的都是方形的结构元，也就是在水平方向与垂直方向上腐蚀和膨胀的操作程度类似，其实也可以进行某一固定方向上的膨胀和腐蚀。下面创建某一固定方向上的矩形结构元来观察膨胀的效果，代码如下：

```cpp
#include<opencv2/core/core.hpp>
#include<opencv2/imgproc/imgproc.hpp>
#include<opencv2/highgui/highgui.hpp>
using namespace cv;
int r = 1;//结构元半径
int MAX_R = 20;//设置最大半径
Mat I;//输入图像
Mat D;//输出图像
```

```cpp
//回调函数,调节 r
void callBack(int, void *)
{
    //创建只有垂直方向的矩形结构元
    Mat s=getStructuringElement(MORPH_RECT,Size(1, 2 * r + 1));
    //膨胀操作
    dilate(I, D, s);
    //显示膨胀效果
    imshow("dilate", D);
}
int main(int argc, char*argv[])
{
    //输入图像
    I = imread(argv[1], CV_LOAD_IMAGE_GRAYSCALE);
    if (!I.data)
        return -1;
    //显示原图
    imshow("I", I);
    //创建显示膨胀效果的窗口
    namedWindow("dilate", WINDOW_AUTOSIZE);
    // 创建调节 r 的进度条
    createTrackbar("半径", "dilate", &r, MAX_R, callBack);
    callBack(0, 0);
    waitKey(0);
    return 0;
}
```

针对图 6-6 中采用 Otsu 阈值分割的第一幅图像,依次进行垂直方向上的 3×1、15×1、33×1、41×1 的矩形膨胀,效果如图 7-5 所示。显然,随着垂直方向上结构元尺寸的增大,在垂直方向上亮度高的区域越来越大,亮度低的区域越来越小,而在水平方向上亮度低的区域的长度并没有明显改变。

(a) 3×1 矩形膨胀　　(b) 15×1 矩形膨胀　　(c) 33×1 矩形膨胀　　(d) 41×1 矩形膨胀

图 7-5　二值图膨胀

7.3 开运算和闭运算

7.3.1 原理详解

腐蚀和膨胀是开运算和闭运算的基础。

1. 开运算

先腐蚀后膨胀的过程称为开运算,即

$$I \circ S = (I \ominus S) \oplus S$$

它具有消除亮度较高的细小区域、在纤细点处分离物体,对于较大物体,可以在不明显改变其面积的情况下平滑其边界等作用。

2. 闭运算

与开运算的操作相反,闭运算是对图像先膨胀后腐蚀,即

$$I \bullet S = (I \oplus S) \ominus S$$

它具有填充白色物体内细小黑色空洞的区域、连接临近物体、同一个结构元、多次迭代处理,也可以在不明显改变其面积的情况下平滑其边界等作用。

7.3.2 Python 实现

开运算和闭运算均是腐蚀和膨胀的组合,所以完全可以利用函数 erode 和 dilate 完成,方便的是 OpenCV 直接提供的函数:

```
morphologyEx(src, op, element[, dst[, anchor[, iterations[, borderType[, borderValue ]]]]])
```

实现了开运算和闭运算的操作,其参数解释如表 7-3 所示。

表 7-3　函数 morphologyEx 的参数说明

参数	解释
src	输入矩阵
op	形态学处理的各种运算，值设置选项如下： MORPH_OPEN：开运算 MORPH_CLOSE：闭运算 MORPH_GRADIENT：形态梯度 MORPH_TOPHAT：顶帽运算 MORPH_BLACKHAT：底帽运算
element	结构元
anchor	结构元的锚点
iterations	迭代次数

对于参数 op 的值的设置，这里暂时先使用开运算和闭运算；对于其他值的含义稍后再解释。对于 morphologyEx 的使用方法与 erode 和 dilate 类似，下面对 7.2.2 节中的膨胀操作的程序进行改进，在利用进度条调节结构元半径的同时，可以再加上调节迭代次数的进度条，这样可以同时调节两个参数来观察开运算或闭运算操作后的效果。具体代码如下：

```
# -*- coding: utf-8 -*-
import sys
import cv2
#主函数
if __name__ =="__main__":
    if len(sys.argv) > 1:
        #读入图像
        I = cv2.imread(sys.argv[1],cv2.CV_LOAD_IMAGE_GRAYSCALE)
    else:
        print "Usge:python morphologyEx.py imageFile"
    #显示原图
    cv2.imshow("I",I)
    #结构元半径，迭代次数
    r, i= 1,1
    MAX_R,MAX_I = 20,20
    #显示形态学处理效果的窗口
    cv2.namedWindow("morphology",1)
    def nothing(*arg):
```

```python
        pass
#调节结构元半径
cv2.createTrackbar("r","morphology",r,MAX_R,nothing)
#调节迭代次数
cv2.createTrackbar("i","morphology",i,MAX_I,nothing)
while True:
    #得到进度条上当前的r值
    r = cv2.getTrackbarPos('r', 'morphology')
    #得到进度条上当前的i值
    i = cv2.getTrackbarPos('i','morphology')
    #创建结构元
    s = cv2.getStructuringElement(cv2.MORPH_RECT,(2*r+1,2*r+1))
    #形态学处理
    d = cv2.morphologyEx(I,cv2.MORPH_OPEN,s,iterations=i)
    #显示效果
    cv2.imshow("morphology",d)
    #cv2.imwrite("open.jpg",d)
    ch = cv2.waitKey(5)
    #按下Esc键退出循环
    if ch == 27:
        break
cv2.destroyAllWindows()
```

图 7-6 显示了开运算对二值图处理的效果，使用 3×3 的矩形结构元，依次进行 1 次、5 次、21 次的开运算操作。从效果可以看出，经过 1 次迭代的开运算后，周围细小的亮度较高的区域被消除；经过连续 5 次和 21 次的开运算操作后，亮度较高的物体的面积并没有明显的改变，而物体的边界在局部内也变得平滑。显然，如果多次使用腐蚀操作，则会使亮度物体的面积逐渐变小甚至消失；而如果多次使用膨胀操作，则会使物体的面积逐渐增大。

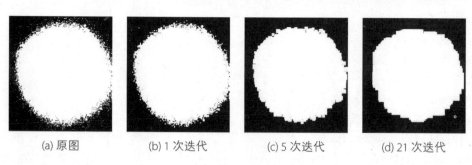

(a) 原图　　(b) 1 次迭代　　(c) 5 次迭代　　(d) 21 次迭代

图 7-6　二值图的开运算

对于开运算还有一个很重要的作用：消除暗背景下的较亮区域。以处理图 7-7（a）为例，目的是在不改变黑色台球面积的情况下，消除球上的白色环形区域。我们知道腐蚀操作可以消除白色区域，如图（d）所示是用 3×3 的矩形结构元 20 次腐蚀后的效果，虽然消除了白色环形区域，但是台球的面积也明显增大了。而开运算可以避免这种情况，同样使用 3×3 的矩形结构元，依次进行 12 次、20 次的开运算操作，从图（b）和图（c）可以看出在不改变台球面积的情况下消除了白色环形区域。

(a) 原图　　　　　(b) 12 次开运算　　　　(c) 20 次开运算　　　　(d) 20 次腐蚀

图 7-7　灰度图的开运算

对于闭运算的认识，通过处理图 7-8（a）进行理解，目的是去掉所有骰子上的黑色区域。我们同样知道膨胀操作可以消除黑色，所以对图（a）使用 3×3 的矩形结构元，进行连续 5 次的膨胀操作后得到图（d），的确消除了黑色的点，但是同时骰子的面积也增大了。而闭运算却恰恰避免了这一点，如图 7（b）和图（c）所示，同样使用 3×3 的矩形结构元，分别进行 5 次和 10 次的闭运算操作，不仅消除了黑色的点，而且并没有改变骰子的面积。

(a) 原图　　　　　(b) 5 次闭运算　　　　(c) 10 次闭运算　　　　(d) 5 次膨胀

图 7-8　灰度图的闭运算

7.4　其他形态学处理操作

7.4.1　顶帽变换和底帽变换

顶帽（Top-hat）变换和底帽（Bottom-hat）变换是分别以开运算和闭运算为基础的。

1. 顶帽变换

顶帽变换的定义是图像减去开运算结果,即

$$T_{\text{hat}}(I) = I - I \circ S$$

从图 7-7 可以看出,开运算可以消除暗背景下的较亮区域,那么如果用原图减去开运算结果就可以得到原图中灰度较亮的区域,所以又称白顶帽变换。它还有一个很重要的作用,就是校正不均匀光照。

2. 底帽变换

底帽变换的定义是图像减去闭运算结果,即

$$B_{\text{hat}}(I) = I \bullet S - I$$

从图 7-8 可以看出,闭运算可以删除亮度较高背景下的较暗区域,那么用原图减去闭运算结果就可以得到原图中灰度较暗的区域,所以又称黑底帽变换。

7.4.2 形态学梯度

形态学梯度的定义:

$$G = I \oplus S - I \ominus S$$

即膨胀结果减去腐蚀结果,因为膨胀是取邻域内的最大值,从而增大亮度高的区域的面积;而腐蚀是取邻域内的最小值,从而减小亮度高的区域的面积,所以 $G(r,c) \geq 0$,且得到的便是图像中物体的边界。这一点很像后面"边缘检测"一章中提到的边缘梯度。

7.4.3 C++ 实现

下面利用 OpenCV C++ API 提供的 getStructuringElement 和 morphologyEx 函数实现图像的顶帽和底帽处理,也利用两个进度条分别调节结构元半径和迭代次数,当然也可以增加进度条用来调节形态学算子的类型。具体代码如下:

```cpp
#include<opencv2/core/core.hpp>
#include<opencv2/highgui/highgui.hpp>
#include<opencv2/imgproc/imgproc.hpp>
using namespace cv;
//输入图像
Mat I;
//输出图像
Mat d;
//结构元
Mat element;
string window = "形态学处理";
//结构元半径
int r = 1;
int MAX_R = 20;
//迭代次数
int i = 1;
int MAX_I = 20;
//回调函数，调节 r 和 i
void callBack(int, void*)
{
    //创建结构元
    element = getStructuringElement(MORPH_RECT,Size(2*r+1,2*r+1));
    //形态学处理
    morphologyEx(I, d, MORPH_TOPHAT, element,Point(-1,-1),i);
    //显示形态学处理的效果
    imshow(window, d);
}
int main(int argc, char*argv[])
{
    //输入图像
    I = imread(argv[1], CV_LOAD_IMAGE_GRAYSCALE);
    if (!I.data)
        return 0;
    //显示原图
    imshow("原图", I);
    //创建显示形态学处理效果的窗口
```

```
    namedWindow(window, 1);
    //创建调节 r 的进度条
    createTrackbar("半径", window, &r, MAX_R, callBack);
    //创建调节 i 的进度条
    createTrackbar("迭代次数", window, &i, MAX_I, callBack);
    callBack(0, 0);
    waitKey(0);
    return 0;
}
```

图 7-9（a）是对图 7-7（a）使用 3×3 的矩形结构元进行 12 次顶帽运算的结果，显然得到了原图亮度较高的区域，即黑色台球上的白色环形区域。图 7-9（b）是对图 7-8（a）使用 3×3 的矩形结构元进行 10 次底帽运算的结果，得到了原图亮度较低的区域，其中标注的位置是对的，但是原图骰子上的点是黑色的，简单地做一个反色效果即可得到图（c）。图 7-9（d）是对图 6-2 中的原图 a 利用形态学梯度操作后的效果，显然得到了图像中物体的边缘。

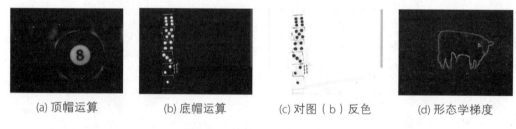

(a) 顶帽运算　　　(b) 底帽运算　　　(c) 对图（b）反色　　　(d) 形态学梯度

图 7-9　其他的形态学处理

图 7-9（d）显示了利用形态学梯度的方法所提取的目标物体的边缘，下一章将详细介绍其他的边缘检测方法。

8 边缘检测

图像的边缘指的是灰度值发生急剧变化的位置。神经学和心理学的研究都表明,图像中突变的位置对图像感知很重要,甚至有的时候只考虑图像的边缘就可以理解图像的内容。对于边缘,在某种程度上它不随光照和视角的变化而变化。

边缘检测的目的是制作一个线图,在不会损害理解图像内容的情况下,同时又大大减少图像的数据量,提供了对图像数据的合适概述。比如素描画家、石雕艺术家等就能完成这种概述,如图 8-1 所示。

(a) 原图　　　　　(b) 边缘　　　　　(c) 浮雕　　　　　(d) 铅笔素描

图 8-1　图像数据的概述

在图像形成过程中,由于亮度、纹理、颜色、阴影等物理因素的不同而导致图像灰度值发生突变,从而形成边缘。边缘是通过检查每个像素的邻域并对其灰度变化进行量化的,这种灰度变化的量化相当于微积分里连续函数中方向导数或者离散数列的差分。

边缘检测大多数是通过基于方向导数掩码(梯度方向导数)求卷积的方法。首先介绍最简单的计算灰度变化的卷积算子——Roberts 算子。

8.1 Roberts 算子

8.1.1 原理详解

Roberts 边缘检测[1] 是图像矩阵与以下两个卷积核：

$$\text{Roberts}_{135} = \begin{pmatrix} 1 & 0 \\ 0 & -1 \end{pmatrix}, \quad \text{Roberts}_{45} = \begin{pmatrix} 0 & 1 \\ -1 & 0 \end{pmatrix}$$

分别做卷积。注意，为了方便，这里把锚点的位置标注在了卷积核上，这是不合适的，应该标注在卷积核逆时针翻转 180° 的结果上。这里标注的地方只是一个位置说明，即 Roberts_{135} 翻转 180° 后，锚点的位置在第 0 行第 0 列，Roberts_{45} 翻转 180° 后，锚点的位置在第 0 行第 1 列。

与 Roberts 核卷积，本质上是两个对角方向上的差分，与 Roberts_{135} 卷积后的结果取绝对值，反映的是 45° 方向上的灰度变化率；而与 Roberts_{135} 卷积后的结果取绝对值，反映的是 135° 方向上的灰度变化率，利用变化率对边缘强度进行数字衡量。值得注意的是，可以对 Roberts 算子进行改进，比如：

$$\text{Roberts}_x = \begin{pmatrix} 1 & -1 \end{pmatrix}, \quad \text{Roberts}_y = \begin{pmatrix} 1 \\ -1 \end{pmatrix}$$

反映的是在垂直方向和水平方向上的边缘。

大多数边缘检测算子是基于方向差分卷积核求卷积的方法，在使用由两个或者多个卷积核组成的边缘检测算子时，假设有 n 个卷积核，记 cov_1、cov_2、$\cdots$、cov_n 为图像分别与各卷积核做卷积后的结果，通常有四种方式来衡量最后输出的边缘强度。

（1）取对应位置绝对值的和：$\sum_{i=1}^{n} |\text{cov}_i|$。

（2）取对应位置平方和的开方：$\sqrt{\sum_{i=1}^{n} \text{cov}_i^2}$。

（3）取对应位置绝对值的最大值：$\max\{|\text{cov}_1|, |\text{cov}_2|, \cdots, |\text{cov}_n|\}$。

（4）插值法：$\sum_{i=1}^{n} a_i |\text{cov}_i|$，其中 $a_i >= 0$，且 $\sum_{i=1}^{n} a_i = 1$。

其中取绝对值的最大值的方式，对边缘的走向有些敏感，而其他几种方式可以获得性能更一致的全方位响应。当然，取平方和的开方的方式效果一般是最好的，但是同时会更加耗时。

8.1.2 Python 实现

对于图像的 Roberts 边缘检测，利用函数 convolve2d 实现图像矩阵分别与两个 Roberts 核的卷积，因为这两个核的宽、高均为偶数，在"图像平滑"一章中已经详细阐述，在这种情况下，该函数的 same 卷积默认的锚点位置在最右下角 (1,1)，而 **Roberts**$_{135}$ 的锚点位置在 (0,0)，**Roberts**$_{45}$ 的锚点位置在 (0,1)，所以需要先计算 full 卷积，然后根据锚点的位置截取 full 卷积，从而得到 same 卷积。代码如下：

```
def roberts(I,_boundary='fill',_fillvalue=0):
    #图像的高、宽
    H1,W1=I.shape[0:2]
    #卷积核的尺寸
    H2,W2=2,2
    #卷积核 1 及锚点的位置
    R1 = np.array([[1,0],[0,-1]],np.float32)
    kr1,kc1=0,0
    #计算 full 卷积
    IconR1 = signal.convolve2d(I,R1,mode='full',boundary = _boundary,fillvalue=
    _fillvalue)
    IconR1=IconR1[H2-kr1-1:H1+H2-kr1-1,W2-kc1-1:W1+W2-kc1-1]
    #卷积核2
    R2 = np.array([[0,1],[-1,0]],np.float32)
    #先计算 full 卷积
    IconR2 = signal.convolve2d(I,R2,mode='full',boundary = _boundary,fillvalue=
    _fillvalue)
    #锚点的位置
    kr2,kc2 = 0,1
    #根据锚点的位置截取 full 卷积，从而得到 same 卷积
    IconR2=IconR2[H2-kr2-1:H1+H2-kr2-1,W2-kc2-1:W1+W2-kc2-1]
    return (IconR1,IconR2)
```

返回结果是由两个 ndarray 组成的二元元组，指图像矩阵与两个核分别进行 same 卷积的结果。那么如何将两个卷积结果进行灰度级显示？在进行灰度级显示的过程中，一定要区分边缘强度和边缘强度的灰度级显示的区别，如果输入的是 8 位图，那么与 Roberts 算子卷积的结果取绝对值衡量的就是边缘强度，其中每一个元素值均不会大于 255，所以只需要转换为 numpy.uint8 数据类型即可进行边缘强度的灰度级显示了。主函数的代码如下：

```python
if __name__ =="__main__":
    if len(sys.argv)>1:
        image = cv2.imread(sys.argv[1],cv2.CV_LOAD_IMAGE_GRAYSCALE)
    else:
        print "Usge:python roberts.py imageFile"
    #显示原图
    cv2.imshow("image",image)
    #卷积,注意边界扩充一般采用symm
    IconR1,IconR2 = roberts(image,'symm')
    # 45°方向上的边缘强度的灰度级显示
    IconR1 = np.abs(IconR1)
    edge_45 = IconR1.astype(np.uint8)
    cv2.imshow("edge_45",edge_45)
    # 135°方向上的边缘强度
    IconR2 = np.abs(IconR2)
    edge_135 = IconR2.astype(np.uint8)
    cv2.imshow("edge_45",edge_135)
    #用平方和的开方来衡量最后输出的边缘
    edge = np.sqrt(np.power(IconR1,2.0) + np.power(IconR2,2.0))
    edge = np.round(edge)
    edge[edge>255] = 255
    edge = edge.astype(np.uint8)
    #显示边缘
    cv2.imshow("edge",edge)
    cv2.waitKey(0)
    cv2.destroyAllWindows()
```

图 8-2 显示了对图(a)进行 Roberts 边缘检测后的效果,其中图(b)显示的是图像与 **Roberts**$_{45}$ 卷积后取绝对值的灰度级显示,图(c)显示的是图像与 **Roberts**$_{135}$ 卷积后取绝对值的灰度级显示效果,图(d)显示的是两个卷积结果平方和开方后的灰度级显示效果。通过得到的边缘图可以发现,单个卷积核衡量的边缘强度会凸显固定方向上的边缘,缺点是会造成其他方向上的一些边缘不明显甚至无法显示,如图(b)和图(c)所示,而且差分方向和最终得到的主要的边缘方向是垂直的。以说明图(b)为例,它是由图像与 **Roberts**$_{45}$ 卷积后衡量出来的,显然在 135°方向上检测到的边缘要比 45°方向上的边缘更明显,通过平方和开方的方式输出的边缘图综合了两个方向上的边缘强度响应。

(a) 原图　　　　　(b) 135° 方向边缘　　　　(c) 45° 方向边缘　　　　(d) 边缘图

图 8-2　Roberts 边缘检测效果

8.1.3　C++ 实现

与 Python 实现类似，通过定义函数 roberts 实现图像与 Roberts 核的卷积，其中会用到"图像平滑"一章中实现的卷积函数 conv2D，当 $x \neq 0, y = 0$ 时，计算的是图像矩阵与 $\mathbf{Roberts}_{135}$ 核的卷积；当 $x = 0, y \neq 0$ 时，计算的是图像矩阵与 $\mathbf{Roberts}_{45}$ 核的卷积。具体代码如下：

```cpp
void roberts(InputArray src, OutputArray dst, int ddepth, int x=1, int y = 0,
int borderType = BORDER_DEFAULT)
{
    CV_Assert(!(x == 0 && y == 0));
    Mat roberts_1 = (Mat_<float>(2, 2) << 1, 0, 0, -1);
    Mat roberts_2 = (Mat_<float>(2, 2) << 0, 1, -1, 0);
    //当 x 不等于零时，src 和 roberts_1 卷积
    if (x != 0 && y==0)
    {
        conv2D(src,roberts_1,dst,ddepth,Point(0, 0),borderType);
    }
    //当 y 不等于零时，src 和 roberts_2 卷积
    if (y != 0 && x==0)
    {
        conv2D(src,roberts_2,dst,ddepth,Point(1, 0),borderType);
    }
}
```

利用该函数实现进行 Roberts 边缘检测的主函数，其中同样显示了固定方向上的边缘和采用平方和开方的方式得到的综合边缘。代码如下：

```cpp
int main(int argc, char*argv[])
{
    /*第一步：输入灰度图像矩阵*/
    Mat image = imread(argv[1], CV_LOAD_IMAGE_GRAYSCALE);
    if (!image.data)
    {
        cout << "没有图片" << endl;
        return -1;
    }
    /*第二步： roberts 卷积*/
    //图像矩阵和 roberts_1 卷积核卷积
    Mat img_roberts_1;
    roberts(image, img_roberts_1, CV_32FC1, 1, 0);
    //图像矩阵和 roberts_2 卷积核卷积
    Mat img_roberts_2;
    roberts(image, img_roberts_2, CV_32FC1, 0, 1);
    //两个卷积结果的灰度级显示
    Mat abs_img_roberts_1, abs_img_roberts_2;
    convertScaleAbs(img_roberts_1, abs_img_roberts_1, 1, 0);
    convertScaleAbs(img_roberts_2, abs_img_roberts_2, 1, 0);
    imshow(" 135 ° 方向上的边缘", abs_img_roberts_1);
    imshow(" 45 ° 方向上的边缘", abs_img_roberts_2);
    /*第三步：通过第二步得到的两个卷积结果，求出最终的边缘强度*/
    //这里采用平方根的方式
    Mat img_roberts_1_2, img_roberts_2_2;
    pow(img_roberts_1, 2.0, img_roberts_1_2);
    pow(img_roberts_2, 2.0, img_roberts_2_2);
    sqrt(img_roberts_1_2 + img_roberts_2_2, edge);
    //数据类型转换，边缘强度的灰度级显示
    edge.convertTo(edge, CV_8UC1);
    imshow("边缘强度", edge);
    waitKey(0);
    return 0;
}
```

Roberts 边缘检测因为使用了很少的邻域像素来近似边缘强度，因此对图像中的噪声具有高度敏感性。前面在"图像平滑"一章中介绍了多种去除噪声的方法，因此想到的方法是先对图像进行平滑处理，然后再进行 Roberts 边缘检测。下面介绍几种具有平滑作用的边缘提取卷积核。

8.2 Prewitt 边缘检测

8.2.1 Prewitt 算子及分离性

标准的 Prewitt 边缘检测算子[2]由以下两个卷积核：

$$\mathbf{prewitt}_x = \begin{pmatrix} 1 & 0 & -1 \\ 1 & 0 & -1 \\ 1 & 0 & -1 \end{pmatrix}, \quad \mathbf{prewitt}_y = \begin{pmatrix} 1 & 1 & 1 \\ 0 & 0 & 0 \\ -1 & -1 & -1 \end{pmatrix}$$

组成。图像与 $\mathbf{prewitt}_x$ 卷积后可以反映图像垂直方向上的边缘，与 $\mathbf{prewitt}_y$ 卷积后可以反映图像水平方向上的边缘。而且，这两个卷积核均是可分离的，其中

$$\mathbf{prewitt}_x = \begin{pmatrix} 1 \\ 1 \\ 1 \end{pmatrix} \star \begin{pmatrix} 1 & 0 & -1 \end{pmatrix}, \quad \mathbf{prewitt}_y = \begin{pmatrix} 1 & 1 & 1 \end{pmatrix} \star \begin{pmatrix} 1 \\ 0 \\ -1 \end{pmatrix}$$

从分离的结果可以看出，$\mathbf{prewitt}_x$ 算子实际上先对图像进行垂直方向上的非归一化的均值平滑，然后进行水平方向上的差分；而 $\mathbf{prewitt}_y$ 算子实际上先对图像进行水平方向上的非归一化的均值平滑，然后进行垂直方向上的差分。

由于对图像进行了平滑处理，所以对噪声较多的图像进行 Prewitt 边缘检测得到的边缘比 Roberts 要好。可以对标准的 Prewitt 算子进行改进，比如：

$$\mathbf{prewitt}_{135} = \begin{pmatrix} 1 & 1 & 0 \\ 1 & 0 & -1 \\ 0 & -1 & -1 \end{pmatrix}, \quad \mathbf{prewitt}_{45} = \begin{pmatrix} 0 & 1 & 1 \\ -1 & 0 & 1 \\ -1 & -1 & 0 \end{pmatrix}$$

反映的是在 45° 和 135° 方向上的边缘。遗憾的是，这两个卷积核是不可分离的。下面介绍标准的 Prewitt 边缘检测的代码实现。

8.2.2 Python 实现

因为 Prewitt 算子均是可分离的,所以为了减少耗时,在代码实现中,利用卷积运算的结合律先进行水平方向上的平滑,再进行垂直方向上的差分,或者先进行垂直方向上的平滑,再进行水平方向上的差分。代码如下:

```
def prewitt(I,_boundary='symm',):
    # prewitt_x 是可分离的,根据卷积运算的结合律,分两次小卷积核运算
    # 1: 垂直方向上的均值平滑
    ones_y = np.array([[1],[1],[1]],np.float32)
    i_conv_pre_x = signal.convolve2d(I,ones_y,mode='same',boundary = _boundary)
    # 2: 水平方向上的差分
    diff_x = np.array([[1,0,-1]],np.float32)
    i_conv_pre_x = signal.convolve2d(i_conv_pre_x,diff_x,mode='same',boundary =
     _boundary)
    # prewitt_y 是可分离的,根据卷积运算的结合律,分两次小卷积核运算
    # 1: 水平方向上的均值平滑
    ones_x = np.array([[1,1,1]],np.float32)
    i_conv_pre_y = signal.convolve2d(I,ones_x,mode='same',boundary = _boundary)
    # 2: 垂直方向上的差分
    diff_y = np.array([[1],[0],[-1]],np.float32)
    i_conv_pre_y = signal.convolve2d(i_conv_pre_y,diff_y,mode='same',boundary =
     _boundary)
    return (i_conv_pre_x,i_conv_pre_y)
```

通过以上定义的 prewitt 函数实现 Prewitt 边缘检测。需要注意的是,与 Roberts 边缘检测不同,图像与 Prewitt 算子的卷积结果取绝对值是有可能大于 255 的,那么将这些值进行灰度级显示时,直接截断为 255 即可。还要注意区分边缘强度和边缘强度的灰度级显示。具体实现代码如下:

```
if __name__ =="__main__":
    if len(sys.argv)>1:
        image = cv2.imread(sys.argv[1],cv2.CV_LOAD_IMAGE_GRAYSCALE)
    else:
        print "Usge:python prewitt.py imageFile"
    #图像矩阵和两个 Prewitt 算子的卷积
    i_conv_pre_x,i_conv_pre_y = prewitt(image)
```

```python
#取绝对值,分别得到水平方向和垂直方向上的边缘强度
abs_i_conv_pre_x = np.abs(i_conv_pre_x)
abs_i_conv_pre_y = np.abs(i_conv_pre_y)
#水平方向和垂直方向上的边缘强度的灰度级显示
edge_x = abs_i_conv_pre_x.copy()
edge_y = abs_i_conv_pre_y.copy()
#将大于 255 的值截断为 255
edge_x[edge_x>255]=255
edge_y[edge_y>255]=255
#数据类型转换
edge_x = edge_x.astype(np.uint8)
edge_y = edge_y.astype(np.uint8)
cv2.imshow("edge_x",edge_x)
cv2.imshow("edge_y",edge_y)
#利用 abs_i_conv_pre_x 和 abs_i_conv_pre_y 求最终的边缘强度
#求边缘强度, 有多种方式, 这里使用的是插值法
edge = 0.5*abs_i_conv_pre_x + 0.5*abs_i_conv_pre_y
#边缘强度的灰度级显示
edge[edge>255]=255
edge = edge.astype(np.uint8)
cv2.imshow('edge',edge)
cv2.waitKey(0)
cv2.destroyAllWindows()
```

图 8-3 显示了对图（a）进行 Prewitt 边缘检测的效果, 其中图（b）显示的是图像与 **prewitt**$_x$ 卷积后取绝对值的灰度级显示效果。图（c）显示的是图像与 **prewitt**$_y$ 卷积后取绝对值的灰度级显示效果, 图（d）显示的是两个卷积结果平方和开方后的灰度级显示效果, 显然图（d）综合了图（b）和图（c）两个方向上的边缘, 较完整地呈现出整个目标的轮廓。

(a) 原图　　　　　　(b) 垂直边缘　　　　　(c) 水平边缘　　　　　(d) 边缘强度

图 8-3　Prewitt 边缘检测效果

从 Roberts 和 Prewitt 边缘检测的效果图可以清晰地理解差分方向（或称梯度方向）与得到的边缘方向是垂直的，如水平差分方向上的卷积反映的是垂直方向上的边缘。

8.2.3　C++ 实现

与 Roberts 边缘检测类似，通过定义函数 prewitt 实现图像矩阵与两个 Prewitt 算子的卷积，其参数解释请参考函数 roberts。不同的是，因为 Prewitt 算子是可分离的，为了减少运算量，使用"图像平滑"一章中提到的两个计算分离卷积的函数：sepCon2D_Y_X 和 sepConv2D_X_Y。代码如下：

```cpp
void prewitt(InputArray src,OutputArray dst, int ddepth,int x, int y = 0, int borderType = BORDER_DEFAULT)
{
    CV_Assert(!(x == 0 && y == 0));
    //如果 x 不等于零, src 和 prewitt_x 卷积核进行卷积运算
    if (x != 0 && y==0)
    {
        //可分离的 prewitt_x 卷积核
        Mat prewitt_x_y = (Mat_<float>(3, 1) << 1, 1, 1);
        Mat prewitt_x_x = (Mat_<float>(1, 3) << 1, 0, -1);
        //可分离的离散的二维卷积
        sepConv2D_Y_X(src, dst, ddepth, prewitt_x_y, prewitt_x_x, Point(-1, -1)
            , borderType);
    }
    //如果 x 等于零且y不等于零, src 和 prewitt_y 卷积核进行卷积运算
    if (y != 0 && x==0)
    {
        //可分离的 prewitt_y 卷积核
        Mat prewitt_y_x = (Mat_<float>(1, 3) << 1, 1, 1);
        Mat prewitt_y_y = (Mat_<float>(3, 1) << 1, 0, -1);
        //可分离的离散的二维卷积
        sepConv2D_X_Y(src, dst, ddepth, prewitt_y_x, prewitt_y_y, Point(-1, -1)
            , borderType);
    }
}
```

利用以上定义的函数,对图像进行 Prewitt 边缘检测,在主函数中同样显示了单个卷积核对图像边缘的衡量,而最后的边缘强度使用的是平方和开方的方式进行衡量的。具体代码如下:

```
int main(int argc, char*argv[])
{
    /*第一步:输入图像矩阵(灰度图)*/
    Mat image = imread(argv[1], CV_LOAD_IMAGE_GRAYSCALE);
    if (!image.data)
    {
        cout << "没有图片" << endl;
        return -1;
    }
    /*第二步: prewitt 卷积*/
    //图像矩阵和 prewitt_x 卷积核卷积
    Mat img_prewitt_x;
    prewitt(image, img_prewitt_x,CV_32FC1,1, 0);
    //图像矩阵与 prewitt_y 卷积核卷积
    Mat img_prewitt_y;
    prewitt(image, img_prewitt_y, CV_32FC1, 0, 1);
    /* 第三步:水平方向和垂直方向上的边缘强度 */
    //数据类型转换,边缘强度的灰度级显示
    Mat abs_img_prewitt_x, abs_img_prewitt_y;
    convertScaleAbs(img_prewitt_x, abs_img_prewitt_x, 1, 0);
    convertScaleAbs(img_prewitt_y, abs_img_prewitt_y, 1, 0);
    imshow("垂直方向的边缘", abs_img_prewitt_x);
    imshow("水平方向的边缘", abs_img_prewitt_y);
    /*第四步:通过第三步得到的两个方向上的边缘强度,求出最终的边缘强度*/
    //这里采用平方根的方式
    Mat img_prewitt_x2, image_prewitt_y2;
    pow(img_prewitt_x,2.0,img_prewitt_x2);
    pow(img_prewitt_y,2.0,image_prewitt_y2);
    sqrt(img_prewitt_x2 + image_prewitt_y2, edge);
    //数据类型转换,边缘强度的灰度级显示
    edge.convertTo(edge, CV_8UC1);
    imshow("边缘强度",edge);
    waitKey(0);
```

```
    return 0;
}
```

对于主函数中用到的函数 convertScaleAbs，前面已经提到过，这里再次强调一下，数据类型转换成 CV_8U 类型时，对于大于 255 的值会自动截断为 255。

在图像的平滑处理中，高斯平滑的效果往往比均值平滑要好，因此把 Prewitt 算子的非归一化的均值卷积核替换成非归一化的高斯卷积核，就可以构建 3 阶的 Sobel 边缘检测算子。

8.3 Sobel 边缘检测

8.3.1 Sobel 算子及分离性

回忆一下"图像平滑"一章中的高斯卷积算子的二项式近似，对于二项式展开式的系数，可以作为非归一化的高斯平滑算子，利用 $n=2$ 时展开式的系数，把 Prewitt 算子中的非归一化的均值平滑算子换成该系数，即得到 3 阶的 Sobel 边缘检测算子[4]：

$$\text{sobel}_x = \begin{pmatrix} 1 \\ 2 \\ 1 \end{pmatrix} \star \begin{pmatrix} 1 & 0 & -1 \end{pmatrix} = \begin{pmatrix} 1 & 0 & -1 \\ 2 & 0 & -2 \\ 1 & 0 & -1 \end{pmatrix}$$

$$\text{sobel}_y = \begin{pmatrix} 1 & 2 & 1 \end{pmatrix} \star \begin{pmatrix} 1 \\ 0 \\ -1 \end{pmatrix} = \begin{pmatrix} 1 & 2 & 1 \\ 0 & 0 & 0 \\ -1 & -2 & -1 \end{pmatrix}$$

显然，3×3 的 Sobel 算子是可分离的，它是 Sobel 算子的标准形式，可以利用二项式展开式的系数构建窗口更大的 Sobel 算子，如 5×5、7×7 等，窗口大小为奇数。

8.3.2 构建高阶的 Sobel 算子

Sobel 算子是在一个坐标轴方向上进行非归一化的高斯平滑，在另一个坐标轴方向上进行差分处理。$n\times n$ 的 Sobel 算子是由平滑算子和差分算子 full 卷积而得到的，其中 n 为奇数。对于窗口大小为 n 的非归一化的高斯平滑算子等于 $n-1$ 阶的二项式展开式的系数，那么问题只剩下怎么构建窗口大小为 n 的差分算子？窗口大小为 n 的差分算子是在 $n-2$ 阶的二项式展开式的系数两侧补零，然后后向差分得到的。举例：构建 5 阶的非归一化的高斯平滑算子，取二项式的指数 $n=4$，然后计算展开式的系数，即：

| 1 | 4 | 6 | 4 | 1 |

而对于构建 5 阶的差分算子，令二项式的指数 $n = 5 - 2 = 3$，然后计算展开式的系数，即：

| 1 | 3 | 3 | 1 |

两侧补零，接着后向差分，即：

差分后的结果是：

| 1 | 2 | 0 | -2 | -1 |

该结果即为 5 阶的差分算子，然后和 5 阶的平滑算子 full 卷积，即可得到 5×5 的 Sobel。Sobel 平滑算子和差分算子总结如表 8-1 所示。

表 8-1　Sobel 平滑算子和差分算子总结

n	窗口大小	平滑算子（二项式展开式的系数）	差分算子
1	2	1　1	1　-1
2	3	1　2　1	1　0　-1
3	4	1　3　3　1	1　1　-1　-1
4	5	1　4　6　4　1	1　2　0　-2　-1

表 8-1 中的"平滑算子"一列其实就是帕斯卡三角形。Sobel 边缘检测算子是通过表 8-1 中窗口大小为 k（k 为奇数，即表 8-1 中灰色的行）的平滑算子和差分算子与图像卷积而得到的。显然，高阶的 Sobel 边缘检测算子是可分离的。

8.3.3　Python 实现

对于 Sobel 边缘检测，通过定义函数 pascalSmooth 返回 n 阶的非归一化的高斯平滑算子，即指数为 $n - 1$ 的二项式展开式的系数，其中对于阶乘的实现，利用 Python 的函数包 math 中的 factorial，其参数 n 为奇数。代码如下：

```python
def pascalSmooth(n):
    pascalSmooth = np.zeros([1,n],np.float32)
    for i in range(n):
        pascalSmooth[0][i] = math.factorial(n -1)/(math.factorial(i)*math.factorial(n-1-i))
    return pascalSmooth
```

通过定义函数 pascalDiff 返回 n 阶的差分算子。代码如下:

```python
def pascalDiff(n):
    pascalDiff = np.zeros([1,n],np.float32)
    pascalSmooth_previous = pascalSmooth(n-1)
    for i in range(n):
        if i ==0:
            #恒等于 1
            pascalDiff[0][i] = pascalSmooth_previous[0][i]
        elif i == n-1:
            #恒等于 -1
            pascalDiff[0][i] = -pascalSmooth_previous[0][i-1]
        else:
            pascalDiff[0][i] = pascalSmooth_previous[0][i] - pascalSmooth_previous[0][i-1]
    return pascalDiff
```

pascalSmooth 返回的平滑算子和 pascalDiff 返回的差分算子进行 full 卷积，就可以得到完整的水平方向和垂直方向上的 $n \times n$ 的 Sobel 算子。注意，真正在进行 Sobel 卷积时，这一步是多余的，直接通过卷积的分离性就可以完成 Sobel 卷积，这里只是为了得到完整的 Sobel 核，通过定义函数 getSobelKernel 来实现，返回值包括水平方向和垂直方向上的 Sobel 核。代码如下:

```python
def getSobelKernel(n):
    pascalSmoothKernel = pascalSmooth(n)
    pascalDiffKernel = pascalDiff(n)
    #水平方向上的卷积核
    sobelKernel_x = signal.convolve2d(pascalSmoothKernel.transpose(),
        pascalDiffKernel,mode='full')
```

```
#垂直方向上的卷积核
sobelKernel_y = signal.convolve2d(pascalSmoothKernel,pascalDiffKernel.
transpose(),mode='full')
return (sobelKernel_x,sobelKernel_y)
```

构建了 Sobel 平滑算子和差分算子后,通过这两个算子来完成图像矩阵与 Sobel 算子的 same 卷积,定义函数 sobel 实现该功能。实现的主要过程为:图像矩阵先与垂直方向上的平滑算子卷积得到的卷积结果,再与水平方向上的差分算子卷积,这样就得到了图像矩阵与 $sobel_x$ 核的卷积。与该过程类似,图像矩阵先与水平方向上的平滑算子卷积得到的卷积结果,再与垂直方向上的差分算子卷积。这样就得到了图像矩阵与 $sobel_y$ 核的卷积。在下面的实现中同时返回了这两个卷积结果。代码如下:

```
def sobel(image,n):
    rows,cols = image.shape
    #得到平滑算子
    pascalSmoothKernel = pascalSmooth(n)
    #得到差分算子
    pascalDiffKernel = pascalDiff(n)
    # --- 与水平方向上的 Sobel 核的卷积 ----
    #先进行垂直方向上的平滑
    image_sobel_x = signal.convolve2d(image,pascalSmoothKernel.transpose(),mode
    ='same')
    #再进行水平方向上的差分
    image_sobel_x = signal.convolve2d(image_sobel_x,pascalDiffKernel,mode='same
    ')
    # --- 与垂直方向上的卷积核卷积 ---
    #先进行水平方向上的平滑
    image_sobel_y = signal.convolve2d(image,pascalSmoothKernel,mode='same')
    #再进行垂直方向上的差分
    image_sobel_y = signal.convolve2d(image_sobel_y,pascalDiffKernel.transpose
    (),mode='same')
    return (image_sobel_x,image_sobel_y)
```

利用以上定义的函数完成 Sobel 边缘检测的主函数和 Prewitt 边缘检测的主函数类似,这里就不再赘述了。图 8-4(a)、(b)、(c)、(d)显示了 3 阶 Sobel 边缘检测的效果,将边缘强度大于 255 的值直接截断为 255,这样得到的边缘有可能不够平滑,下面就通过另一种方式,对所得到的边缘强度进行直方图正规化处理或者归一化处理。对边缘强度进行归一化处理得到边缘强度的灰度级显示,如图 8-4(e)所示,如果得到的对比度较低,还可以通过伽马变换进行对比度增强,如图 8-4(f)所示。具体代码如下:

```python
if __name__ =="__main__":
    if len(sys.argv)>1:
        image = cv2.imread(sys.argv[1],cv2.IMREAD_GRAYSCALE)
    else:
        print "Usge:python Sobel.py imageFile"
    #卷积
    image_sobel_x,image_sobel_y = sobel(image,7)
    #平方和开方的方式
    edge = np.sqrt(np.power(image_sobel_x,2.0) + np.power(image_sobel_y,2.0))
    #边缘强度的灰度级显示
    edge =edge/np.max(edge)
    edge = np.power(edge,1)
    edge*=255
    edge = edge.astype(np.uint8)
    cv2.imshow("sobel edge",edge)
    cv2.imwrite("sobel.jpg",edge)
    cv2.waitKey(0)
    cv2.destroyAllWindows()
```

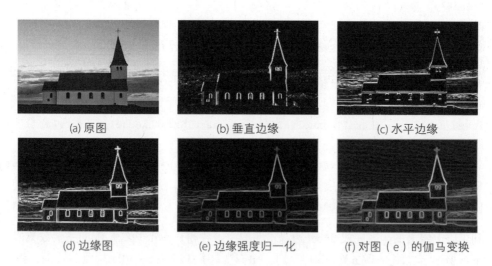

(a) 原图   (b) 垂直边缘   (c) 水平边缘

(d) 边缘图   (e) 边缘强度归一化   (f) 对图(e)的伽马变换

图 8-4 Sobel 边缘检测效果(Python 实现)

8.3.4　C++ 实现

Sobel 边缘检测的 C++ 实现的步骤与 Python 实现一样，首先通过定义函数 factorial 来实现阶乘。代码如下：

```cpp
int factorial(int n)
{
    int fac = 1;
    // 0 的阶乘等于 1
    if (n == 0)
        return fac;
    for (int i = 1; i <= n; i++)
        fac *= i;
    return fac;
}
```

通过定义函数 getPascalSmooth 得到平滑算子。代码如下：

```cpp
Mat getPascalSmooth(int n)
{
    Mat pascalSmooth = Mat::zeros(Size(n, 1), CV_32FC1);
    for (int i = 0; i < n; i++)
        pascalSmooth.at<float>(0, i) = factorial(n - 1) / (factorial(i) *
            factorial(n - 1 - i));
    return pascalSmooth;
}
```

通过定义函数 getPascalDiff 得到差分算子。代码如下：

```cpp
Mat getPascalDiff(int n)
{
    Mat pascalDiff = Mat::zeros(Size(n, 1), CV_32FC1);
    Mat pascalSmooth_previous = getPascalSmooth(n - 1);
    for (int i = 0; i<n; i++)
    {
        if (i == 0)
            pascalDiff.at<float>(0, i) = 1;
        else if (i == n - 1)
            pascalDiff.at<float>(0, i) = -1;
```

```cpp
        else
            pascalDiff.at<float>(0, i) = pascalSmooth_previous.at<float>(0, i)
            - pascalSmooth_previous.at<float>(0, i - 1);
    }
    return pascalDiff;
}
```

通过定义函数 sobel 完成图像矩阵与 Sobel 核的卷积，其中当参数 x_flag!=0 时，返回图像矩阵与 **sobel**$_x$ 核的卷积；而当 x_flag=0 且 y_flag!=0 时，返回图像矩阵与 **sobel**$_y$ 核的卷积。具体代码如下：

```cpp
Mat sobel(Mat image, int x_flag, int y_flag, int winSize, int borderType)
{
    // sobel 卷积核的窗口大小为大于 3 的奇数
    CV_Assert(winSize >= 3 && winSize % 2 == 1);
    //平滑系数
    Mat pascalSmooth = getPascalSmooth(winSize);
    //差分系数
    Mat pascalDiff = getPascalDiff(winSize);
    Mat image_con_sobel;
    /* 当 x_falg != 0 时，返回图像与水平方向上的 Sobel 核的卷积*/
    if (x_flag != 0)
    {
        //根据可分离卷积核的性质
        //先进行一维垂直方向上的平滑，再进行一维水平方向上的差分
        sepConv2D_Y_X(image, image_con_sobel, CV_32FC1, pascalSmooth.t(),
        pascalDiff, Point(-1, -1), borderType);
    }
    /* 当 x_falg == 0 且 y_flag != 0 时，返回图像与垂直方向上的 Sobel 核的卷积
    */
    if (x_flag == 0 && y_flag != 0)
    {
        //根据可分离卷积核的性质
        //先进行一维水平方向上的平滑，再进行一维垂直方向上的差分
        sepConv2D_X_Y(image, image_con_sobel, CV_32FC1, pascalSmooth,
        pascalDiff.t(), Point(-1, -1), borderType);
    }
```

```
    return image_con_sobel;
}
```

图 8-5 显示了对图（a）使用不同尺寸的 Sobel 核的边缘检测效果，显然使用高阶的 Sobel 核得到的边缘信息比低阶的更加丰富。还有一个有趣的应用，就是对边缘检测的结果进行反色处理会呈现出铅笔素描的效果，如图（d）所示。

(a) 原图　　　(b) 3 阶 Sobel 边缘检测　　　(c) 5 阶 Sobel 边缘检测　　　(d) 铅笔素描图

图 8-5　Sobel 边缘检测效果（C++ 实现）

对于图像矩阵与 Sobel 算子的卷积，OpenCV 通过函数

```
void Sobel(InputArray src, OutputArray dst, int ddepth, int dx, int dy, int
ksize=3, double scale=1,double delta=0, int borderType=BORDER_DEFAULT )
```

实现了该功能，上面实现的函数 sobel 在功能上和该函数是一样的，其参数解释如表 8-2 所示。

表 8-2　函数 Sobel 的参数解释

参数	解释
src	输入矩阵
dst	输出矩阵，即 src 与 Sobel 核的卷积
ddepth	输出矩阵的数据类型
dx	当 dx ≠ 0 时，src 与差分方向为水平方向上的 Sobel 核卷积
dy	当 dx = 0, dy ≠ 0 时，src 与差分方向为垂直方向上的 Sobel 核卷积
ksize	sobel 核的尺寸，值为 1,3,5,7
scale	比例系数
delta	平移系数
borderType	边界扩充类型

对于参数 ddepth，它的设置和函数 filter2D 类似，很显然函数 Sobel 的卷积步骤就是通过函数 filter2D 实现的。对于参数 ksize，当 ksize=1 时，代表 Sobel 核没有平滑算子，只有差分算

子，即如果设置参数 dx=1, dy=0，那么 src 只与 1×3 的水平方向上的差分算子 $\begin{pmatrix} 1 & 0 & -1 \end{pmatrix}$ 卷积，没有平滑算子。

8.4 Scharr 算子

8.4.1 原理详解

标准的 Scharr 边缘检测算子与 Prewitt 边缘检测算子和 3 阶的 Sobel 边缘检测算子类似，由以下两个卷积核：

$$\text{scharr}_x = \begin{pmatrix} 3 & 0 & -3 \\ 10 & 0 & -10 \\ 3 & 0 & -3 \end{pmatrix}, \quad \text{scharr}_y = \begin{pmatrix} 3 & 10 & 3 \\ 0 & 0 & 0 \\ -3 & -10 & -3 \end{pmatrix}$$

组成，不同的是，这两个卷积核均是不可分离的。图像与水平方向上的 **scharr**$_x$ 卷积结果反映的是垂直方向上的边缘强度，与垂直方向上的 **scharr**$_y$ 卷积结果反映的是水平方向上的边缘强度。同样，Scharr 边缘检测算子也可以扩展到其他方向，比如：

$$\text{scharr}_{45} = \begin{pmatrix} 0 & 3 & 10 \\ -3 & 0 & 3 \\ -10 & -3 & 0 \end{pmatrix}, \quad \text{scharr}_{135} = \begin{pmatrix} 10 & 3 & 0 \\ 3 & 0 & -3 \\ 0 & -3 & -10 \end{pmatrix}$$

反映的是在 135° 和 45° 方向上的边缘。

8.4.2 Python 实现

对于图像的 Scharr 边缘检测，通过定义函数 scharr 实现图像矩阵与两个算子的卷积，返回由这两个卷积结果组成的二元元组。具体代码如下：

```
def scharr(I,_boundary='symm'):
    # I 与 scharr_x 的 same 卷积
    scharr_x = np.array([[3,0,-3],[10,0,-10],[3,0,-3]],np.float32)
    I_x = signal.convolve2d(I,scharr_x,mode='same',boundary='symm')
```

```
# I 与 scharr_y 的 same 卷积
scharr_y = np.array([[3,10,3],[0,0,0],[-3,-10,-3]],np.float32)
I_y = signal.convolve2d(I,scharr_y,mode='same',boundary='symm')
return (I_x,I_y)
```

对于利用该函数进行 Scharr 边缘检测的主函数和前面介绍的 Prewitt 边缘检测的主函数类似，只需要修改卷积就可以了，这里不再赘述。

图 8-6 显示的对图 8-3（a）进行 Scharr 边缘检测的效果，与 Prewitt 边缘检测比较，因为 Scharr 卷积核中系数的增大，所以灰度变化较为敏感，即使灰度变化较小的区域，也会得到较强的边缘强度，因此得到的边缘比图 8-3 显得丰富，但是不够细化。

(a) 水平边缘　　　　(b) 垂直边缘　　　　(c) 边缘强度　　　　(d) 阈值化

图 8-6　Scharr 边缘检测效果（Python 实现）

8.4.3　C++ 实现

图像 Scharr 边缘检测的 C++ 实现，类似于上面所实现的 prewitt 函数，不同的是，这里不再使用可分离的卷积，而是使用 conv2D 函数得到卷积结果。代码如下：

```cpp
void scharr(InputArray src, OutputArray dst, int ddepth, int x, int y = 0, int borderType = BORDER_DEFAULT)
{
    CV_Assert(!(x == 0 && y == 0));
    Mat scharr_x=(Mat_<float>(3,3)<<3,0,-3,10,0,-10,3,0,-3);
    Mat scharr_y=(Mat_<float>(3,3)<<3,10,3,0,0,0,-3,-10,-3);
    //当 x 不等于零时, src 和 scharr_x 卷积
    if (x != 0 && y==0)
    {
        conv2D(src,scharr_x,dst,ddepth,Point(-1,-1),borderType);
    }
    //当 y 不等于零时, src 和 scharr_y 卷积
```

```
if (x==0 && y != 0)
{
    conv2D(src,scharr_y,dst, ddepth,Point(-1,-1),borderType);
}
}
```

图 8-7 显示的对 8-5（a）进行 Scharr 边缘检测的效果，其中图（a）显示的是图像矩阵与 $scharr_x$ 核卷积后，如果输入的是 8 位图，对卷积结果取绝对值，将大于 255 的值截断为 255，并将数据类型转换为 uint8，得到的边缘强度的灰度级显示效果。图（b）显示的是图像矩阵与 $scharr_x$ 核卷积后得到的边缘强度的灰度级效果。图（c）显示的是利用两个卷积结果平方和开方的方式得到的边缘强度效果，与 3 阶的 Sobel 边缘检测效果（图 8-5（b））对比，显然这里得到的边缘更丰富。图（d）显示的是对边缘强度进行阈值化处理的效果。

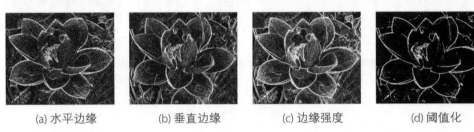

(a) 水平边缘　　(b) 垂直边缘　　(c) 边缘强度　　(d) 阈值化

图 8-7　Scharr 边缘检测效果（C++ 实现）

理解了上述过程，就可以明白在 OpenCV 中实现的图像矩阵与 Scharr 核卷积的函数：

```
void Scharr(InputArray src, OutputArray dst, int ddepth, int dx, int dy, double
 scale=1, double
delta=0, int borderType=BORDER_DEFAULT )
```

其参数解释同函数 Sobel。至此，上面所介绍的边缘检测算子均是由两个方向上的卷积核组成的，接下来介绍两种由各个方向上的卷积核组成的边缘检测算子。

8.5　Kirsch 算子和 Robinson 算子

8.5.1　原理详解

1. Kirsch 算子

Kirsch 算子[6] 由以下 8 个卷积核：

$$k_1 = \begin{pmatrix} 5 & 5 & 5 \\ -3 & 0 & -3 \\ -3 & -3 & -3 \end{pmatrix} \quad k_2 = \begin{pmatrix} -3 & -3 & -3 \\ -3 & 0 & -3 \\ 5 & 5 & 5 \end{pmatrix} \quad k_3 = \begin{pmatrix} -3 & 5 & 5 \\ -3 & 0 & 5 \\ -3 & -3 & -3 \end{pmatrix} \quad k_4 = \begin{pmatrix} -3 & -3 & -3 \\ 5 & 0 & -3 \\ 5 & 5 & -3 \end{pmatrix}$$

$$k_5 = \begin{pmatrix} -3 & -3 & 5 \\ -3 & 0 & 5 \\ -3 & -3 & 5 \end{pmatrix} \quad k_6 = \begin{pmatrix} 5 & -3 & -3 \\ 5 & 0 & -3 \\ 5 & -3 & -3 \end{pmatrix} \quad k_7 = \begin{pmatrix} -3 & -3 & -3 \\ -3 & 0 & 5 \\ -3 & 5 & 5 \end{pmatrix} \quad k_8 = \begin{pmatrix} 5 & 5 & -3 \\ 5 & 0 & -3 \\ -3 & -3 & -3 \end{pmatrix}$$

组成。图像与每一个核进行卷积，然后取绝对值作为对应方向上的边缘强度的量化。对 8 个卷积结果取绝对值，然后在对应值位置取最大值作为最后输出的边缘强度。当然，在进行边缘强度的灰度级显示时，将大于 255 的值截断为 255 即可。

2. Robinson 边缘算子

与 Kirsch 算子类似，Robinson 算子[4]也是由 8 个卷积核：

$$r_1 = \begin{pmatrix} 1 & 1 & 1 \\ 1 & -2 & 1 \\ -1 & -1 & -1 \end{pmatrix} \quad r_2 = \begin{pmatrix} 1 & 1 & 1 \\ -1 & -2 & 1 \\ -1 & -1 & 1 \end{pmatrix} \quad r_3 = \begin{pmatrix} -1 & 1 & 1 \\ -1 & -2 & 1 \\ -1 & 1 & 1 \end{pmatrix} \quad r_4 = \begin{pmatrix} -1 & -1 & 1 \\ -1 & -2 & 1 \\ 1 & 1 & 1 \end{pmatrix}$$

$$r_5 = \begin{pmatrix} -1 & -1 & -1 \\ 1 & -2 & 1 \\ 1 & 1 & 1 \end{pmatrix} \quad r_6 = \begin{pmatrix} 1 & -1 & -1 \\ 1 & -2 & -1 \\ 1 & 1 & 1 \end{pmatrix} \quad r_7 = \begin{pmatrix} 1 & 1 & -1 \\ 1 & -2 & -1 \\ 1 & 1 & -1 \end{pmatrix} \quad r_8 = \begin{pmatrix} 1 & 1 & 1 \\ 1 & -2 & -1 \\ 1 & -1 & -1 \end{pmatrix}$$

组成的。其边缘检测的过程和 Kirsch 是一样的，这里不再赘述。

8.5.2 代码实现及效果

通过定义函数 kirsch 实现图像与每一个核的卷积，然后取绝对值作为对应方向上的边缘强度的量化，在所有这 8 个方向上的对应位置取最大值作为最后输出的边缘强度，代码如下：

```
def kirsch(image,_boundary='fill',_fillvalue=0):
    #第一步：kirsch 的 8 个边缘卷积算子分别和图像矩阵进行卷积，然后分别取绝对值
    得到边缘强度
    #存储 8 个方向上的边缘强度
    list_edge=[]
```

```python
#图像矩阵和 k1 进行卷积,然后取绝对值(即:得到边缘强度)
k1 = np.array([[5,5,5],[-3,0,-3],[-3,-3,-3]])
image_k1 = signal.convolve2d(image,k1,mode='same',boundary = _boundary,
fillvalue=_fillvalue)
list_edge.append(np.abs(image_k1))
#图像矩阵和 k2 进行卷积,然后取绝对值(即:得到边缘强度)
k2 = np.array([[-3,-3,-3],[-3,0,-3],[5,5,5]])
image_k2 = signal.convolve2d(image,k2,mode='same',boundary = _boundary,
fillvalue=_fillvalue)
list_edge.append(np.abs(image_k2))
#图像矩阵和 k3 进行卷积,然后取绝对值(即:得到边缘强度)
k3 = np.array([[-3,5,5],[-3,0,5],[-3,-3,-3]])
image_k3 = signal.convolve2d(image,k3,mode='same',boundary = _boundary,
fillvalue=_fillvalue)
list_edge.append(np.abs(image_k3))
#图像矩阵和 k4 进行卷积,然后取绝对值(即:得到边缘强度)
k4 = np.array([[-3,-3,-3],[5,0,-3],[5,5,-3]])
image_k4 = signal.convolve2d(image,k4,mode='same',boundary = _boundary,
fillvalue=_fillvalue)
list_edge.append(np.abs(image_k4))
#图像矩阵和 k5 进行卷积,然后取绝对值(即:得到边缘强度)
k5 = np.array([[-3,-3,5],[-3,0,5],[-3,-3,5]])
image_k5 = signal.convolve2d(image,k5,mode='same',boundary = _boundary,
fillvalue=_fillvalue)
list_edge.append(np.abs(image_k5))
#图像矩阵和 k6 进行卷积,然后取绝对值(即:得到边缘强度)
k6 = np.array([[5,-3,-3],[5,0,-3],[5,-3,-3]])
image_k6 = signal.convolve2d(image,k6,mode='same',boundary = _boundary,
fillvalue=_fillvalue)
list_edge.append(np.abs(image_k6))
#图像矩阵和 k7 进行卷积,然后取绝对值(即:得到边缘强度)
k7 = np.array([[-3,-3,-3],[-3,0,5],[-3,5,5]])
image_k7 = signal.convolve2d(image,k7,mode='same',boundary = _boundary,
fillvalue=_fillvalue)
list_edge.append(np.abs(image_k7))
#图像矩阵和 k8 进行卷积,然后取绝对值(即:得到边缘强度)
```

```
k8 = np.array([[5,5,-3],[5,0,-3],[-3,-3,-3]])
image_k8 = signal.convolve2d(image,k8,mode='same',boundary = _boundary,
fillvalue=_fillvalue)
list_edge.append(np.abs(image_k8))
#第二步：对上述 8 个方向上的边缘强度，在对应位置取最大值作为图像最后的边缘
强度
edge = list_edge[0]
for i in xrange(len(list_edge)):
    edge = edge*(edge>=list_edge[i]) + list_edge[i]*(edge < list_edge[i])
return edge
```

上述 kirsch 函数的返回值为边缘强度，只需要进行一些简单的操作便可得到边缘强度的灰度级显示效果。主函数代码如下：

```
if __name__ =="__main__":
    if len(sys.argv)>1:
        image = cv2.imread(sys.argv[1],cv2.CV_LOAD_IMAGE_GRAYSCALE)
    else:
        print "Usge:python kirsch.py imageFile"
    #边缘强度
    edge = kirsch(image,_boundary='symm')
    #边缘强度的灰度级显示
    edge[edge>255] = 255
    edge = edge.astype(np.uint8)
    imshow("edge",edge)
    #简单的素描效果，对 edge 进行反色处理
    pencilSketch = 255 - edge
    imshow("pencilSketch",pencilSketch)
    cv2.waitKey(0)
    cv2.destroyAllWindows()
```

对于 Robinson 边缘检测，只需要修改卷积核即可。图 8-8 显示了对图（a）进行 Kirsch 边缘检测的效果，其中图（c）显示了阈值化处理效果，图（d）显示了对图（b）进行反色处理后得到的铅笔素描效果。

因为 Kirsch 算子使用了 8 个方向上的卷积核，所以其检测到的边缘比标准的 Prewitt 算子和 Sobel 算子检测到的边缘会显得更加丰富。以上所有基于卷积核的边缘检测在进行边缘强度的灰度级显示时，对大于 255 的值都是做截断处理的，也可以在计算出边缘强度之后，利用 OpenCV 的正规化函数 normalize 对边缘强度的灰度级显示进行归一化处理。

 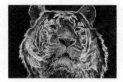  

(a) 原图　　　　　　(b) 边缘强度　　　　　(c) 阈值化　　　　　(d) 铅笔素描效果

图 8-8　Kirsch 边缘检测效果

8.6　Canny 边缘检测

8.6.1　原理详解

基于卷积运算的边缘检测算法，比如 Sobel、Prewitt 等，有如下两个缺点：

（1）没有充分利用边缘的梯度方向。

（2）最后输出的边缘二值图，只是简单地利用阈值进行处理，显然如果阈值过大，则会损失很多边缘信息；如果阈值过小，则会有很多噪声。

而 Canny 边缘检测[8] 基于这两点做了改进，提出了：

（1）基于边缘梯度方向的非极大值抑制。

（2）双阈值的滞后阈值处理。

Canny 边缘检测的近似算法的步骤如下。

第一步：图像矩阵 I 分别与水平方向上的卷积核 $\mathbf{sobel}_x$ 和垂直方向上的卷积核 $\mathbf{sobel}_y$ 卷积得到 $\mathbf{dx}$ 和 $\mathbf{dy}$，然后利用平方和的开方 $\mathbf{magnitude} = \sqrt{\mathbf{dx}^2 + \mathbf{dy}^2}$ 得到边缘强度。这一步的过程和 Sobel 边缘检测一样，这里也可以将卷积核换为 Prewitt 核。

举例：假设有图像矩阵

$$I = \begin{vmatrix} 3 & 10 & 12 & 19 & 256 \\ 240 & 239 & 8 & 7 & 10 \\ 255 & 180 & 78 & 9 & 1 \\ 170 & 200 & 197 & 168 & 50 \\ 2 & 10 & 180 & 140 & 140 \end{vmatrix}$$

I 分别与卷积核 $\mathbf{sobel}_x$ 和卷积核 $\mathbf{sobel}_y$ 卷积得到 $\mathbf{dx}$ 和 $\mathbf{dy}$，这里采用的边界处理方式是补零，其他方式均可，即：

$$\mathbf{dx} = \begin{bmatrix} 259 & -214 & -214 & 490 & -45 \\ 668 & -632 & -626 & 171 & -42 \\ 799 & -559 & -606 & -299 & -193 \\ 590 & 55 & -105 & -411 & -485 \\ 220 & 383 & 228 & -227 & -448 \end{bmatrix} \quad \mathbf{dy} = \begin{bmatrix} 719 & 726 & 262 & 32 & 27 \\ 674 & 658 & 292 & -209 & -520 \\ -179 & 41 & 500 & 551 & 241 \\ -676 & -491 & 165 & 503 & 409 \\ -540 & -767 & -762 & -583 & -268 \end{bmatrix}$$

计算出 $\mathbf{dx}$ 和 $\mathbf{dy}$ 对应位置的平方和，然后开方得到边缘强度（或称梯度幅度），这里小数点后的数就不写了，只写整数部分：

$$\mathbf{magnitude} = \begin{bmatrix} 940 & 720 & 292 & 783 & 1035 \\ 928 & 912 & 690 & 270 & 809 \\ 276 & 560 & 785 & 626 & 310 \\ 929 & 494 & 195 & 649 & 599 \\ 696 & 796 & 437 & 267 & 269 \end{bmatrix}$$

Sobel 边缘检测的处理方法是，首先将 **magnitude** 内大于 255 的值截断为 255，然后转换为 8 位图就得到边缘强度图的灰度级显示，对所得到的灰度级的边缘强度图做阈值处理就得到边缘二值图了。下面看看 Canny 算法的第二步是怎么处理的。

第二步：利用第一步计算出的 $\mathbf{dx}$ 和 $\mathbf{dy}$，计算出梯度方向 $\mathbf{angle} = \arctan 2(\mathbf{dy}, \mathbf{dx})$，即对每一个位置 (r, c)，$\mathbf{angle}(r, c) = \arctan 2(\mathbf{dy}(r, c), \mathbf{dx}(r, c))$ 代表该位置的梯度方向，一般用角度表示，即 $\mathbf{angle}(r, c) \in [0, 180] \cup [-180, 0]$。

首先了解一下反正切函数，一般的函数库中都会提供，比如 Python 的函数包 math 中的 atan2。示例代码如下：

```
>>import math
>>(x1,y1)=(1,1);#测试第一象限中的一个点
>>angle1 =math.atan2(y1,x1)/math.pi*180;
>>angle1
45
>>(x2,y2)=(-1,1);#测试第二象限中的一个点
>>angle2 =math.atan2(y2,x2)/math.pi*180;
>>angle2
135
>>(x3,y3)=(-1,-1);#测试第三象限中的一个点
>>angle3 =math.atan2(y3,x3)/math.pi*180;
>>angle3
-45
>>(x4,y4)=(1,-1);#测试第四象限中的一个点
>>angle3 =math.atan2(y3,x3)/math.pi*180;
>>angle3
-135
```

也可以将上面四个坐标中的 y 轴坐标存放在 array 数组中，然后将对应的 x 轴坐标存放在另一个数组中，直接利用 Numpy 中提供的函数 arctan2。代码如下：

```
>>import numpy as np
>>y = np.array([[1,1],[-1,-1]]);
>>x = np.array([[1,-1],[-1,1]]);
>>angle = np.arctan2(y,x)/np.pi*180;
>>angle
array([[  45.,  135.],
       [-135.,  -45.]])
```

接着第一步中的例子，通过计算出的 **dx** 和 **dy**，利用 arctan2 计算出每一个位置的梯度角。代码如下：

```
>>angle = np.arctan2(dy,dx)/np.pi*180;
```

输出结果如下，这里为了方便，仍然把小数点后的数省略了：

$$
\mathbf{angle} = \begin{vmatrix} 70 & 106 & 129 & -20 & 149 \\ 45 & 133 & 154 & -50 & -94 \\ -12 & 175 & 140 & 118 & 128 \\ -48 & -83 & 122 & 129 & 139 \\ -67 & -63 & -73 & -111 & -149 \end{vmatrix}
$$

在 Sobel 卷积中，在水平方向上做差分是左侧的数减去右侧的数，而在垂直方向上做差分是下侧的数减去上侧的数，所以，这里用到的坐标系，是一个 y 轴的正方向朝下的坐标轴，这样虽然不影响计算出的反正切角，但却直接影响后面的对非极大值抑制的处理。如图 8-9 所示，这里只画出了坐标向量 (**dx**(1,1), **dy**(1,1)) 与 x 轴正方向的夹角，如 **angle**(1,1) = 133，其他所有位置的梯度方向类似。

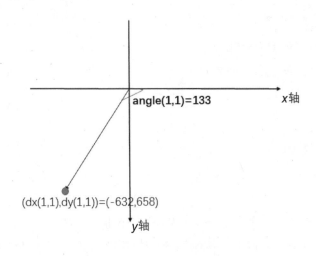

图 8-9 反正切角

第三步：对每一个位置进行非极大值抑制的处理，非极大值抑制操作返回的仍然是一个矩阵，假设为 **nonMaxSup**。在这个示例中，因为卷积运算采用的是补零操作，导致所得到的 **magnitude** 产生了额外的边缘响应，如果采用的是以边界为对称的边界扩充方式，那么卷积结果的边界全是 0。在非极大值抑制这一步中，对边界不做任何处理。接着上一个示例，所以将 **nonMaxSup** 初始化为以下矩阵：

$$\text{nonMaxSup} = \begin{bmatrix} 0 & 0 & 0 & 0 & 0 \\ 0 & & & & 0 \\ 0 & & & & 0 \\ 0 & & & & 0 \\ 0 & 0 & 0 & 0 & 0 \end{bmatrix}$$

也就是只需要填充边界内的值就可以了。接下来以填充 **nonMaxSup**(1,1) 为例，可以通过图 8-10 来理解。首先，在 **magnitude**(1,1) 上放置倒置的坐标轴，如图 8-10（a）所示，然后对应到 **angle**，找到在 (1,1) 处的梯度角，即 **angle**(1,1) = 133，再按照该梯度方向，画出梯度方向所在的直线，最后在以 **magnitude**(1,1) 为中心的 3×3 邻域内，大体定位出梯度方向上的邻域，即右上方和左下方，如图 8-10（b）所示。

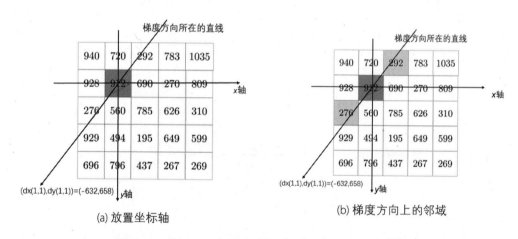

(a) 放置坐标轴　　　　　　　(b) 梯度方向上的邻域

图 8-10　在 (1,1) 处的边缘强度沿梯度方向上的邻域

接下来，**magnitude**(1,1) 分别与其右上方和左下方的值做比较，这里 912 > 292 且 912 > 276，如果它的值均大于梯度方向上邻域的值，则可看作极大值，令 **nonMaxSup**(1,1) = **magnitude**(1,1)；如果它的值不全大于梯度方向上邻域的值，则可看作非极大值，就需要抑制，令 **nonMaxSup**(1,1) = 0。

现在计算 **nonMaxSup**(1,2) 的值，方法类似，即：在 **magnitude**(1,2) 上放置倒置的坐标轴，如图 8-11（a）所示，然后对应到 **angle**，找到在 (1,2) 处的梯度角，即 **angle**(1,2) = 154，再按照该梯度方向，画出梯度方向所在的直线，最后在以 **magnitude**(1,2) 为中心的 3×3 邻域内定位出梯度方向上的邻域，即相比于右上方和左下方，更接近于左方和右方，如图 8-11（b）所示。

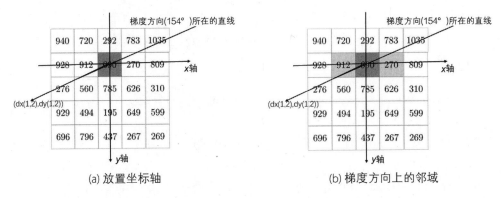

图 8-11 在 (1, 2) 处的边缘强度沿梯度方向上的邻域

接下来，magnitude(1, 2) 分别与其左方和右方的值做比较，即 690 < 912 且 690 > 270，显然，它的值不全大于梯度方向上邻域的值，则可看作非极大值，就需要抑制，令 nonMaxSup(1, 2) = 0。按照这样的步骤，就可以依次计算出 nonMaxSup 中所有的值，而且可以发现如果采用正坐标轴，按照梯度方向找到的邻域和倒置坐标轴是完全不同的。

总结上述非极大值抑制的过程：如果 magnitude(r, c) 在沿着梯度方向 angle(r, c) 上的邻域内是最大的则为极大值；否则，设置为 0。对于非极大值抑制的实现，将梯度方向一般离散化为以下四种情况：

- angle$(r, c) \in [0, 22.5) \cup (-22.5, 0] \cup (157.5, 180] \cup (-180, 157.5)$
- angle$(r, c) \in [22.5, 67.5) \cup [-157.5, -112.5)$
- angle$(r, c) \in [67.5, 112.5) \cup [-112.5, -67.5)$
- angle$(r, c) \in (112.5, 157.5] \cup [-67.5, -22.5)$

这四种情况依次对应的邻域如图 8-12 所示。

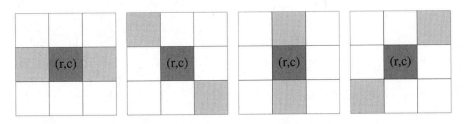

图 8-12 梯度方向上的邻域

根据图 8-12，如果在 (r,c) 处计算出的边缘梯度 **angle**(r,c) 属于区间 $[0, 22.5] \cup (-22.5, 0] \cup (157.5, 180] \cup (-180, 157.5)$，那么边缘强度图 **magnitude** 在 (r,c) 处的值需要与其左方和右方的值比较，如果

$$\textbf{magnitude}(r,c) > \textbf{magnitude}(r,c-1) \text{ 且 } \textbf{magnitude}(r,c) > \textbf{magnitude}(r,c+1)$$

那么 **magnitude**(r,c) 为极大值，令 **nonMaxSup**$(r,c) = $ **magnitude**(r,c)；否则，令 **nonMaxSup**$(r,c) = 0$。

回顾一下图 8-10（b），梯度方向所在的直线，其实是在以 **magnitude**$(1,1)$ 为中心的 3×3 邻域内，它不止"穿过"右上方和左下方，也"穿过"上方和下方，如图 8-13（a）所示。由于是更多地"穿过"右上方和左下方，所以舍弃了上方和下方。接下来介绍常用的非极大值抑制的第二种方式，它可以弥补这一点，没有舍弃任何信息，而是用插值法拟合梯度方向上的边缘强度，这样会更加准确地衡量梯度方向上的边缘强度。

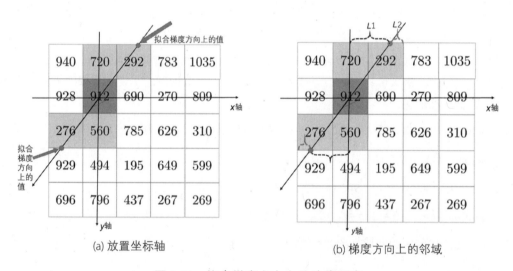

(a) 放置坐标轴 (b) 梯度方向上的邻域

图 8-13 拟合梯度方向上的边缘强度

按照图 8-13（b）所示计算插值，显然 $L1:L2 = |\frac{\textbf{dx}(1,1)}{\textbf{dy}(1,1)}| : (1 - |\frac{\textbf{dx}(1,1)}{\textbf{dy}(1,1)}|)$，那么根据右上方和上方的值及比例系数，可以近似计算出插值 $|\frac{\textbf{dx}(1,1)}{\textbf{dy}(1,1)}|*292 + (1-|\frac{\textbf{dx}(1,1)}{\textbf{dy}(1,1)}|)*720$；同样，根据左下方和下方的值，利用比例系数，插值可以近似为 $|\frac{\textbf{dx}(1,1)}{\textbf{dy}(1,1)}|*276 + (1-|\frac{\textbf{dx}(1,1)}{\textbf{dy}(1,1)}|)*560$。然后，912 和这两个插值做比较，如果均大于这两个插值，则为极大值；否则为非极大值。

根据插值法的非极大值抑制，一般将梯度方向离散化为以下四种情况：

- **angle**$(r, c) \in (45, 90] \cup (-135, -90]$
- **angle**$(r, c) \in (90, 135] \cup (-90, -45]$
- **angle**$(r, c) \in [0, 45] \cup [-180, -135]$
- **angle**$(r, c) \in (135, 180] \cup (-45, 0)$

这四种情况依次对应如下邻域：

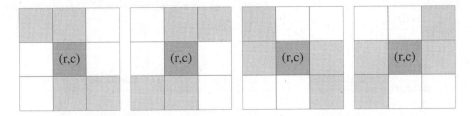

下面简单地讨论上述四种情况。

如果 **angle**$(r, c) \in (45, 90] \cup (-135, -90]$，那么需要计算左上方 $(r-1, c-1)$ 和上方 $(r-1, c)$ 的插值、右下方 $(r+1, c+1)$ 和下方 $(r+1, c)$ 的插值，在这种情况下，$|\mathbf{dy}(r,c)| > \mathbf{dx}(r,c)$，则比例系数为 $|\frac{\mathbf{dx}(1,1)}{\mathbf{dy}(1,1)}| : (1 - |\frac{\mathbf{dx}(1,1)}{\mathbf{dy}(1,1)}|)$（注意：比例系数和邻域值要对应好），那么两个插值分别为：

$$|\frac{\mathbf{dx}(r,c)}{\mathbf{dy}(r,r)}| * \mathbf{magnitude}(r-1, c-1) + (1 - |\frac{\mathbf{dx}(r,c)}{\mathbf{dy}(c,c)}|) * \mathbf{magnitude}(r-1, c)$$

$$|\frac{\mathbf{dx}(r,c)}{\mathbf{dy}(r,r)}| * \mathbf{magnitude}(r+1, c+1) + (1 - |\frac{\mathbf{dx}(r,c)}{\mathbf{dy}(c,c)}|) * \mathbf{magnitude}(r+1, c)$$

如果 **angle**$(r, c) \in (90, 135] \cup (-90, -45]$，那么需要计算右上方 $(r-1, c+1)$ 和上方 $(r-1, c)$ 的插值、左下方 $(r+1, c-1)$ 和下方 $(r+1, c)$ 的插值，这种情况同第一种情况，$|\mathbf{dy}(r,c)| > \mathbf{dx}(r,c)$，则比例系数为 $|\frac{\mathbf{dx}(1,1)}{\mathbf{dy}(1,1)}| : (1 - |\frac{\mathbf{dx}(1,1)}{\mathbf{dy}(1,1)}|)$，那么两个插值分别为：

$$|\frac{\mathbf{dx}(r,c)}{\mathbf{dy}(r,r)}| * \mathbf{magnitude}(r-1, c+1) + (1 - |\frac{\mathbf{dx}(r,c)}{\mathbf{dy}(c,c)}|) * \mathbf{magnitude}(r-1, c)$$

$$|\frac{\mathbf{dx}(r,c)}{\mathbf{dy}(r,r)}| * \mathbf{magnitude}(r+1, c-1) + (1 - |\frac{\mathbf{dx}(r,c)}{\mathbf{dy}(c,c)}|) * \mathbf{magnitude}(r+1, c)$$

如果 **angle**$(r, c) \in [0, 45] \cup [-180, -135]$，那么需要计算左上方 $(r-1, c-1)$ 和左方 $(r, c-1)$ 的插值、右下方 $(r+1, c+1)$ 和右方 $(r, c+1)$ 的插值，在这种情况下，$|\mathbf{dy}(r,c)| < \mathbf{dx}(r,c)$，则

比例系数为 $|\frac{dy(1,1)}{dx(1,1)}| : (1-|\frac{dy(1,1)}{dx(1,1)}|)$，那么两个插值分别为：

$$|\frac{dy(r,c)}{dx(r,r)}| * \text{magnitude}(r-1, c-1) + (1-|\frac{dy(r,c)}{dx(c,c)}|) * \text{magnitude}(r, c-1)$$

$$|\frac{dy(r,c)}{dx(r,r)}| * \text{magnitude}(r+1, c+1) + (1-|\frac{dy(r,c)}{dx(c,c)}|) * \text{magnitude}(r, c+1)$$

如果 $\text{angle}(r,c) \in (135, 180] \cup (-45, 0)$，那么需要计算右上方 $(r-1, c+1)$ 和右方 $(r, c+1)$ 的插值、左下方 $(r+1, c-1)$ 和左方 $(r, c-1)$ 的插值，这种情况同第三种情况，$|dy(r,c)| < dx(r,c)$，则比例系数为 $|\frac{dy(1,1)}{dx(1,1)}| : (1-|\frac{dy(1,1)}{dx(1,1)}|)$，那么两个插值分别为：

$$|\frac{dy(r,c)}{dx(r,r)}| * \text{magnitude}(r-1, c+1) + (1-|\frac{dy(r,c)}{dx(c,c)}|) * \text{magnitude}(r, c+1)$$

$$|\frac{dy(r,c)}{dx(r,r)}| * \text{magnitude}(r+1, c-1) + (1-|\frac{dy(r,c)}{dx(c,c)}|) * \text{magnitude}(r, c-1)$$

非极大值抑制因为只保留了极大值，抑制了非极大值，所以该步骤其实是对 Sobel 边缘强度图进行了细化。

第四步：双阈值的滞后阈值处理。经过第二步非极大值抑制处理后的边缘强度图，一般需要阈值化处理，常用的方法是全局阈值分割和局部自适应阈值分割。这里介绍另一种方法：滞后阈值处理，它使用两个阈值——高阈值（upperThresh）和低阈值（lowerThresh），按照以下三个规则进行边缘的阈值化处理。

（1）边缘强度大于高阈值的那些点作为确定边缘点。

（2）边缘强度比低阈值小的那些点立即被剔除。

（3）边缘强度在低阈值和高阈值之间的那些点，按照以下原则进行处理——只有这些点能按某一路径与确定边缘点相连时，才可以作为边缘点被接受。组成这一路径的所有点的边缘强度都比低阈值要大。对这一过程可以理解为，首先选定边缘强度大于高阈值的所有确定边缘点，然后在边缘强度大于低阈值的情况下尽可能延长边缘。

下面按照 Canny 边缘检测的主要的四个步骤实现该算法，并观察其与其他边缘检测算法相比的优势。

8.6.2 Python 实现

通过定义函数 non_maximum_suppression_default 实现非极大值抑制的第一种方式，其输入参数 dx 代表图像矩阵与 **sobel**$_x$ 或者 **prewitt**$_x$ 的卷积，即与水平差分算子卷积的结果；dy 代表图像矩阵与 **sobel**$_y$ 或者 **prewitt**$_y$ 的卷积，即与垂直差分算子卷积的结果。需要注意的是，在函数实现中最好利用 dx 和 dy 的平方和开方的方式来衡量边缘强度。具体代码如下：

```python
def non_maximum_suppression_default(dx,dy):
    #边缘强度
    edgeMag = np.sqrt(np.power(dx,2.0) + np.power(dy,2.0))
    #高、宽
    rows,cols = dx.shape
    #梯度方向
    gradientDirection = np.zeros(dx.shape)
    #边缘强度非极大值抑制
    edgeMag_nonMaxSup = np.zeros(dx.shape)
    for r in range(1,rows-1):
        for c in range(1,cols-1):
            # angle 的范围 [0,180] [-180,0]
            angle = math.atan2(dy[r][c],dx[r][c])/math.pi*180
            gradientDirection[r][c] = angle
            #左/右方向
            if(abs(angle)<22.5 or abs(angle) >157.5):
                if(edgeMag[r][c]>edgeMag[r][c-1] and edgeMag[r][c] > edgeMag[r][c+1]):
                    edgeMag_nonMaxSup[r][c] = edgeMag[r][c]
            #左上/右下方向
            if(angle>=22.5 and angle < 67.5 or(-angle > 112.5 and -angle <= 157.5)):
                if(edgeMag[r][c] > edgeMag[r-1][c-1] and edgeMag[r][c]>edgeMag[r+1][c+1]):
                    edgeMag_nonMaxSup[r][c] = edgeMag[r][c]
            #上/下方向
            if(abs(angle)>=67.5) and abs(angle) <= 112.5):
                if(edgeMag[r][c] > edgeMag[r-1][c] and edgeMag[r][c] > edgeMag[r+1][c]):
```

```
                    edgeMag_nonMaxSup[r][c] = edgeMag[r][c]
            #右上/左下方向
            if((angle>112.5 and angle<=157.5) or(-angle>=22.5 and -angle< 67.5
            )):
                if(edgeMag[r][c]>edgeMag[r-1][c+1] and edgeMag[r][c] > edgeMag[
                r+1][c-1]):
                    edgeMag_nonMaxSup[r][c] = edgeMag[r][c]
    return edgeMag_nonMaxSup
```

通过定义函数 non_maximum_suppression_Inter 实现非极大值抑制插值的方式，其输入参数与 non_maximum_suppression_default 相同。代码如下：

```
def non_maximum_suppression_Inter(dx,dy):
    #边缘强度
    edgeMag = np.sqrt(np.power(dx,2.0)+np.power(dy,2.0))
    #高、宽
    rows,cols = dx.shape
    #梯度方向
    gradientDirection = np.zeros(dx.shape)
    #边缘强度的非极大值抑制
    edgeMag_nonMaxSup = np.zeros(dx.shape)
    for r in range(1,rows-1):
        for c in range(1,cols-1):
            if dy[r][c] ==0 and dx[r][c] == 0:
                continue
            #angle的范围 [0,180],[-180,0]
            angle = math.atan2(dy[r][c],dx[r][c])/math.pi*180
            gradientDirection[r][c] = angle
            #左上方和上方的插值、右下方和下方的插值
            if (angle > 45 and angle <=90) or (angle > -135 and angle <=-90):
                ratio = dx[r][c]/dy[r][c]
                leftTop_top = ratio*edgeMag[r-1][c-1]+(1-ratio)*edgeMag[r-1][c]
                rightBottom_bottom = (1-ratio)*edgeMag[r+1][c] + ratio*edgeMag[
                r+1][c+1]
                if edgeMag[r][c] > leftTop_top and edgeMag[r][c] >
                rightBottom_bottom:
                    edgeMag_nonMaxSup[r][c] = edgeMag[r][c]
```

```python
    #右上方和上方的插值、左下方和下方的插值
    if (angle>90 and angle<=135) or (angle>-90 and angle <= -45):
        ratio = abs(dx[r][c]/dy[r][c])
        rightTop_top = ratio*edgeMag[r-1][c+1] + (1-ratio)*edgeMag[r-1][c]
        leftBottom_bottom = ratio*edgeMag[r+1][c-1] + (1-ratio)*edgeMag[r+1][c]
        if edgeMag[r][c] > rightTop_top and edgeMag[r][c] > leftBottom_bottom:
            edgeMag_nonMaxSup[r][c] = edgeMag[r][c]
    #左上方和左方的插值、右下方和右方的插值
    if (angle>=0 and angle <=45) or (angle>-180 and angle <= -135):
        ratio = dy[r][c]/dx[r][c]
        rightBottom_right = ratio*edgeMag[r+1][c+1]+(1-ratio)*edgeMag[r][c+1]
        leftTop_left = ratio*edgeMag[r-1][c-1]+(1-ratio)*edgeMag[r][c-1]
        if edgeMag[r][c] > rightBottom_right and edgeMag[r][c] > leftTop_left:
            edgeMag_nonMaxSup[r][c] = edgeMag[r][c]
    #右上方和右方的插值、左下方和左方的插值
    if(angle>135 and angle<=180) or (angle>-45 and angle <=0):
        ratio = abs(dy[r][c]/dx[r][c])
        rightTop_right = ratio*edgeMag[r-1][c+1]+(1-ratio)*edgeMag[r][c+1]
        leftBottom_left = ratio*edgeMag[r+1][c-1]+(1-ratio)*edgeMag[r][c-1]
        if edgeMag[r][c] > rightTop_right and edgeMag[r][c] > leftBottom_left:
            edgeMag_nonMaxSup[r][c] = edgeMag[r][c]
    return edgeMag_nonMaxSup
```

实现了非极大值抑制部分,接着实现第四步的滞后阈值处理部分。代码如下:

```python
#判断一个点的坐标是否在图像范围内
def checkInRange(r,c,rows,cols):
    if r>=0 and r<rows and c>=0 and c<cols:
```

```python
            return True
        else:
            return False
def trace(edgeMag_nonMaxSup,edge,lowerThresh,r,c,rows,cols):
    #大于高阈值的点为确定边缘点
    if edge[r][c] == 0:
        edge[r][c]=255
        for i in range(-1,2):
            for j in range(-1,2):
                if checkInRange(r+i,c+j,rows,cols) and edgeMag_nonMaxSup[r+i][c+j] >= lowerThresh:
                    trace(edgeMag_nonMaxSup,edge,lowerThresh,r+i,c+j,rows,cols)
#滞后阈值处理
def hysteresisThreshold(edge_nonMaxSup,lowerThresh,upperThresh):
    #高、宽
    rows,cols = edge_nonMaxSup.shape
    edge = np.zeros(edge_nonMaxSup.shape,np.uint8)
    for r in range(1,rows-1):
        for c in range(1,cols-1):
            #大于高阈值的点被设置为确定边缘点,而且以该点为起始点延长边缘
            if edge_nonMaxSup[r][c] >= upperThresh:
                trace(edgeMag_nonMaxSup,edge,lowerThresh,r,c,rows,cols)
            #小于低阈值的点被剔除
            if edge_nonMaxSup[r][c]< lowerThresh:
                edge[r][c] = 0
    return edge
```

实现了非极大值抑制和滞后阈值处理部分以后,下面介绍实现 Canny 边缘检测的主函数,其中分别显示了 Sobel 边缘强度的灰度级、非极大值抑制后的灰度级、滞后阈值处理后的二值化边缘图,对于非极大值抑制使用的是第一种方式,可以换成插值的方式。具体代码如下:

```python
if __name__ =="__main__":
    if len(sys.argv)>1:
        image = cv2.imread(sys.argv[1],cv2.CV_LOAD_IMAGE_GRAYSCALE)
    else:
        print "Usge:python canny.py imageFile"
```

```
# ------- Canny 边缘检测 ------------
#第一步：基于 Sobel 核的卷积
image_sobel_x,image_sobel_y = sobel.sobel(image,3)
#第二步：边缘强度，两个卷积结果对应位置的平方和
edge = np.sqrt(np.power(image_sobel_x,2.0) + np.power(image_sobel_y,2.0))
#边缘强度的灰度级显示
edge[edge>255] = 255
edge = edge.astype(np.uint8)
#第三步：非极大值抑制
edgeMag_nonMaxSup = non_maximum_suppression_default(image_sobel_x,
image_sobel_y)
edgeMag_nonMaxSup[edgeMag_nonMaxSup>255] =255
edgeMag_nonMaxSup = edgeMag_nonMaxSup.astype(np.uint8)
cv2.imshow("edgeMag_nonMaxSup",edgeMag_nonMaxSup)
#第四步：双阈值滞后阈值处理，得到 Canny 边缘
#滞后阈值的目的就是最后确定处于高阈值和低阈值之间的点是否为边缘点
edge = hysteresisThreshold(edgeMag_nonMaxSup,60,180)
lowerThresh = 40
upperThresh = 150
cv2.imshow("canny",edge)
cv2.waitKey(0)
cv2.destroyAllWindows()
```

图 8-14 显示了对图（a）进行 Canny 边缘检测的效果，其中图（b）显示的是 Sobel 边缘强度图，图（c）显示的是对图（b）进行非极大值抑制后的效果，显然比图（b）的边缘显得细化，图（d）显示的是对图（c）使用低阈值 40、高阈值 150 进行双阈值滞后阈值处理后的效果，对比使用单一阈值对图（c）进行阈值化处理的效果图（e）和图（f），去除了图（e）中很多细小的边缘，又比图（f）中的边缘更完整。

(a) 原图　　　　　　　　(b) Sobel 边缘强度图　　　　　　(c) 非极大值抑制

图 8-14　Canny 边缘检测效果

(d) 滞后阈值 (40,150)　　　　　(e) 低阈值 40　　　　　(f) 高阈值 150

图 8-14　Canny 边缘检测效果（续）

8.6.3　C++ 实现

与 Python 实现类似，通过定义函数 non_maximum_suppression_default 实现非极大值抑制的第一种方式。具体代码如下：

```cpp
Mat non_maximum_suppression_default(Mat dx, Mat dy)
{   //使用平方和开方的方式计算边缘强度
    Mat edgeMag;
    cv::magnitude(dx, dy, edgeMag);
    //高、宽
    int rows = dx.rows;
    int cols = dy.cols;
    //边缘强度的非极大值抑制
    Mat edgeMag_nonMaxSup = Mat::zeros(dx.size(), dx.type());
    for (int r = 1; r < rows-1; r++)
    {
        for (int c = 1; c < cols-1; c++)
        {
            float x = dx.at<float>(r, c);
            float y = dy.at<float>(r, c);
            //梯度方向
            float angle = atan2f(y, x)/CV_PI*180;
            //当前位置的边缘强度
            float mag = edgeMag.at<float>(r, c);
            // 左/右方向比较
            if (abs(angle) < 22.5 || abs(angle) > 157.5)
            {
                float left = edgeMag.at<float>(r, c - 1);
                float right = edgeMag.at<float>(r, c + 1);
```

```cpp
        if (mag > left && mag > right)
            edgeMag_nonMaxSup.at<float>(r, c) = mag;
    }
    //左上/右下方向比较
    if ((angle >= 22.5 && angle < 67.5) || (angle < -112.5 && angle >= 157.5))
    {
        float leftTop = edgeMag.at<float>(r - 1, c - 1);
        float rightBottom = edgeMag.at<float>(r + 1, c + 1);
        if (mag > leftTop && mag > rightBottom)
            edgeMag_nonMaxSup.at<float>(r, c) = mag;
    }
    //上/下方向比较
    if ((angle >= 67.5 && angle <= 112.5) || (angle >= -112.5 && angle <= -67.5))
    {
        float top = edgeMag.at<float>(r - 1, c);
        float bottom = edgeMag.at<float>(r + 1, c);
        if (mag > top && mag > bottom)
            edgeMag_nonMaxSup.at<float>(r, c) = mag;
    }
    //右上/左下方向比较
    if ((angle > 112.5 && angle <= 157.5) || (angle > -67.5 && angle <= -22.5))
    {
        float rightTop = edgeMag.at<float>(r - 1, c + 1);
        float leftBottom = edgeMag.at<float>(r + 1, c - 1);
        if (mag > rightTop && mag > leftBottom)
            edgeMag_nonMaxSup.at<float>(r, c) = mag;
    }
  }
}
return edgeMag_nonMaxSup;
}
```

通过定义函数 non_maximum_suppression_Inter 实现非极大值抑制的插值方式。具体代码如下:

```cpp
Mat non_maximum_suppression_Inter(Mat dx, Mat dy)
{
    //使用平方和开方的方式计算边缘强度
    Mat edgeMag;
    cv::magnitude(dx, dy, edgeMag);
    //高、宽
    int rows = dx.rows;
    int cols = dy.cols;
    //边缘强度的非极大值抑制
    Mat edgeMag_nonMaxSup = Mat::zeros(dx.size(), dx.type());
    for (int r = 1; r < rows-1; r++)
    {
        for (int c = 1; c < cols-1; c++)
        {
            float x = dx.at<float>(r, c);
            float y = dy.at<float>(r, c);
            if (x == 0 && y == 0)
                continue;
            float angle = atan2f(y, x) / CV_PI * 180;
            //邻域内8个方向上的边缘强度
            float leftTop = edgeMag.at<float>(r - 1, c - 1);
            float top = edgeMag.at<float>(r - 1, c);
            float rightBottom = edgeMag.at<float>(r + 1, c + 1);
            float right = edgeMag.at<float>(r, c+1);
            float rightTop = edgeMag.at<float>(r - 1, c + 1);
            float leftBottom = edgeMag.at<float>(r + 1, c - 1);
            float bottom = edgeMag.at<float>(r + 1, c);
            float left = edgeMag.at<float>(r, c - 1);
            float mag = edgeMag.at<float>(r, c);
            //左上方和上方的插值、右下方和下方的插值
            if ((angle > 45 && angle <= 90) || (angle > -135 && angle <= -90))
            {
                float ratio = x / y;
                float top = edgeMag.at<float>(r - 1, c);
                //插值
                float leftTop_top = ratio*leftTop + (1 - ratio)*top;
```

```cpp
            float rightBottom_bottom = ratio*rightBottom + (1 - ratio)*
            bottom;
            if (mag > leftTop_top && mag > rightBottom_bottom)
                edgeMag_nonMaxSup.at<float>(r, c) = mag;
        }
        //右上方和上方的插值、左下方和下方的插值
        if ((angle > 90 && angle <= 135) || (angle > -90 && angle <= -45))
        {
            float ratio = abs(x / y);
            float rightTop_top = ratio*rightTop + (1 - ratio)*top;
            float leftBottom_bottom = ratio*leftBottom + (1 - ratio)*bottom
            ;
            if (mag > rightTop_top && mag > leftBottom_bottom)
                edgeMag_nonMaxSup.at<float>(r, c) = mag;
        }
        //左上方和左方的插值、右下方和右方的插值
        if ((angle >= 0 && angle <= 45) || (angle > -180 && angle <= -135))
        {
            float ratio = y / x;
            float rightBottom_right = ratio*rightBottom + (1 - ratio)*right
            ;
            float leftTop_left = ratio*leftTop + (1 - ratio)*left;
            if (mag > rightBottom_right && mag > leftTop_left)
                edgeMag_nonMaxSup.at<float>(r, c) = mag;
        }
        //右上方和右方的插值、左下方和左方的插值
        if ((angle > 135 && angle <= 180) || (angle > -45 && angle <= 0))
        {
            float ratio = abs(y / x);
            float rightTop_right = ratio*rightTop + (1 - ratio)*right;
            float leftBottom_left = ratio*leftBottom + (1 - ratio)*left;
            if (mag > rightTop_right && mag > leftBottom_left)
                edgeMag_nonMaxSup.at<float>(r, c) = mag;
        }
    }
}
```

```
        return edgeMag_nonMaxSup;
}
```

实现了非极大值抑制部分后，接着实现第四步的滞后阈值处理部分。代码如下：

```
//确定一个点的坐标是否在图像范围内
bool checkInRange(int r, int c, int rows, int cols)
{
    if (r >= 0 && r < rows && c>=0 && c < cols)
        return true;
    else
        return false;
}
//从确定边缘点出发，延长边缘
void trace(Mat edgeMag_nonMaxSup, Mat &edge, float lowerThresh, int r, int c,
int rows,int cols)
{
    if (edge.at<uchar>(r, c) == 0)
    {
        edge.at<uchar>(r, c) = 255;
        for (int i = -1; i <= 1; i++)
        {
            for (int j = -1; j <= 1; j++)
            {
                float mag = edgeMag_nonMaxSup.at<float>(r+i, c+j);
                if (checkInRange(r + i, c + j, rows, cols) && mag >=
                    lowerThresh)
                    trace(edgeMag_nonMaxSup, edge, lowerThresh, r+i, c+j, rows,
                        cols);
            }
        }
    }
}
//双阈值的滞后阈值处理
Mat hysteresisThreshold(Mat edgeMag_nonMaxSup, float lowerThresh, float
upperThresh)
{
```

```cpp
    //高、宽
    int rows = edgeMag_nonMaxSup.rows;
    int cols = edgeMag_nonMaxSup.cols;
    //最后的边缘输出图
    Mat edge = Mat::zeros(Size(cols, rows), CV_8UC1);
    //滞后阈值处理
    for (int r = 1; r < rows - 1; r++)
    {
        for (int c = 1; c < cols-1; c++)
        {
            float mag = edgeMag_nonMaxSup.at<float>(r, c);
            //大于高阈值的点,可作为确定边缘点被接受
            //并以该点为起始点延长边缘
            if(mag>=upperThresh)
                trace(edgeMag_nonMaxSup, edge, lowerThresh, r, c, rows, cols);
            //小于低阈值的点直接被剔除
            if (mag < lowerThresh)
                edge.at<uchar>(r, c) = 0;
        }
    }
    return edge;
}
```

对于 Canny 边缘检测主函数的 C++ 实现,与 Python 实现的主函数类似,主要有四个步骤,这里就不再赘述了,可查看随书配套的完整代码。对于 Canny 边缘检测,OpenCV 提供的函数:

```
void Canny(InputArray image, OutputArray edges, double threshold1, double
threshold2, int apertureSize=3, bool L2gradient=false )
```

实现了该功能,只要明白 Canny 边缘检测的过程,也就自然明白了其参数的意义,其中参数 threshold1 代表低阈值,threshold2 代表高阈值,apertureSize 代表使用的 Sobel 核的窗口大小,默认是 3×3,也可以尝试 5×5 或 7×7 等,而 L2gradient 代表计算边缘强度时使用的方式,值等于 true 代表使用的是平方和开方的方式,值等于 false 代表使用的是绝对值和的方式。同时,Demigny D[9], Laligant O[11], Jalali S[10], Mehrotra R[12], Sorrenti D.G[13], Milan Sonka[14] 等人对 Canny 边缘检测进行了进一步的推广。

8.7 Laplacian 算子

8.7.1 原理详解

二维函数 $f(x,y)$ 的 Laplacian（拉普拉斯）变换，由以下计算公式定义：

$$\begin{aligned}\nabla^2 f(x,y) &= \frac{\partial^2 f(x,y)}{\partial^2 x} + \frac{\partial^2 f(x,y)}{\partial^2 y} \\ &\approx \frac{\partial(f(x+1,y) - f(x,y))}{\partial x} + \frac{\partial(f(x,y+1) - f(x,y))}{\partial y} \\ &\approx f(x+1,y) - f(x,y) - (f(x,y) - f(x-1,y)) \\ &\quad + f(x,y+1) - f(x,y) - (f(x,y) - f(x,y-1)) \\ &\approx f(x+1,y) + f(x-1,y) + f(x,y-1) + f(x,y+1) - 4f(x,y)\end{aligned}$$

将其推广到离散的二维数组（矩阵），即矩阵的拉普拉斯变换是矩阵与拉普拉斯核（以下两种表示都可以，只差一个负号）的卷积：

$$I_0 = \begin{pmatrix} 0 & -1 & 0 \\ -1 & 4 & -1 \\ 0 & -1 & 0 \end{pmatrix}, \quad I_{0-} = \begin{pmatrix} 0 & 1 & 0 \\ 1 & -4 & 1 \\ 0 & 1 & 0 \end{pmatrix}$$

图像矩阵与拉普拉斯核的卷积本质上是计算任意位置的值与其在水平方向和垂直方向上四个相邻点平均值之间的差值（只是相差一个 4 的倍数）。

Laplacian 边缘检测算子不像 Sobel 和 Prewitt 算子那样对图像进行了平滑处理，所以它会对噪声产生较大的响应，误将噪声作为边缘，并且得不到有方向的边缘。显然，它无法像 Sobel 和 Prewitt 算子那样单独得到水平方向、垂直方向或者其他固定方向上的边缘。拉普拉斯算子的优点是它只有一个卷积核，所以其计算成本比其他算子要低。

此外，拉普拉斯算子还有一些常用的形式，如：

$$I_1 = \begin{pmatrix} -1 & -1 & -1 \\ -1 & 8 & -1 \\ -1 & -1 & -1 \end{pmatrix}, \quad I_2 = \begin{pmatrix} 2 & -1 & 2 \\ -1 & -4 & -1 \\ 2 & -1 & 2 \end{pmatrix}, \quad I_3 = \begin{pmatrix} 0 & 2 & 0 \\ 2 & -8 & 2 \\ 0 & 2 & 0 \end{pmatrix}, \quad I_4 = \begin{pmatrix} 2 & 0 & 2 \\ 0 & -8 & 0 \\ 2 & 0 & 2 \end{pmatrix}$$

拉普拉斯核内所有值的和必须等于 0，这样就使得在恒等灰度值区域不会产生错误的边缘，而且上述几种形式的拉普拉斯算子均是不可分离的。

8.7.2 Python 实现

对于拉普拉斯边缘检测的实现非常简单,第一步:图像矩阵与拉普拉斯核卷积,基于 Python 的实现,只需要使用函数 convolved2d 即可。代码如下:

```
def laplacian(image,_boundary='fill',_fillvalue=0):
    #拉普拉斯卷积核
    laplacianKernel = np.array([[0,-1,0],[-1,4,-1],[0,-1,0]],np.float32)
    #laplacianKernel = np.array([[-1,-1,-1],[-1,8,-1],[-1,-1,-1]],np.float32)
    #图像矩阵与拉普拉斯算子卷积
    i_conv_lap = signal.convolve2d(image,laplacianKernel,mode='same',boundary =
     _boundary,fillvalue=_fillvalue)
    return i_conv_lap
```

第二步:通过第一步得到的卷积结果,假设记为 **i_conv_lap**,得到边缘的二值化显示。需要注意的是,这里不再像 Sobel 或者 Prewitt 等边缘检测那样对卷积结果取绝对值来衡量边缘强度,而是通过以下方式对边缘进行灰度二值化显示:

$$\mathbf{edge}(r,c) = \begin{cases} 255, & \mathbf{i\_conv\_lap}(r,c) > 0 \\ 0, & \mathbf{i\_conv\_lap}(r,c) \leqslant 0 \end{cases}$$

除了可以通过阈值化得到边缘图,Holger Winnem[15] 还提出了利用以下定义:

$$\mathbf{abstraction}(r,c) = \begin{cases} 255, & \mathbf{i\_conv\_lap}(r,c) > 0 \\ 255*(1-\tanh(\mathbf{i\_conv\_lap}(r,c))), & \mathbf{i\_conv\_lap}(r,c) \leqslant 0 \end{cases}$$

显示水墨效果的边缘图。通过如下主函数实现两种边缘的显示效果。具体代码如下:

```
#主函数
if __name__ =="__main__":
    if len(sys.argv)>1:
        image = cv2.imread(sys.argv[1],cv2.CV_LOAD_IMAGE_GRAYSCALE)
    else:
        print "Usge:python laplacian.py imageFile"
    #显示原图
    cv2.imshow("image.jpg",image)
    #拉普拉斯卷积
```

```python
i_conv_lap = laplacian(image,'symm')
#第一种情形：对卷积结果进行阈值化处理
threshEdge = np.copy(i_conv_lap)
threshEdge[threshEdge>0] = 255
threshEdge[threshEdge<=0] = 0
threshEdge= threshEdge.astype(np.uint8)
cv2.imshow("threshEdge",threshEdge)
#第二种情形：对卷积结果进行抽象化处理
asbstraction = np.copy(i_conv_lap)
asbstraction = asbstraction.astype(np.float32)
asbstraction[asbstraction>=0]=1.0
asbstraction[asbstraction<0] = 1.0+ np.tanh(asbstraction[asbstraction<0])
cv2.imshow("asbstraction",asbstraction)
cv2.waitKey(0)
cv2.destroyAllWindows()
```

因为拉普拉斯算子对噪声很敏感，在使用时首先应对图像进行高斯平滑，然后再与拉普拉斯算子卷积，最后利用上式得到二值化边缘图。图 8-15 显示的是拉普拉斯边缘检测的效果，其中图（b）显示的是对拉普拉斯卷积结果阈值化的二值化边缘图，图（c）显示的是对图（a）进行高斯平滑后，再进行拉普拉斯边缘检测得到的二值图，图（d）显示的是水墨效果的边缘图，该边缘图也在某种程度上体现了边缘强度。

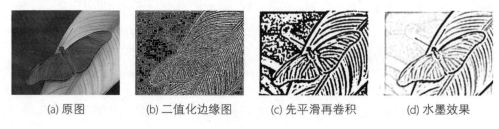

(a) 原图　　　(b) 二值化边缘图　　　(c) 先平滑再卷积　　　(d) 水墨效果

图 8-15　拉普拉斯边缘检测效果

8.7.3　C++ 实现

对于拉普拉斯卷积，OpenCV 提供的函数：

```
void Laplacian(InputArray src, OutputArray dst, int ddepth, int ksize=1, double scale=1, double delta=0, int borderType=BORDER_DEFAULT)
```

实现了该功能，其参数解释如表 8-3 所示。

表 8-3 函数 Laplacian 的参数解释

参数	解释
src	输入矩阵
dst	输出矩阵
ddepth	输出矩阵的数据类型（位深）
ksize	拉普拉斯核的类型
scale	比例系数
delta	平移系数
borderType	边界扩充类型

对于参数 ksize，通过查看源码会发现当 ksize=1 时，采用的是 l_{0-} 形式的拉普拉斯核；当 ksize=3 时，采用的是 l_4 形式的拉普拉斯核。当然，如果想用其他形式的拉普拉斯核，则可以利用"图像平滑"一章中定义的函数 conv2D 来实现。

在 8.7.2 节的 Python 实现中，通过阈值化处理得到最后的输出边缘，如果采用类似于 Sobel、Prewitt 等边缘检测算法，即对卷积后的结果采用取绝对值的方式输出边缘会有怎样的效果呢？具体实现代码如下：

```
int main(int argc, char*argv[])
{
    //输入图像矩阵
    Mat img = imread(argv[1], CV_LOAD_IMAGE_GRAYSCALE);
    if (!img.data)
        return -1;
    //高斯平滑
    //GaussianBlur(img, img, Size(7, 1),1, 0);
    //拉普拉斯卷积
    Mat dst;
    Laplacian(img, dst, CV_32F, 3);
    //边缘图
    convertScaleAbs(dst, dst, 1.0, 0);
    //以黑色显示边缘
    dst = 255 - dst;
    //显示原图和二值化边缘图
    imshow("原图", img);
```

```
    imshow("边缘图", dst);
    waitKey(0);
    return 0;
}
```

图 8-16 显示了对卷积结果采用取绝对值的方式得到的边缘图,其中图(a)显示的是采用 l_{0^-} 形式的拉普拉斯核得到的边缘图;图(b)显示的是首先对输入图像进行高斯平滑,然后再采用 l_{0^-} 进行拉普拉斯卷积得到的边缘图,仔细观察会发现图(b))比图(a)的边缘更光滑,这是高斯平滑去除图像噪声的缘故;图(c)显示的是采用 l_4 形式的拉普拉斯核得到的边缘图;图(d)显示的是首先对输入图像进行高斯平滑,然后再采用 l_4 进行拉普拉斯卷积得到的边缘图,同样图(d)的边缘比图(c)要光滑,图(c)的边缘比图(a))更清晰。

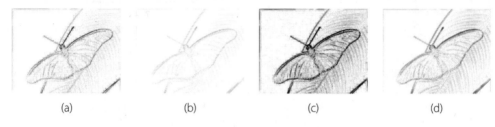

(a)　　　　　　(b)　　　　　　(c)　　　　　　(d)

图 8-16　拉普拉斯边缘检测效果

8.8　高斯拉普拉斯(LoG)边缘检测

8.8.1　原理详解

拉普拉斯边缘检测算子没有对图像做平滑处理,会对噪声产生明显的响应,所以在用拉普拉斯核进行边缘检测时,首先要对图像进行高斯平滑处理,然后再与拉普拉斯核进行卷积运算。这里进行了两次卷积运算,那么有没有可能用一次卷积运算就可以实现类似的效果呢?答案是肯定的。可以利用二维高斯函数

$$\text{gauss}(x, y, \sigma) = \frac{1}{2\pi\sigma^2} \exp(-\frac{x^2 + y^2}{2\sigma^2})$$

的拉普拉斯变换:

$$\nabla^2(\text{gauss}(x,y,\sigma)) = \frac{\nabla^2(\text{gauss}(x,y,\sigma))}{\partial^2 x} + \frac{\nabla^2(\text{gauss}(x,y,\sigma))}{\partial^2 y}$$

$$= \frac{1}{2\pi\sigma^2} \frac{\partial(-\frac{x}{\sigma^2}\exp(-\frac{x^2+y^2}{2\sigma^2}))}{\partial x} + \frac{1}{2\pi\sigma^2} \frac{\partial(-\frac{y}{\sigma^2}\exp(-\frac{x^2+y^2}{2\sigma^2}))}{\partial y}$$

$$= \frac{1}{2\pi\sigma^4}(\frac{x^2}{\sigma^2}-1)\exp(-\frac{x^2+y^2}{2\sigma^2}) + \frac{1}{2\pi\sigma^4}(\frac{y^2}{\sigma^2}-1)\exp(-\frac{x^2+y^2}{2\sigma^2})$$

$$= \frac{1}{2\pi\sigma^4}(\frac{x^2+y^2}{\sigma^2}-2)\exp(-\frac{x^2+y^2}{2\sigma^2})$$

通常称 $\nabla^2\text{gauss}(x,y,\sigma)$ 为高斯拉普拉斯（Laplician of Gaussian，LoG），这是高斯拉普拉斯边缘检测的基底。高斯拉普拉斯边缘检测的具体步骤如下。

第一步：构建窗口大小为 $H \times W$、标准差为 σ 的 **LoG** 卷积核。

$$\textbf{LoG}_{H \times W} = [\nabla^2\text{gauss}(w-\frac{W-1}{2}, h-\frac{H-1}{2}, \sigma)]_{0 \leqslant h < H, 0 \leqslant w < W}$$

其中 H、W 均为奇数且一般 $H = W$，卷积核锚点的位置在 $(\frac{H-1}{2}, \frac{W-1}{2})$。

第二步：图像矩阵与 $\textbf{LoG}_{H \times W}$ 核卷积，结果记为 **I_Cov_LoG**。

第三步：边缘二值化显示。

$$\textbf{edge}(r,c) = \begin{cases} 255, & \textbf{I\_Cov\_LoG}(r,c) > 0 \\ 0, & \textbf{I\_Cov\_LoG}(r,c) \leqslant 0 \end{cases}$$

这时候得到的边缘是以白色显示的，也可以利用以下公式使得到的边缘以黑色显示：

$$\textbf{edge}(r,c) = \begin{cases} 255, & \textbf{I\_Cov\_LoG}(r,c) < 0 \\ 0, & \textbf{I\_Cov\_LoG}(r,c) \geqslant 0 \end{cases}$$

它们的区别只是展现形式不同，可以根据自己的要求来选择，这样高斯拉普拉斯边缘检测的效果与先进行高斯平滑，然后再进行拉普拉斯边缘检测的效果是类似的。

8.8.2 Python 实现

对于高斯拉普拉斯边缘检测，可以通过函数 createLoGKernel 构建高斯拉普拉斯卷积核（注意，可以把 ∇^2gauss 前面的系数 $\frac{1}{2\pi\sigma^4}$ 去掉），其中参数 sigma 为标准差，size 是一个二元元组，存储高斯拉普拉斯核的尺寸（高、宽）且高、宽均为奇数。具体代码如下：

```python
def createLoGKernel(sigma,size):
    #高斯拉普拉斯算子的高和宽，且两者均为奇数
    H,W = size
    r,c = np.mgrid[0:H:1,0:W:1]
    r-=(H-1)/2
    c-=(W-1)/2
    #方差
    sigma2 = pow(sigma,2.0)
    #高斯拉普拉斯核
    norm2 = np.power(r,2.0)+np.power(c,2.0)
    LoGKernel=(norm2/sigma2 -2)*np.exp(-norm2/(2*sigma2))
    return LoGKernel
```

通过定义函数 LoG 实现图像矩阵与高斯拉普拉斯核的卷积，其中参数 image 代表输入图像，sigma 为标准差，size 是高斯拉普拉斯核的尺寸。代码如下：

```python
def LoG(image,sigma,size,_boundary='symm'):
    #构建高斯拉普拉斯卷积核
    loGKernel = createLoGKernel(sigma,size)
    #图像矩阵与高斯拉普拉斯卷积核卷积
    img_conv_log = signal.convolve2d(image,loGKernel,'same',boundary =_boundary)
    return img_conv_log
```

利用函数 LoG 返回的图像矩阵与高斯拉普拉斯算子的卷积结果，只要进行以 0 为阈值的阈值化处理这一步就可以得到高斯拉普拉斯边缘。代码如下：

```python
#主函数
if __name__ =="__main__":
    if len(sys.argv) > 1:
        image = cv2.imread(sys.argv[1],cv2.CV_LOAD_IMAGE_GRAYSCALE)
    else:
        print "Usge:python LoG.py imageFile"
    #显示原图
    cv2.imshow("image",image)
    #高斯拉普拉斯卷积
    img_conv_log = LoG(image,6,(37,37),'symm')
```

```python
#边缘的二值化显示
edge_binary = np.copy(img_conv_log)
edge_binary[edge_binary>0]=255
edge_binary[edge_binary<=0]=0
edge_binary = edge_binary.astype(np.uint8)
cv2.imshow("edge_binary",edge_binary)
#cv2.imwrite("edge1_binary_37_6.jpg",edge_binary)
cv2.waitKey(0)
cv2.destroyAllWindows()
```

对于高斯拉普拉斯核的尺寸，一般取 $(6*\sigma+1)\times(6*\sigma+1)$，即大于 6σ 的最小奇数，这样得到的边缘效果会比较好，如图 8-17 所示。从效果可以看出，随着尺度（标准差）的增大，所得到的边缘的尺度也越来越大，越来越失去图像边缘的细节，显得更加粗略。

(a) $13\times 13, \sigma=2$

(b) $19\times 19, \sigma=3$

(c) $25\times 25, \sigma=4$

(d) $37\times 37, \sigma=6$

图 8-17　高斯拉普拉斯边缘检测效果

因为

$$\nabla^2 \text{gauss}(x,y,\sigma)) = \frac{1}{\sigma^2}[(\frac{x^2}{\sigma^2}-1)\text{gauss}(x,\sigma)]\text{gauss}(y,\sigma)$$
$$+\frac{1}{\sigma^2}[(\frac{y^2}{\sigma^2}-1)\text{gauss}(y,\sigma)]\text{gauss}(x,\sigma)$$

所以高斯拉普拉斯卷积核可以分解为两个可分离的卷积核的和，其中一维高斯函数 $\text{gauss}(x,\sigma)$ $= \frac{1}{\sqrt{2\pi}\sigma}\exp(-\frac{x^2}{2\sigma^2})$，因此可以利用卷积的加法分配律和结合律减少执行时间。下面用可分离的高斯拉普拉斯卷积核实现边缘检测。

8.8.3　C++ 实现

通过函数 getSepLoGKernel 构建高斯拉普拉斯卷积核分离出的两个卷积核，其中参数 kernelX 代表根据 $\frac{1}{\sigma^2}[(\frac{x^2}{\sigma^2}-1)\text{gauss}(x,\sigma)]$ 构建的水平方向上的卷积核，而参数 kernelY 代表由 $\text{gauss}(y,\sigma)$ 构建的垂直方向上的卷积核。代码如下：

```
void getSepLoGKernel(float sigma,int length,Mat & kernelX,Mat & kernelY)
{
    //分配内存
    kernelX.create(Size(length, 1), CV_32FC1);
    kernelY.create(Size(1, length), CV_32FC1);
    int center = (length - 1) / 2;
    double sigma2 = pow(sigma, 2.0);
    //构建可分离的高斯拉普拉斯核
    for (int c = 0; c < length; c++)
    {
        float norm2 = pow(c - center, 2.0);
        kernelY.at<float>(c,0) = exp(-norm2 / (2 * sigma2));
        kernelX.at<float>(0, c) = (norm2 / sigma2 - 1.0)*kernelY.at<float>(c,
        0);
    }
}
```

通过定义函数 LoG 实现图像矩阵与分离核的卷积,其中参数 image 代表输入图像,sigma 代表标准差,win 代表高斯拉普拉斯核的尺寸,宽、高均等于 win,当然可以简单修改函数实现宽、高不相同的卷积核。函数 LoG 实现的步骤如下。

第一步:图像矩阵先与水平方向上的卷积核卷积,然后再与垂直方向上的卷积核卷积。

第二步:与第一步相反,图像矩阵先与垂直方向上的卷积核卷积,然后再与水平方向上的卷积核卷积。

第三步:将第一步和第二步得到的卷积结果相加,其中对于分离卷积仍然使用"图像平滑"一章中定义的函数 sepConv2D_X_Y 和 sepConv2D_Y_X 来实现。具体代码如下:

```
Mat LoG(InputArray image,float sigma,int win)
{
    Mat kernelX, kernelY;
    //得到两个分离核
    getSepLoGKernel(sigma, win, kernelX, kernelY);
    //先进行水平卷积,再进行垂直卷积
    Mat covXY;
    sepConv2D_X_Y(image, covXY, CV_32FC1, kernelX, kernelY);
    //卷积核转置
    Mat kernelX_T = kernelX.t();
```

```
    Mat kernelY_T = kernelY.t();
    //先进行垂直卷积,再进行水平卷积
    Mat covYX;
    sepConv2D_Y_X(image, covYX, CV_32FC1,kernelX_T,kernelY_T);
    //计算两个卷积结果的和,得到高斯拉普拉斯卷积
    Mat LoGCov;
    add(covXY, covYX, LoGCov);
    return LoGCov;
}
```

对上述函数 LoG 返回的结果进行一次阈值为 0 的阈值化处理即可得到二值化边缘图,当然也可以进行类似的处理得到水墨效果边缘图。主函数代码如下:

```
int main(int argc, char*argv[])
{
    //输入图像
    Mat image = imread(argv[1], CV_LOAD_IMAGE_GRAYSCALE);
    if (!image.data)
        return -1;
    // 高斯拉普拉斯卷积
    float sigma = 4;
    int win = 25;
    Mat loG = LoG(image, sigma, win);
    //数据类型转换,转换为 CV_8U
    //以 0 为阈值,生成二值化边缘图
    Mat edge;
    threshold(loG, edge, 0, 255, THRESH_BINARY);
    imshow("二值边缘图", edge);
    waitKey(0);
    return 0;
}
```

虽然高斯拉普拉斯核可分离,但是当核的尺寸较大时,计算量仍然很大,下面通过高斯差分近似高斯拉普拉斯,从而进一步减少计算量。

8.9 高斯差分（DoG）边缘检测

8.9.1 高斯拉普拉斯与高斯差分的关系

二维高斯函数对 σ 的一阶偏导数如下：

$$\frac{\partial \text{gauss}(x, y, \sigma)}{\partial \sigma} = -\frac{1}{\pi\sigma^3}\exp(-\frac{x^2+y^2}{2\sigma^2}) + \frac{x^2+y^2}{2\pi\sigma^5}\exp(-\frac{x^2+y^2}{2\sigma^2})$$

$$= \frac{1}{2\pi\sigma^3}(\frac{x^2+y^2}{\sigma^2} - 2)\exp(-\frac{x^2+y^2}{2\sigma^2})$$

显然，$\frac{\partial \text{gauss}(x, y, \sigma)}{\partial \sigma}$ 和高斯拉普拉斯 $\nabla^2(\text{gauss}(x, y, \sigma))$ 有如下关系：

$$\sigma\nabla^2(\text{gauss}(x, y, \sigma)) = \frac{\partial \text{gauss}(x, y, \sigma)}{\partial \sigma}$$

又根据一阶导数的定义得到：

$$\frac{\partial \text{gauss}(x, y, \sigma)}{\partial \sigma} = \lim_{k \to 1}\frac{\text{gauss}(x, y, k*\sigma) - \text{gauss}(x, y, \sigma)}{k*\sigma - \sigma}$$

$$\approx \frac{\text{gauss}(x, y, \sigma) - \text{gauss}(x, y, k*\sigma)}{k*\sigma - \sigma}$$

根据上面两个公式，显然可以得到高斯拉普拉斯的近似值，

$$\nabla^2(\text{gauss}(x, y, \sigma)) \approx \frac{\text{gauss}(x, y, k*\sigma) - \text{gauss}(x, y, \sigma)}{\sigma^2(k-1)}$$

该近似值常称为高斯差分（Difference of Gaussian，DoG）。如图 8-18 所示，当 $k = 0.95$ 时，高斯拉普拉斯和高斯差分的值是近似相等的。

高斯差分是高斯差分边缘检测[7]的基底。高斯差分边缘检测的步骤如下。

第一步：构建窗口大小为 $H \times W$ 的高斯差分卷积核。

$$\mathbf{DoG}_{H \times W} = [\text{DoG}(w - \frac{W-1}{2}, h - \frac{H-1}{2})]_{0 \leqslant h < H, 0 \leqslant w < W}$$

其中 H、W 均为奇数，卷积核锚点的位置在 $(\frac{H-1}{2}, \frac{W-1}{2})$。

第二步：图像矩阵与 $\mathbf{DoG}_{H \times W}$ 核卷积，结果记为 **I_Cov_DoG**。

8 边缘检测

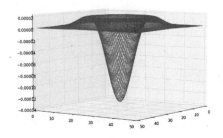 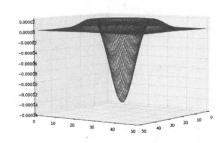

(a) 高斯拉普拉斯　　　　　　　　　(b) $k = 0.95$，高斯差分

图 8-18　高斯拉普拉斯与高斯差分

第三步：与拉普拉斯边缘检测相同的二值化或者水墨效果的显示。

高斯差分核是两个非归一化的高斯核的差，已知高斯核又是可分离的，所以真正在用程序实现时，为了减少计算量，可以不用创建高斯差分核，而是根据卷积的加法分配率和结合律的性质，图像矩阵分别与两个高斯核卷积，然后做差，用来代替第一步和第二步操作。

8.9.2　Python 实现

首先通过定义函数 gaussConv 实现非归一化的高斯卷积，其中参数 size 代表卷积核的尺寸，是一个二元元组，第一个元素是卷积核的高，第二个元素是卷积核的宽；sigma 代表标准差。具体代码如下：

```python
def gaussConv(I,size,sigma):
    #卷积核的高和宽
    H,W = size
    #构建水平方向上的非归一化的高斯卷积核
    xr,xc = np.mgrid[0:1,0:W]
    xc -= (W-1)/2
    xk = np.exp(-np.power(xc,2.0))
    # I 与 xk 卷积
    I_xk = signal.convolve2d(I,xk,'same','symm')
    #构造垂直方向上的非归一化的高斯卷积核
    yr,yc = np.mgrid[0:H,0:1]
    yr -= (H-1)/2
```

```python
    yk = np.exp(-np.power(yr,2.0))
    # I_xk 与 yk 卷积
    I_xk_yk = signal.convolve2d(I_xk,yk,'same','symm')
    I_xk_yk *= 1.0/(2*np.pi*pow(sigma,2.0))
    return I_xk_yk
```

然后通过定义函数 DoG 实现高斯差分。代码如下:

```python
def DoG(I,size,sigma,k=1.1):
    #标准差为 sigma 的非归一化的高斯卷积
    Is = gaussConv(I,size,sigma)
    #标准差为 k*sigma 的非归一化的高斯卷积
    Isk = gaussConv(I,size,k*sigma)
    #两个高斯卷积的差分
    doG = Isk - Is
    doG /= (pow(sigma,2.0)*(k-1))
    return doG
```

实现了高斯差分后,就可以对高斯差分后的结果以 0 为阈值进行边缘的二值化显示了。在以下主函数中边缘是以白色显示的,只有对边缘进行抽象化处理,边缘黑色显示效果才会明显。具体实现代码如下:

```python
if __name__ =="__main__":
    if len(sys.argv) > 1:
        image = cv2.imread(sys.argv[1],cv2.CV_LOAD_IMAGE_GRAYSCALE)
    else:
        print "Usge:python DoG.py imageFile"
    #显示原图
    cv2.imshow("image",image)
    #高斯差分边缘检测
    sigma = 2
    k = 1.1
    size = (13,13)
    imageDoG = DoG(image,size,sigma,k)
    #二值化边缘,对 imageDoG 进行阈值化处理
    edge = np.copy(imageDoG)
    edge[edge>0] = 255
    edge[edge<=0] = 0
```

```
edge = edge.astype(np.uint8)
cv2.imshow("edge",edge)
#图像边缘抽象化
asbstraction = -np.copy(imageDoG)
asbstraction = asbstraction.astype(np.float32)
asbstraction[asbstraction>=0]=1.0
asbstraction[asbstraction<0] = 1.0+ np.tanh(asbstraction[asbstraction<0])
cv2.imshow("asbstraction",asbstraction)
cv2.waitKey(0)
cv2.destroyAllWindows()
```

图 8-19 显示了对图 8-5 所示图像进行高斯差分边缘检测的效果，其中图（a）使用的是 $\sigma=2$ 的 13×13 的高斯差分核的效果；图（b）显示的是对图（a）进行反色处理后的抽象化效果；图（c）使用的是 $\sigma=4$ 的 25×25 的高斯差分核的效果；图（d）显示的是对图（c）进行反色处理后的抽象化效果。

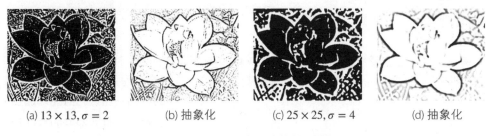

(a) $13\times 13, \sigma=2$　　(b) 抽象化　　(c) $25\times 25, \sigma=4$　　(d) 抽象化

图 8-19　高斯差分边缘检测效果

8.9.3　C++ 实现

与 Python 实现类似，通过定义函数 gaussConv 实现图像矩阵与分离高斯核的卷积，其中参数 I 代表输入的图像矩阵；sigma 代表标准差；因为经常使用的是高和宽相同的高斯核，所以令 s 代表高斯核的高和宽，即高斯核的尺寸为 s×s 且 s 为奇数。返回值是数据类型为 CV_32F 的卷积结果，当然可以换成其他数据类型。分离卷积使用的仍然是"图像平滑"一章中定义的函数 sepConv2D_X_Y。具体代码如下：

```
Mat gaussConv(Mat I,float sigma,int s)
{
    //构建水平方向上的非归一化的高斯核
    Mat xkernel = Mat::zeros(1, s, CV_32FC1);
```

```cpp
    //中心位置
    int cs = (s - 1) / 2;
    //方差
    float sigma2 = pow(sigma, 2.0);
    for (int c = 0; c < s; c++)
    {
        float norm2 = pow(float(c - cs), 2.0);
        xkernel.at<float>(0, c) = exp(-norm2 / (2 * sigma2));
    }
    //将 xkernel 转置,得到垂直方向上的卷积核
    Mat ykernel = xkernel.t();
    //分离卷积核的卷积运算
    Mat gauConv;
    sepConv2D_X_Y(I, gauConv, CV_32F, xkernel, ykernel);
    gauConv.convertTo(gauConv, CV_32F, 1.0 / sigma2);
    return gauConv;
}
```

实现高斯卷积后,就可以通过定义函数 DoG 实现高斯差分了。注意,这里返回的高斯差分的数据类型与函数 gaussConv 的返回值的数据类型一样,都是 CV_32F。代码如下:

```cpp
Mat DoG(Mat I, float sigma, int s, float k=1.1)
{
    //与标准差为 sigma 的非归一化的高斯核卷积
    Mat Ig = gaussConv(I, sigma, s);
    //与标准差为 k*sigma 的非归一化的高斯核卷积
    Mat Igk = gaussConv(I, k*sigma, s);
    //两个高斯卷积结果做差
    Mat doG = Igk - Ig;
    return doG;
}
```

实现高斯差分后,只要对差分结果以 0 为阈值进行阈值化处理就可以实现高斯差分边缘检测了。主函数代码如下:

```cpp
int main(int argc, char*argv[])
{
    //输入图像矩阵
    Mat I = imread(argv[1], CV_LOAD_IMAGE_GRAYSCALE);
```

```
    if (!I.data)
        return -1;
//高斯差分
float sigma = 2;
int s = 13;
float k = 1.05;
Mat doG=DoG(I, sigma, s, k);
//阈值化处理
Mat edge;
threshold(doG, edge, 0, 255, THRESH_BINARY);
//显示二值化边缘
imshow("高斯差分边缘", edge);
waitKey(0);
return 0;
}
```

图 8-20 显示的是对图 8-4（a）所示图像进行高斯差分边缘检测的效果，与图 8-17 所示的高斯拉普拉斯边缘检测效果对比，会发现差别很小。

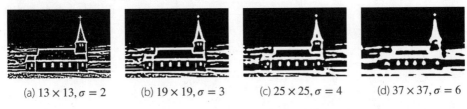

(a) $13 \times 13, \sigma = 2$　　(b) $19 \times 19, \sigma = 3$　　(c) $25 \times 25, \sigma = 4$　　(d) $37 \times 37, \sigma = 6$

图 8-20　高斯差分边缘检测效果

8.10　Marr-Hildreth 边缘检测

8.10.1　算法步骤详解

高斯差分和高斯拉普拉斯是 Marr-Hildreth 边缘检测[7]的基底。对于高斯差分和高斯拉普拉斯边缘检测，最后一步只是简单地进行阈值化处理，显然所得到的边缘很粗略，不够精准，那么 Marr-Hildreth 边缘检测可以简单地理解为对高斯差分和高斯拉普拉斯检测到的边缘的细化，就像 Canny 对 Sobel、Prewitt 检测到的边缘的细化一样。Marr-Hildreth 算法步骤如下。

第一步：构建窗口大小为 $H\times W$ 的高斯拉普拉斯或者高斯差分卷积核。

第二步：图像矩阵与 $\mathbf{LoG}_{H\times W}$ 核或者 $\mathbf{DoG}_{H\times W}$ 核卷积。

第三步：通过第二步得到的卷积结果寻找过零点位置，过零点位置即为边缘位置。

显然，Marr-Hildreth 边缘检测只是将高斯差分和高斯拉普拉斯边缘检测最后一步的阈值化处理，改成了寻找过零点位置的操作。对于过零点可以通过图 8-21 来理解，其中图（a）显示的是 $f(x)=\dfrac{e^x-1}{e^x+1}$ 曲线，图（b）显示的是对 $f(x)$ 的一阶导数曲线，相当于 Sobel 或者 Prewitt 提到的差分运算，$|f'(x)|$ 反映的是 $f(x)$ 变化率，等价于边缘强度的概念。对于该函数而言，$|f'(x)|$ 在 $x=0$ 处是最大的，那么对应到 $f(x)$ 在 $x=0$ 处的函数值变化率是最大的，即边缘强度最大处；而二阶导数 $f''(x)$ 在 $x=0$ 处的函数值是等于 0 的，即 $x=0$ 就是 $f''(x)$ 的过零点，显然二阶导数的过零点位置也对应到 $f(x)$ 的变化率最大处，即边缘强度最大处。

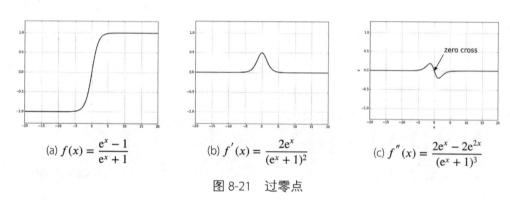

(a) $f(x)=\dfrac{e^x-1}{e^x+1}$ (b) $f'(x)=\dfrac{2e^x}{(e^x+1)^2}$ (c) $f''(x)=\dfrac{2e^x-2e^{2x}}{(e^x+1)^3}$

图 8-21 过零点

对于连续函数 $g(x)$，如果 $g(x_1)*g(x_2)<0$，即 $g(x_1)$ 和 $g(x_2)$ 异号，那么在 x_1 和 x_2 之间，一定存在 x_0 使得 $g(x_0)=0$，即 x_0 为 $g(x)$ 的过零点，推广到二维函数，就是 Marr-Hildreth 寻找过零点位置的主要思想。

8.10.2 Pyton 实现

真正用代码实现寻找过零点的方式有很多，比较常用的和有效的是如下两种方式。第一种方式：针对图像矩阵与高斯差分核（或者高斯拉普拉斯核）的卷积结果，对每一个位置判断以该位置为中心的 3×3 邻域内的上/下方向、左/右方向、左上/右下方向、右上/左下方向的值是否有异号出现，具体理解如图 8-22 所示。

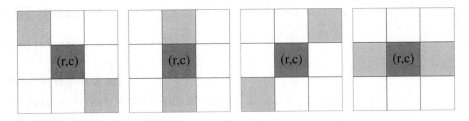

图 8-22　过零点（第一种方式）

对于这四种情况，只要有一种情况出现异号，该位置 (r, c) 就是过零点，即为边缘点，将该位置的输出值标记为白色。具体实现代码如下：

```
def zero_cross_default(doG):
    zero_cross = np.zeros(doG.shape,np.uint8)
    rows,cols = doG.shape
    for r in range(1,rows-1):
        for c in range(1,cols-1):
            # 左/右方向
            if doG[r][c-1]*doG[r][c+1] < 0:
                zero_cross[r][c] = 255
                continue
            #上/下方向
            if doG[r-1][c]*doG[r+1][c] < 0:
                zero_cross[r][c] = 255
                continue
            #左上/右下方向
            if doG[r-1][c-1]*doG[r+1][c+1] < 0:
                zero_cross[r][c] = 255
                continue
            #右上/左下方向
            if doG[r-1][c+1]*doG[r+1][c-1] < 0:
                zero_cross[r][c] = 255
                continue
    return zero_cross
```

第二种方式：与第一种方式类似，只是首先计算左上、右上、左下、右下的 4 个 2×2 邻域内的均值，如图 8-23 所示。

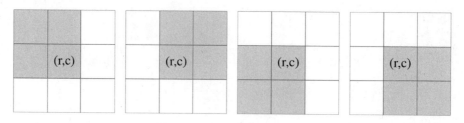

图 8-23 过零点（第二种方式）

对于这四个邻域内的均值，只要任意两个均值是异号的，该位置就是过零点，即为边缘点，将该位置的输出值设为白色。对于矩阵的均值，利用 Numpy 中提供的 mean 函数来计算。具体代码如下：

```python
def zero_cross_mean(doG):
    zero_cross = np.zeros(doG.shape,np.uint8)
    #存储左上、右上、左下、右下方向的均值
    fourMean = np.zeros(4,np.float32)
    rows,cols = doG.shape
    for r in range(1,rows-1):
        for c in range(1,cols-1):
            #左上方向的均值
            leftTopMean = np.mean(doG[r-1:r+1,c-1:c+1])
            fourMean[0] = leftTopMean
            #右上方向的均值
            rightTopMean = np.mean(doG[r-1:r+1,c:c+2])
            fourMean[1] = rightTopMean
            #左下方向的均值
            leftBottomMean = np.mean(doG[r:r+2,c-1:c+1])
            fourMean[2] = leftBottomMean
            #右下方向的均值
            rightBottomMean = np.mean(doG[r:r+2,c:c+2])
            fourMean[3] = rightBottomMean
            if(np.min(fourMean)*np.max(fourMean)<0):
                zero_cross[r][c] = 255
    return zero_cross
```

实现了通过两种方式寻找过零点，下面给出 Marr_Hildreth 边缘检测算法的完整步骤。代码如下：

```python
def Marr_Hildreth(image,size,sigma,k=1.1,crossType="ZERO_CROSS_DEFAULT"):
    #高斯差分
    doG = DoG(image,size,sigma,k)
    #过零点
    if crossType == "ZERO_CROSS_DEFAULT":
        zero_cross = zero_cross_default(doG)
    elif  crossType == "ZERO_CROSS_MEAN":
        zero_cross = zero_cross_mean(doG)
    else:
        print "no crossType"
    return zero_cross
```

主函数代码如下:

```python
if __name__ =="__main__":
    if len(sys.argv)>1:
        image = cv2.imread(sys.argv[1],cv2.CV_LOAD_IMAGE_GRAYSCALE)
    else:
        print "Usge:python Marr_Hilreth.py imageFile"
    #显示原图
    cv2.imshow("image",image)
    # Marr-Hildreth 边缘检测算法
    result = Marr_Hildreth(image,(37,37),6,1.1,"ZERO_CROSS_MEAN")
    cv2.imshow("Marr-Hildreth",result)
    cv2.waitKey(0)
    cv2.destroyAllWindows()
```

图 8-24 显示了使用不同参数对图 8-4（a）所示图像进行 Marr-Hildreth 边缘检测的效果，与图 8-17 和图 8-20 所示的效果相比，显然其相当于进行了细化操作，所得到的边缘更准确，而且产生了封闭的边缘，这是 Canny 边缘检测做不到的。

(a) $13 \times 13, \sigma = 2$ (b) $19 \times 19, \sigma = 3$ (c) $25 \times 25, \sigma = 4$ (d) $37 \times 37, \sigma = 6$

图 8-24　Marr-Hildreth 边缘检测效果

8.10.3　C++ 实现

对于寻找过零点的 C++ 实现，与 Python 实现类似，以下是寻找过零点的第一种方式，其中参数_src 为高斯拉普拉斯卷积或者高斯差分的结果，数据类型是 CV_32F；而_dst 为输出矩阵，代表边缘图。代码如下：

```cpp
void zero_cross_defalut(InputArray _src, OutputArray _dst)
{
    Mat src = _src.getMat();
    //判断位深
    CV_Assert(src.type() == CV_32FC1);
    _dst.create(src.size(), CV_8UC1);
    Mat dst = _dst.getMat();
    //输入图像矩阵的高、宽
    int rows = src.rows;
    int cols = src.cols;
    //零交叉点
    for (int r = 1; r < rows - 2; r++)
    {
        for (int c = 1; c < cols - 2; c++)
        {
            //上/下方向
            if (src.at<float>(r-1,c)*src.at<float>(r + 1,c) < 0)
            {
                dst.at<uchar>(r, c) = 255;
                continue;
            }
            //左/右方向
            if (src.at<float>(r,c-1)*src.at<float>(r,c+1)<0)
            {
                dst.at<uchar>(r, c) = 255;
                continue;
            }
            //左上/右下方向
            if (src.at<float>(r-1,c-1)*src.at<float>(r+1,c+1)<0)
            {
```

```
                dst.at<uchar>(r, c) = 255;
                continue;
            }
            //右上/左下方向
            if (src.at<float>(r-1,c+1)*src.at<float>(r+1,c-1)<0)
            {
                dst.at<uchar>(r, c) = 255;
                continue;
            }
        }
    }
}
```

对于寻找过零点的第二种方式，要计算矩阵的均值，OpenCV 提供的函数：

```
Scalar mean(InputArray src, InputArray mask=noArray())
```

实现了该功能，其返回值为 Scalar 类型，代表可以处理多通道矩阵。

下面通过函数 zero_cross_mean 实现寻找过零点的第二种方式，其中参数 _src 为高斯拉普拉斯卷积或者高斯差分的结果；而 _dst 为输出矩阵，代表边缘图。代码如下：

```
void zero_cross_mean(InputArray _src, OutputArray _dst)
{
    Mat src = _src.getMat();
    //判断位深
    _dst.create(src.size(), CV_8UC1);
    Mat dst = _dst.getMat();
    int rows = src.rows;
    int cols = src.cols;
    double minValue;
    double maxValue;
    //存储四个方向的均值
    Mat temp(1, 4, CV_32FC1);
    //零交叉点
    for (int r = 0 + 1; r < rows - 1; r++)
    {
        for (int c = 0 + 1; c < cols - 1; c++)
        {
```

```
            //左上方向
            Mat left_top(src, Rect(c - 1, r - 1, 2, 2));
            temp.at<float>(0, 0) = mean(left_top)[0];
            //右上方向
            Mat right_top(src, Rect(c, r - 1, 2, 2));
            temp.at<float>(0, 1) = mean(right_top)[0];
            //左下方向
            Mat left_bottom(src, Rect(c - 1, r, 2, 2));
            temp.at<float>(0, 2) = mean(left_top)[0];
            //右下方向
            Mat right_bottom(src, Rect(c, r, 2, 2));
            temp.at<float>(0, 3) = mean(right_bottom)[0];
            minMaxLoc(temp, &minValue, &maxValue);
            //最大值和最小值异号，该位置为过零点
            if (minValue*maxValue < 0)
                dst.at<uchar>(r, c) = 255;
        }
    }
}
```

实现了通过两种方式寻找过零点后，可以利用以下实现的函数 Marr_Hildreth 调用，其中参数 image 代表输入图像；win 代表卷积核的宽、高，且为奇数；sigma 代表标准差；ZERO_CROSS_TYPE 为枚举类型，其值为 {ZERO_CROSS_DEFALUT,ZERO_CROSS_MEAN}，代表两种过零点方式。具体代码如下：

```
Mat Marr_Hildreth(InputArray image, int win, float sigma, ZERO_CROSS_TYPE type)
{
    //高斯拉普拉斯
    Mat loG = LoG(image,sigma,win)
    //过零点
    Mat zeroCrossImage;
    switch (type)
    {
    case ZERO_CROSS_DEFALUT:
        zero_cross_defalut(loG, zeroCrossImage);
        break;
    case ZERO_CROSS_MEAN:
```

```
            zero_cross_mean(loG, zeroCrossImage);
            break;
    default:
            CV_Error(CV_StsBadArg, "Unknown ZERO_CROSS type");
    }
    return zeroCrossImage;
}
```

在上述 Marr-Hildreth 边缘检测实现中使用了高斯拉普拉斯而不是高斯差分，这里只是为了验证使用它们都可以，为了减少计算量，当然最好使用高斯差分，稍微修改一下即可。使用上述函数，只要很短的主函数程序，就可以实现 Marr_Hildreth 边缘检测了。代码如下：

```
int main(int argc,char*argv[])
{
    //输入图像矩阵
    Mat image = imread(argv[1], CV_LOAD_IMAGE_GRAYSCALE);
    //Marr_Hildreth 边缘检测
    Mat edge = Marr_Hildreth(image, Size(13,13),2, ZERO_CROSS_DEFALUT);
    imshow("Marr_Hildreth",edge);
    waitkey(0);
}
```

图 8-25 显示了对图 8-5 所示图像使用不同参数进行 Marr-Hildreth 边缘检测的效果，与图 8-19 所示的效果相比，显然其得到的边缘更加细化、标准，为了显示得更清楚，这里的边缘是以黑色显示的。

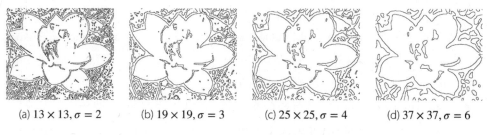

(a) $13 \times 13, \sigma = 2$ (b) $19 \times 19, \sigma = 3$ (c) $25 \times 25, \sigma = 4$ (d) $37 \times 37, \sigma = 6$

图 8-25　Marr-Hildreth 边缘检测的效果

通过本章内容提取了目标的边缘，有的时候需要检测出这些边缘的特定形状，如：直线、圆、椭圆等，这就是下一章要介绍的内容。

8.11 参考文献

[1] L.G.Roberts., Machine Perception of Three-Dimensional Solids, In: Optical and Electro-Optical Information Processing, MIT Press, Cambridge, MA, pp. 159–197, 1965.

[2] Prewitt, J.M.S. and Mendelsohn, M.L.. The Analysis of Cell Image, Ann.N.Y.Acad.sci., 128, pp. 1035–1053, 1966.

[3] Prewitt.J, Object Enhancement and Extraction, In B.Lipkin and A., Rosenfeld, eds., pictrus Processing and Psychopictorics, Academic Press, New York, 1970.

[4] Sobel, I, E., Camera Models and Machine Perception, PhD Thesis, Stanford University, 1970.

[5] L.S.Davis, A survey of Edge Detection Techniques, CGIP, 4, pp:248–270, 1975.

[6] R.A.Kirsch, Computer Determination of the Constituent Structure of Biological Image, Computers in Biomedical Research, 4, pp.315–328, 1971.

[7] Marr, D.C. and Hildreth, E., Theory of Edge Detection, Proc.R.Soc.Lond., B207, pp. 187–217, 1980

[8] Canny, J., A Computational Approach to Edge Detection, IEEE Trans.PAMI, 8(6), pp.679–698, 1986

[9] Demigny D., Lorca F.G., and Kessal L. Evaluation of edge detectors performaces width a discrete expression of Canny's criteria. In International conference on Image Processing, pages 169–172, Los Alamitos, CA, 1995, IEEE

[10] Jalali S. and Boyce J.F. Determination of optimal general edge detectors by global minimization of a cost function. Image and visiom computing, 13:683–693, 1995.

[11] Laligant O., Truchete F. and Miteran J. Edge detection by multiscale merging. In Proceedings of the IEEE-SP International Symposium on Time-Frequency and Time-Scale Analysis, pages:237–240, Los Alamitos, CA, 1994. IEEE.

[12] Mehrotra R and Shiming Z. A computational approach to zero-crossing-based two-dimensional edge detection. Graphical Models and Image Processing, 58:1–17, 1996.

[13] Sorrenti D.G. A proposal on local and adaptive determination of filter scale for edge detection. In Image Analysis and processing. ICIAP'95, pages:405–410, Berlin, 1995. Springer Verlag.

[14] Milan Sonka, Vaclav Hlavac, Roger Boyle. Image Processing, Analysis, and Machine Vision.

[15] Holger Winnemöller,Sven C. Olsen, Bruce Gooch. Real-Time Video Abstraction.

9 几何形状的检测和拟合

我们已经了解了如何通过阈值分割提取图像中的目标物体,通过边缘检测提取目标物体的轮廓,使用这两种方法基本能够确定物体的边缘或者前景。接下来,我们通常需要做的是拟合这些边缘和前景,如确定边缘是否满足某种几何形状,如直线、圆、椭圆等,或者拟合出包含前景或者边缘像素点的最小外包矩形、圆、凸包等几何形状,为计算它们的面积或者模板匹配等操作打下坚实的基础。下面首先介绍点集的概念,并依此展开本章的主要内容。

9.1 点集的最小外包

点集是指坐标点的集。已知二维笛卡儿坐标系中的很多坐标点,需要找到包围这些坐标点的最小外包四边形或者圆,在这里最小指的是最小面积,如图 9-1 所示。

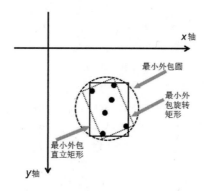

图 9-1 最小外包圆、旋转矩形、直立矩形

OpenCV 对图 9-1 所示的三类最小外包几何单元都有相应的实现,接下来详细介绍其对应的数据结构和函数。

9.1.1 最小外包旋转矩形

OpenCV 提供了两个关于矩形的类:一个是关于直立矩形的 Rect;另一个是关于旋转矩形的 RotatedRect。只需要三个要素就可以确定一个旋转矩形,它们是中心坐标尺寸(宽、高)和旋转角度。对于 RotatedRect,OpenCV 并没有提供类似于画直立矩形的函数 rectangle,可以通过画四条边的方式画出该旋转矩形。OpenCV 提供了函数:

`RotatedRect minAreaRect(InputArray points)`

返回输入点集 points 的最小外包旋转矩形。对于该函数的 C++ API,参数 points 接收三种点集形式,其中第一种是 $N \times 2$ 的 Mat 类型,指每一行代表一个点的坐标且数据类型只能是 CV_32S 或者 CV_32F;第二种输入类型是 vector<Point> 或者 vector<Point2f>,即多个点组成的向量;第三种是 $N \times 1$ 的双通道 Mat 类型。

举例:求 5 个坐标点 (1, 1)、(5, 1)、(1, 10)、(5, 10)、(2, 5) 的最小外包旋转矩形。C++ API 的使用代码如下:

```cpp
#include<opencv2/core/core.hpp>
#include<opencv2/imgproc/imgproc.hpp>
using namespace cv;
#include<iostream>
using namespace std;
int main(int argc, char*argv[])
{
    //点集 ( OpenCV 2.X )
    Mat points = (Mat_<float>(5, 2) << 1, 1, 5, 1, 1, 10, 5, 10, 2, 5);
    //计算点集的最小外包旋转矩形
    RotatedRect rRect = minAreaRect(points);
    //打印旋转矩形的信息:
    cout << "旋转矩形的角度:" << rRect.angle << endl;
    cout << "旋转矩形的中心:" << rRect.center << endl;
    cout << "旋转矩形的尺寸:" << rRect.size << endl;
    return 0;
}
```

程序的打印结果为：

旋转矩形的角度：-90
旋转矩形的中心：[3,5.5]
旋转矩形的尺寸：[9 x 4]

在以上代码中，也可以将 5 个点存储为 vector<Point2f> 类型。代码如下：

```
vector<Point2f> points;
points.push_back(Point2f(1, 1));
points.push_back(Point2f(5, 1));
points.push_back(Point2f(1, 10));
points.push_back(Point2f(5, 10));
points.push_back(Point2f(2, 5));
```

当然，也可以将点集存在一个双通道 Mat 中。代码如下：

```
Mat points = (Mat_<Vec2f>(5, 1) << Vec2f(1, 1), Vec2f(5, 1), Vec2f(1, 10), Vec2f(5, 10), Vec2f(2, 5));
```

对于该函数的 Python API，如果使用的是 OpenCV 2.X，则输入点集有两种形式：一是 $N \times 2$ 的二维 ndarray，其数据类型只能为 int32 或者 float32，即每一行代表一个点；二是 $N \times 1 \times 2$ 的三维 ndarray，其数据类型只能为 int32 或者 float32。Python API 的示例代码如下：

```
# -*- coding: utf-8 -*-
import cv2
import numpy as np
#点集
points=np.array([[1,1],[5,1],[1,10],[5,10],[2,5]],np.int32)
#第二种点集形式
#points=np.array([[[1,1]],[[5,1]],[[1,10]],[[5,10]],[[2,5]]],np.int32)
#计算点集最小外包旋转矩形
rotatedRect = cv2.minAreaRect(points)
#打印旋转矩形结果
print rotatedRect
```

打印结果为：

((3.0, 5.5), (9.0, 4.0), -90.0)

从打印结果可以看出，返回值是一个由三个元素组成的元组，依次代表旋转矩形的中心点坐标、尺寸和旋转角度。

9.1.2 旋转矩形的 4 个顶点（OpenCV 3.X 新特性）

9.1.1 节说到的旋转矩形是通过中心点坐标、尺寸和旋转角度三个方面来定义的，当然通过这三个属性值就可以计算出旋转矩形的 4 个顶点，这样虽然简单，但是写起来比较复杂。OpenCV 3.X 提供了函数：

```
void boxPoints(RotatedRect box, OutputArray points)
```

便于计算旋转矩形的 4 个顶点，这样就可以使用函数 line 画出 4 个顶点的连线，从而画出旋转矩形。下面使用该函数画出 9.1.1 节提到的旋转矩形。Python 代码如下：

```python
# -*- coding: utf-8 -*-
import cv2
import numpy as np
#主函数
if __name__ =="__main__":
    #旋转矩形
    vertices = cv2.boxPoints(((200, 200), (90, 150), -60.0))
    #4个顶点
    print vertices.dtype#打印数据类型
    print vertices#打印4个顶点
    #根据4个顶点在黑色画板上画出该矩形
    img=np.zeros((400,400),np.uint8)
    for i in xrange(4):
        #相邻的点
        p1 = vertices[i,:]
        j = (i+1)%4
        p2 = vertices[j,:]
        #画出直线
        cv2.line(img,(p1[0],p1[1]),(p2[0],p2[1]),255,2)
    cv2.imshow("img",img)
    cv2.waitKey(0)
    cv2.destroyAllWindows()
```

打印所返回的 4 个顶点的信息，结果如下：

```
float32
[[ 242.4519043    276.47113037]
```

```
[ 112.5480957    201.47114563]
[ 157.5480957    123.52886963]
[ 287.4519043    198.52885437]]
```

从打印结果可以看出,所返回的 4 个顶点是 4 行 2 列、数据类型为 float32 的 ndarray,每一行代表一个顶点坐标,然后依次连接顶点得到旋转矩形,如图 9-2 所示。

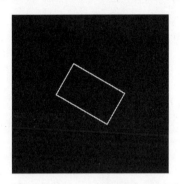

图 9-2 旋转矩形

该函数的 C++ API 使用代码如下:

```cpp
#include<opencv2/core.hpp>
#include<opencv2/highgui.hpp>
#include<opencv2/imgproc.hpp>
using namespace cv;
#include<vector>
#include<iostream>
using namespace std;
int main(int argc, char*argv[])
{
    //构造旋转矩形
    RotatedRect rRect(Point2f(200,200),Point2f(90,150),-60);
    //计算旋转矩形的4个顶点,存储为一个 4 行 2 列的单通道 float 类型的 Mat
    Mat vertices;
    boxPoints(rRect, vertices);
    //打印4个顶点
    cout << vertices << endl;
    //在黑色画板上画出该旋转矩形
    Mat img=Mat::zeros(Size(400, 400), CV_8UC1);
```

```cpp
    for (int i = 0; i < 4; i++)
    {
        //相邻的点
        Point p1 = vertices.row(i);
        int j = (i + 1) % 4;
        Point p2 = vertices.row(j);
        //画出直线
        line(img, p1, p2, Scalar(255), 3);
    }
    //显示旋转矩形
    imshow("旋转矩形", img);
    waitKey(0);
    return 0;
}
```

计算出的 4 个顶点存在一个 4 行 2 列的 Mat 对象中,每一行代表一个顶点坐标。

9.1.3 最小外包圆

OpenCV 提供了函数:

```
void minEnclosingCircle(InputArray points, Point2f& center, float& radius)
```

来实现点集的最小外包圆,其参数解释如表 9-1 所示。

表 9-1 函数 minEnclosingCircle 的参数解释

参数	解释
points	点集,Mat 或者 vector 类型,和 minAreaRect 一样
center	最小外包圆的圆心
radius	最小外包圆的半径

对于该函数的 C++ API,参数 points 与 minAreaRect 的 points 一样,可以接收三种点集形式。C++ 实现的示例代码如下:

```cpp
int main(int argc, char*argv[])
{
    //点集
```

```cpp
Mat points = (Mat_<float>(5, 2) << 1, 1, 5, 1, 1, 10, 5, 10, 2, 5);
//计算点集的最小外包圆
Point2f center;//圆心
float radius;//半径
minEnclosingCircle(points, center, radius);
//打印最小外包圆的信息:
cout << "圆心:" << center << endl;
cout << "半径:" << radius << endl;
return 0;
}
```

打印结果如下:

圆心:[3,5.5]
半径:5.07216

该函数的 Python API 使用方式和 minAreaRect 一样,其输入点集也有两种形式,仍然以 9.1.1 节中提到的 5 个坐标点为例,Python 代码如下:

```python
points = np.array([[1,1],[5,1],[1,10],[5,10],[2,5]],np.int32)
#计算点集的最小外包圆
circle = cv2.minEnclosingCircle(points)
#打印结果
print circle
```

打印结果如下:

((3.0, 5.5), 5.072161674499512)

即返回值是一个由两个元素组成的元组,第一个元素是圆的圆心坐标(也是一个二元元组),第二个元素是圆的半径。

9.1.4 最小外包直立矩形(OpenCV 3.X 新特性)

OpenCV 提供了函数:

```cpp
Rect boundingRect(InputArray points)
```

来实现点集的最小外包直立(up-right)矩形。在 OpenCV 2.X 中该函数的 C++ API 输入点集只有两种形式:vector<Point2f>、vector<Point> 或者 N 行 1 列的双通道 Mat 类型且数据类型只能是 CV_32S 或者 CV_32F,不再适用于 $N \times 2$ 的单通道 Mat 类型。代码如下:

```cpp
#include<opencv2/core/core.hpp>
#include<opencv2/imgproc/imgproc.hpp>
using namespace cv;
#include<iostream>
using namespace std;
int main(int argc, char*argv[])
{
    //点集
    vector<Point2f> points;
    points.push_back(Point2f(1, 1));
    points.push_back(Point2f(5, 1));
    points.push_back(Point2f(1, 10));
    points.push_back(Point2f(5, 10));
    points.push_back(Point2f(2, 5));
    //计算点集的最小外包直立矩形
    Rect rect = boundingRect(Mat(points));
    //打印最小外包直立矩形
    cout <<"最小外包矩形:"<< rect << endl;
    return 0;
}
```

打印结果如下:

最小外包矩形: [5 x 10 from (1,1)]

注意：其中的 Mat(points) 也是 Mat 的构造函数，可以由 vector<Point2f> 构造出一个 N 行 1 列的双通道 Mat。当然，上述代码中点集的一部分也可以用少量代码来实现，代码如下：

```cpp
//5行2列的单通道Mat
Mat points =(Mat_<float>(5, 2)<<1,1,5,1,1,10,5,10,2,5);
//转换为5行1列的双通道Mat
points = points.reshape(2, 5);
```

或者

```cpp
Mat points = (Mat_<Vec2f>(5, 1) << Vec2f(1, 1), Vec2f(5, 1), Vec2f(1, 10), Vec2f(5, 10), Vec2f(2, 5));
```

为了和函数 minAreaRect、minEnclosingCircle 统一，该函数也适用于三种点集形式，在 OpenCV 3.X 版本中对该函数的 C++ API 做了改变，输入点集也可以是一个 $N \times 2$ 的单通道

Mat 对象。代码如下:

```
int main(int argc, char*argv[])
{
    //5行2列的单通道Mat
    Mat points = (Mat_<float>(5, 2) << 1, 1, 5, 1, 1, 10, 5, 10, 2, 5);
    //计算点集的最小外包直立矩形
    Rect rect = boundingRect(points);
    //打印最小外包直立矩形
    cout << rect << endl;
    return 0;
}
```

对于该函数的 Python API,如果使用的是 OpenCV 2.X 版本,则输入点集只能是一个 $N \times 1 \times 2$ 的三维 ndarray,不支持 $N \times 2$ 的二维 ndarray。OpenCV 2.X 版本的 Python 示例代码如下:

```
points = np.array ([[[1,1]],[[5,10]],[[5,1]],[[1,10]],[[2,5]]] ,np.float32)
#最小外包直立矩形
rect = cv2.boundingRect(points)
#打印返回结果
print rect
```

打印结果如下:

(1, 1, 5, 10)

返回结果是一个由 4 个元素组成的元组,前两个元素是直立矩形的一个顶点坐标,后两个元素是它的对角坐标,如果稍不注意,输入点集写成一个 $N \times 2$ 的 ndarray,就会报出如下错误信息:

```
error: ..\..\..\..\opencv\modules\imgproc\src\shapedescr.cpp:970: error: (-210)
 The image/matrix format is not supported by the function in function
cvBoundingRect
```

在 OpenCV 3.X 版本中,输入点集也可以是一个 $N \times 2$ 的 ndarray。

9.1.5 最小凸包

给定二维平面上的点集，凸包就是将最外层的点连接起来构成的凸多边形，它能包含点集中的所有点，如图 9-3 所示。

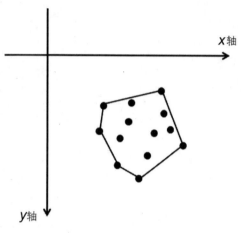

图 9-3　点集的最小凸包

OpenCV 定义了函数：

```
void convexHull(InputArray points, OutputArray hull, bool clockwise=false, bool returnPoints=true)
```

来求点集的最小凸包，其参数解释如表 9-2 所示。

表 9-2　函数 convexHull 的参数解释

参数	解释
points	输入点集是 vector 或者 Mat 类型
hull	构成凸包的点，类型为 vector<Point>、vector<Point2f>
clockwise	hull 中的点是按顺时针还是逆时针排列的
returnPoints	值为 true 时，hull 中存储的是坐标点；值为 false 时，存储的是这些坐标点在点集中的索引

仍然以 9.1.1 节中提到的 5 个坐标点为例，寻找这个点集的凸包。对于该函数的 C++ API，参数 points 与函数 minAreaRect 一样，可以接收三种点集形式，输出的构成凸包的点存储在一个 vector 中。代码如下：

```
int main(int argc, char*argv[])
{
    //5行2列的单通道Mat
    Mat points = (Mat_<float>(5, 2) << 1, 1, 5, 1, 1, 10, 5, 10, 2, 5);
    //求点集的凸包
    vector<Point2f> hull;
    convexHull(points,hull);
    //打印得到最外侧的点（凸包）
    for (int i = 0; i < hull.size(); i++)
    {
        cout << hull[i] <<",";
    }
    return 0;
}
```

打印结果如下：

[5,10],[1,10],[1,1],[5,1],

注意：利用该函数求出的凸包，坐标点的顺序不是随机排列的，而是按照某顺序排列的，也就是把这些点依次相连就可以得到如图 9-3 所示的连线。

下面使用该函数的 Python API，在 $[100,300) \times [100,300)$ 区域中随机生成由 80 个坐标点构成的点集，存在一个 $N \times 2$ 的 ndarray（当然可以是 $N \times 1 \times 2$ 的 ndarray）中，得到点集的凸包后，用线依次相连。代码如下：

```
# -*- coding: utf-8 -*-
import numpy as np
import cv2
#主函数
if __name__ == "__main__":
    #黑色画板400×400
    s = 400
    I = np.zeros((s,s),np.uint8)
    #随机生成横、纵坐标均在100至300之间的坐标点
    n=80#随机生成 n 个坐标点，每一行存储一个坐标
    points = np.random.randint(100,300,(n,2),np.int32)
    #在画板上用一个小圆标出这些点（只是为了观察才有这一步的）
    for i in xrange(n):
```

```python
        cv2.circle(I,(points[i,0],points[i,1]),2,255,2)
#求点集 points 的凸包
convexhull = cv2.convexHull(points)
# ----- 打印凸包的信息 ----
print type(convexhull)#凸包的类型
print convexhull.shape#凸包的shape属性
#依次连接凸包的各个点
k = convexhull.shape[0]
for i in xrange(k-1):
    cv2.line(I,(convexhull[i,0,0],convexhull[i,0,1]),(convexhull[i+1,0,0],
    convexhull[i+1,0,1]),255,2)
#上面还差首坐标和末坐标的相连，以下是首尾相接
cv2.line(I,(convexhull[k-1,0,0],convexhull[k-1,0,1]),(convexhull[0,0,0],
convexhull[0,0,1]),255,2)
#显示图片
cv2.imshow("I",I)
cv2.waitKey(0)
cv2.destroyAllWindows()
```

上面程序中有两行是打印函数 convexHull 返回的凸包信息，打印结果如下：

```
<type 'numpy.ndarray'>
(10L, 1L, 2L)
```

首先打印出凸包的数据结构类型是一个 ndarray 类，打印出这个 ndarray 的 shape 属性可知它是三维的，代表 10 个点相连构成了点集的凸包，然后依次连接这些点，如图 9-4 所示。

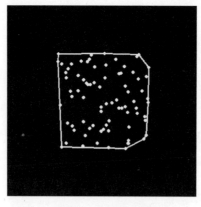

图 9-4　最小凸包

因为上述程序的点集是随机生成的,所以每次运行的结果可能都不一样。

9.1.6 最小外包三角形(OpenCV 3.X 新特性)

求点集的最小外包三角形是 OpenCV3.X 的新特性,通过函数:

`double minEnclosingTriangle( InputArray points, CV_OUT OutputArray triangle );`

来实现。需要注意的是,对于该函数的 C++ API,参数 points 只支持两种点集形式:$N×1$ 的双通道 Mat 或者 vector<Point>、vector<Point2f>,不支持 $N×2$ 的单通道 Mat;参数 triangle 是计算出的三角形的三个顶点,存储在 vector 向量中,返回的 double 值是最小外包三角形的面积。仍以 9.1.1 节中提到的 5 个坐标点为例,计算其最小外包三角形。代码如下:

```
int main(int argc, char*argv[])
{
    //5行2列的单通道Mat
    Mat points = (Mat_<int>(5, 2) << 1, 1, 5, 1, 1, 10, 5, 10, 2, 5);
    points = points.reshape(2, 5);//转换为双通道矩阵
    vector<Point> triangle;//存储三角形的三个顶点
    //点集的最小外包三角形
    double area = minEnclosingTriangle(points, triangle);
    cout << "三角形的三个顶点:";
    for (int i = 0; i < 3; i++)
        cout << triangle[i] << ",";
    cout << "最小外包三角形的面积:"<< area << endl;
    return 0;
}
```

打印结果如下:

```
三角形的三个顶点:[9,1],[1,1],[1,19],
最小外包三角形的面积:72
```

如果使用的是 Python API,将点集存储在一个 $5×1×2$ 的三维 ndarray 中,而不是 $5×2$ 的二维 ndarray 中,示例代码如下:

```
# -*- coding: utf-8 -*-
import numpy as np
import cv2
```

```python
#主函数
if __name__ == "__main__":
    points = np.array ([[[1,1]],[[5,10]],[[5,1]],[[1,10]],[[2,5]]] ,np.float32)
    #最小外包三角形
    area,triangle = cv2.minEnclosingTriangle(points)
    #打印三角形的面积
    print area
    #打印三角形的三个顶点
    print triangle
```

打印结果如下：

```
72.0
[[[  9    1 ]]
 [[  1.   1.]]
 [[  1.  19.]]]
```

从打印结果可以看出，所返回的三角形的三个顶点存储在 $3\times 1\times 2$ 的三维 ndarray 中。

观察本节所提及的函数 minAreaRect、minEnclosingCircle、boundingRecr、convexHull、minEnclosingTriangle，发现它们有一个共同的参数 points，即点集，这里的点集可以是无序的，也可以是有序的。在后面的章节中还会单独介绍一种有序的点集，常称有序的点集为轮廓，一般 OpenCV 提供的对有序的点集处理的函数，其参数名不再是 points，而是 contour，所以可以简单地从参数名判断哪些函数是专门处理有序的点集的。

了解了点集的概念，回忆一下，我们通过阈值分割或者边缘检测得到的二值图，这些二值图中的前景像素点（目标或者边缘）就可以被看成笛卡儿坐标系中的点集。下面就具体讨论这些前景像素点，首先介绍如何利用霍夫变换检测哪些前景像素点在一条直线上。

9.2 霍夫直线检测

9.2.1 原理详解

P. V. C. Hough[1] 第一次提出用霍夫变换（Hough Transform）检测二值图中的直线和曲线，R. D. Duda 和 P. E. Hart[2] 根据霍夫变换提出了一种更有效的直线检测方法，这就是通常所称的标准霍夫直线检测。下面详细介绍它的原理。在 xoy 平面内的一条直线大致分为如图 9-5 所示的四种情况。

9 几何形状的检测和拟合

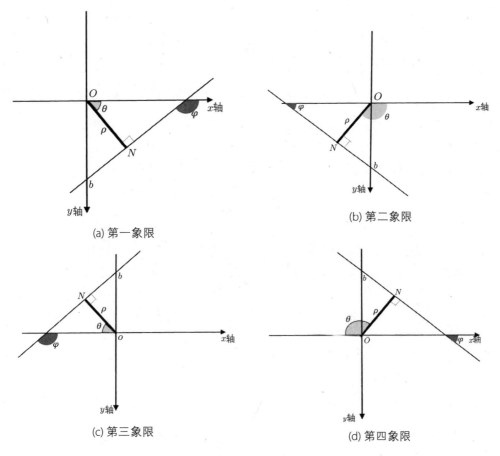

(a) 第一象限

(b) 第二象限

(c) 第三象限

(d) 第四象限

图 9-5 直线方程

其中，φ 是直线的正切角，b 是直线的截距，oN 是原点 o 到直线的垂线，ρ 是原点到直线的代数距离。当垂线 oN 在第一象限和第二象限时，令 $\rho=|oN|$，θ 是 $\overrightarrow{oN}$ 与 x 轴的正方向的夹角；当垂线 oN 在第三象限和第四象限时，令 $\rho=-|oN|$，θ 是 $\overrightarrow{oN}$ 与 x 轴的负方向的夹角，其中 $0 \leqslant \theta \leqslant \pi$。那么直线方程可由 θ 和 ρ 表示，即只要用 θ 和 ρ 表示出直线的斜率和截距就可以了。下面依次根据图 9-5（a）~（b）进行讨论。

图（a）第一象限：$\varphi = \dfrac{\pi}{2} + \theta$，$b = \dfrac{\rho}{\sin\theta}$，计算出斜率和截距，则直线方程为 $y = \tan(90+\theta)x + \dfrac{\rho}{\sin\theta} = -\dfrac{\cos\theta}{\sin\theta}x + \dfrac{\rho}{\sin\theta}$，整理后可得 $\rho = x\cos\theta + y\sin\theta$。

图（b）第二象限：$\varphi = \theta - \dfrac{\pi}{2}$，$b = \dfrac{\rho}{\sin\theta}$，计算出该直线的斜率和截距，则直线方程为 $y = \tan(\theta-90)x + \dfrac{\rho}{\sin\theta} = -\dfrac{\cos\theta}{\sin\theta}x + \dfrac{\rho}{\sin\theta}$，整理后可得 $\rho = x\cos\theta + y\sin\theta$。

图（c）第三象限：$\varphi = \theta + \frac{\pi}{2}$，$b = \frac{\rho}{\sin\theta}$，计算出该直线的斜率和截距，则直线方程为 $y = \tan(\theta + 90)x + \frac{\rho}{\sin\theta} = -\frac{\cos\theta}{\sin\theta}x + \frac{\rho}{\sin\theta}$，整理后可得 $\rho = x\cos\theta + y\sin\theta$。可以发现第三象限和第一象限的计算步骤是完全一样的。

图（d）第四象限：$\varphi = \theta - \frac{\pi}{2}$，$b = \frac{\rho}{\sin\theta}$，计算出该直线的斜率和截距，则直线方程为 $y = \tan(\theta - 90)x + \frac{\rho}{\sin\theta} = -\frac{\cos\theta}{\sin\theta}x + \frac{\rho}{\sin\theta}$，整理后可得 $\rho = x\cos\theta + y\sin\theta$。

通过观察可以发现，计算完成四个象限的直线方程，最后的表示结果是一样的，即如果知道原点到一条直线的代数距离 ρ 和与 x 轴的夹角 θ，则直线方程可由以下方式表示：

$$\rho = x\cos\theta + y\sin\theta$$

当然，反过来也可以，如果知道平面内的一条直线，那么可以计算出唯一的 ρ 和 θ，即 xoy 平面内的任意一条直线对应参数空间（或称霍夫空间）$\theta o \rho$ 中的一点 (ρ, θ)。如图 9-6 所示，对于 xoy 平面内的直线 $y = 10 - x$，因为原点到该直线的垂线在第一象限，垂线与 x 轴正方向的夹角为 $\frac{\pi}{4}$，原点到该直线的代数距离为 $\frac{10}{\sqrt{2}}$，所以该直线对应到 $\theta o \rho$ 中的点 $(\frac{\pi}{4}, \frac{10}{\sqrt{2}})$。

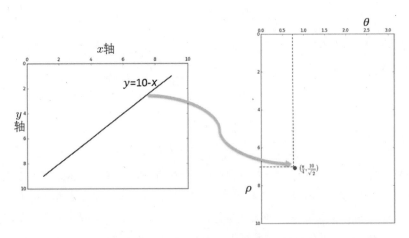

图 9-6 笛卡儿坐标系中的直线与极坐标中的点的对应关系

从另一个角度考虑，过 xoy 平面内的一点 (x_1, y_1) 有无数条直线，则对应霍夫空间中的无数个点，这无数个点连接起来就是 $\theta o \rho$ 平面内的曲线 $\rho = x_1\cos\theta + y_1\sin\theta$。如图 9-7 所示，过 xoy 平面内的点 $(5,5)$ 有无数条直线，则这个点对应到霍夫空间中的曲线 $\rho = 5\cos\theta + 5\sin\theta$，其中因为过 $(5,5)$ 有一条直线是 $y = 10 - x$，如图 9-6 所示，该直线对应坐标点 $(\frac{\pi}{4}, \frac{10}{\sqrt{2}})$，所以 $\rho = 5\cos\theta + 5\sin\theta$ 过点 $(\frac{\pi}{4}, \frac{10}{\sqrt{2}})$。对其他直线的讨论与之类似。

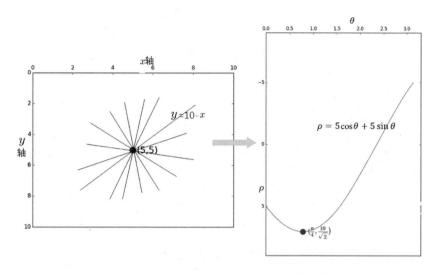

图 9-7 笛卡儿坐标系中的点与极坐标系中的曲线的对应关系

通过上述讨论可以解答一个问题:如何验证 xoy 平面内的 $(x_1, y_1), (x_2, y_2), \cdots$ 是否共线? 只要曲线 $\rho = x_i \cos\theta + y_i \sin\theta, i = 1, 2, \cdots$ 在 $\theta o \rho$ 平面内相交于一个点就可以了。举例:在 xoy 平面内有四个点 1、2、3、4,坐标依次为 (2,8)、(3,7)、(5,5) 和 (6,4),根据这四个点可以在 $\theta o \rho$ 平面内画出对应的四条曲线,这四条曲线相交于一个点,所以这四个点是共线的,如图 9-8 所示。

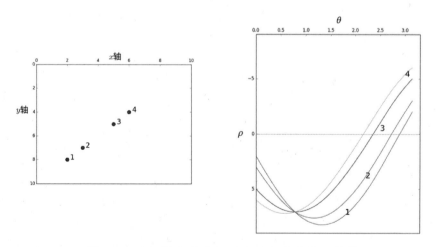

图 9-8 验证笛卡儿坐标系中的多个点是否共线

过这四个点的直线是 $y = 10 - x$,所以相交点为 $(\frac{\pi}{4}, \frac{10}{\sqrt{2}})$,如图 9-9 所示。

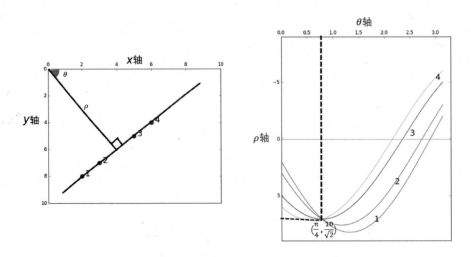

图 9-9 计算直线方程

推广以上结论，讨论一个稍微复杂的问题：已知平面内的一些点，如何找出哪些点在同一条直线上？解答过程如图 9-10 所示，xoy 平面内有 5 个点，对应到 $\theta o \rho$ 平面内的 5 条曲线，可以看出 1、2、3、4 点对应的曲线是相交于一个点的，所以 xoy 平面内的 1、2、3、4 点是共线的；同样，5 点和 4 点对应的曲线也相交于一个点，所以 xoy 平面内的 5 点和 4 点是共线的（两点决定一条曲线）；其他的与之类似。

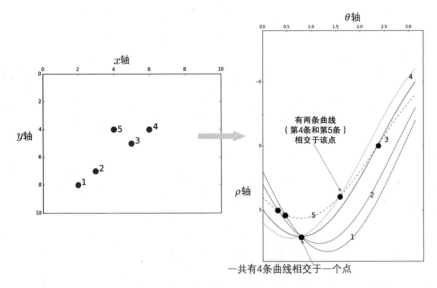

图 9-10 验证笛卡儿坐标系中的哪些点在同一条直线上

结论：判断 xoy 平面内哪些点是共线的，首先求出每一个点对应到霍夫空间的曲线，然后判断哪几条曲线相交于一点，最后将相交于一点的曲线反过来对应到 xoy 平面内的点，这些点就是共线的，这就是在图像中进行标准霍夫直线检测的核心思想。

9.2.2 Python 实现

在图像中要解决的霍夫直线检测是针对二值图的，验证哪些前景或者边缘像素点是共线的。如图 9-11 所示是一个宽度为 10、高度为 10 的二值图，在这里前景像素点是用白色（灰度值是 255）标注的，目的是验证哪些白色像素点是共线的。

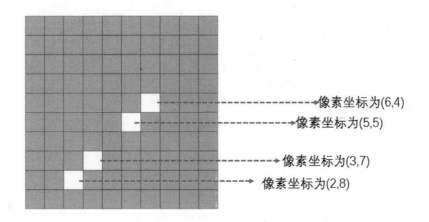

图 9-11　10×10 的二值图

按照 9.2.1 节得出的最后结论，首先肯定要根据每一个白色像素点的坐标，对应"画"出霍夫空间中的曲线，但是真正在程序实现中因为自变量 $0 \leqslant \theta < 180°$ 有无数个点，所以需要描出无数个点才能"画"出对应的曲线，因此程序中我们只能离散化处理，可以每间隔 $\triangle \theta$ 计算一个对应的 ρ，$\triangle \theta$ 通常取 1°，即计算 0°、1°、2°、…、179° 对应的 ρ 值。当然，为了描出更多的曲线上的点，可以令 $\triangle \theta$ 取更小的值，但是一般取 1° 就足够了，所以根据每一个白色像素点的坐标就需要计算 180 个坐标点，如表 9-3 所示。

那么如何利用计算出的 $\theta o \rho$ 空间中的这些点去验证哪些像素点是共线的呢？在 9.2.1 节中，是用曲线相交方式来验证的，但是这里只是从曲线上取了一些离散的点，所以需要引入一个工具，称为"计数器"，或者"投票器"，或者二维直方图。如图 9-12 所示，假设有 10 个坐标，向一个计数器（投票器）投票。

表 9-3　计算离散的坐标

(x_1, y_1)	(x_2, y_2)
$(1°, x_1 \cos 1° + y_1 \sin 1°)$	$(1°, x_2 \cos 1° + y_2 \sin 1°)$
$(2°, x_1 \cos 2° + y_1 \sin 2°)$	$(2°, x_2 \cos 2° + y_2 \sin 2°)$
$(3°, x_1 \cos 3° + y_1 \sin 3°)$	$(3°, x_2 \cos 3° + y_2 \sin 3°)$
$\vdots$	$\vdots$
$(178°, x_1 \cos 178° + y_1 \sin 178°)$	$(178°, x_2 \cos 178° + y_2 \sin 178°)$
$(179°, x_1 \cos 179° + y_1 \sin 179°)$	$(179°, x_2 \cos 179° + y_2 \sin 179°)$

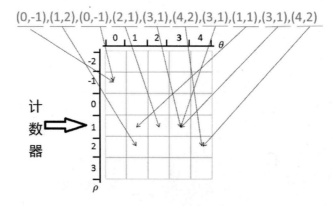

图 9-12　投票器

投票的汇总结果如图 9-13 所示，可以从投票器中很容易得出坐标 (3, 1) 出现了 3 次，坐标 (0, −1) 出现了 2 次等。

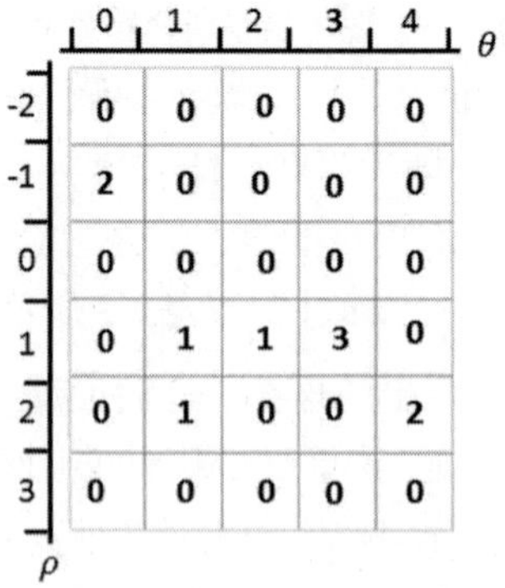

图 9-13　投票结果

如何构造霍夫空间中的计数器？假设在 xoy 平面内有任意一点 (x_1, y_1)，过该点有无数条直线，但是原点到这些直线的距离不会超过 $\sqrt{x_1^2 + y_1^2}$。图像矩阵宽度为 W、高度为 H，那么可以构造以下计数器，用 L 代表整数 $\text{round}(\sqrt{W^2 + H^2}) + 1$，如图 9-14 所示。

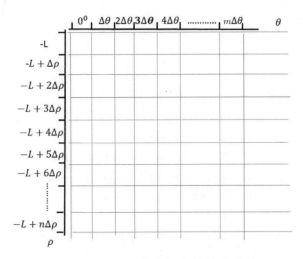

图 9-14　霍夫空间中的计数器

其中 $m\Delta\theta < 180, -L + n\Delta\rho \leqslant L$，一般就取 $\Delta\theta = 1°, \Delta\rho = 1$。以图 9-11 所示的二值图为例，这幅图像宽度为 10、高度为 10，所以令 $L = \text{round}(\sqrt{10^2 + 10^2}) + 1 = 15$，四个前景像素点的坐标分别为 (6, 4)、(5, 5)、(3, 7)、(2, 8)，按照表 9-3 求出的所有霍夫空间中的点坐标一共有 4×180 个，比如 $(45°, \text{round}(6\cos 45° + 4\sin 45°)) = (45°, 7), (45°, \text{round}(5\cos 45° + 5\sin 45°)) = (45°, 7)$，$(45°, \text{round}(3\cos 45° + 7\sin 45°)) = (45°, 7), (45°, \text{round}(2\cos 45° + 8\sin 45°)) = (45°, 7)$ 等，投票到如图 9-14 所示的计数器中，在计数器 $(45°, 7)$ 这个位置的计数是 4，这里的 $(45°, 7)$ 对应到图 9-9 中相交的点 $(\frac{\pi}{4}, \frac{10}{\sqrt{2}})$，表明有四个像素点是共线的。通过以上过程就可以实现标准的霍夫直线检测了。通过定义函数 HTLine 来实现该功能，其中输入参数 image 是一张二值图，返回值是计数器及对应的哪些点是共线的。代码如下：

```
def HTLine (image,stepTheta=1,stepRho=1):
    #宽、高
    rows,cols = image.shape
    #图像中可能出现的最大垂线的长度
    L = round(math.sqrt(pow(rows-1,2.0)+pow(cols-1,2.0)))+1
    #初始化投票器
    numtheta = int(180.0/stepTheta)
    numRho = int(2*L/stepRho + 1)
```

```
        accumulator = np.zeros((numRho,numtheta),np.int32)
        #建立字典
        accuDict={}
        for k1 in xrange(numRho):
            for k2 in xrange(numtheta):
                accuDict[(k1,k2)]=[]
        #投票计数
        for y in xrange(rows):
            for x  in xrange(cols):
                if(image[y][x] == 255):#只对边缘点做霍夫变换
                    for m in xrange(numtheta):
                        #对每一个角度,计算对应的 rho 值
                        rho = x*math.cos(stepTheta*m/180.0*math.pi)+y*math.sin(
                        stepTheta*m/180.0*math.pi)
                        #计算投票哪一个区域
                        n = int(round(rho+L)/stepRho)
                        #投票加 1
                        accumulator[n,m] += 1
                        #记录该点
                        accuDict[(n,m)].append((y,x))
        return accumulator,accuDict
```

在以下主函数中,利用上述实现的函数进行直线检测,并对计数器进行三维展示和二值化展示。代码如下:

```
# -*- coding: utf-8 -*-
import sys
import numpy as np
import cv2
import math
import matplotlib.pyplot as plt
from mpl_toolkits.mplot3d import Axes3D
#主函数
if __name__ == "__main__":
    if len(sys.argv)>1:
        #输入图像
        I = cv2.imread(sys.argv[1],cv2.CV_LOAD_IMAGE_GRAYSCALE)
    else:
```

```python
        print "Usage: python HTPLine.py image"
#Canny边缘检测
edge = cv2.Canny(I,50,200)
#显示二值化边缘
cv2.imshow("edge",edge)
#霍夫直线检测
accumulator,accuDict = HTLine(edge,1,1)
#计数器的二维直方图显示
rows,cols = accumulator.shape
fig = plt.figure()
ax = fig.gca(projection='3d')
X,Y = np.mgrid[0:rows:1, 0:cols:1]
surf = ax.plot_wireframe(X,Y,accumulator,cstride=1, rstride=1,color='gray')
ax.set_xlabel(u"$\\rho$")
ax.set_ylabel(u"$\\theta$")
ax.set_zlabel("accumulator")
ax.set_zlim3d(0,np.max(accumulator))
#计数器的灰度级显示
grayAccu = accumulator/float(np.max(accumulator))
grayAccu = 255*grayAccu
grayAccu = grayAccu.astype(np.uint8)
#只画出投票数大于60的直线
voteThresh = 60
for r in xrange(rows):
    for c in xrange(cols):
        if accumulator[r][c] > voteThresh:
            points = accuDict[(r,c)]
            #使用OpenCV中的line函数在原图中画直线
            cv2.line(I,points[0],points[len(points)-1],(255),2)
cv2.imshow('accumulator',grayAccu)

#显示原图
cv2.imshow("I",I)
plt.show()
cv2.waitKey(0)
cv2.destroyAllWindows()
```

利用上面的主函数对图 9-15（a）进行标准的霍夫直线检测，其中图（b）是得到的计数器的三维可视化显示效果，图（c）是与图（b）对应的灰度级可视化效果，图（d）所示是最后检测到的直线。

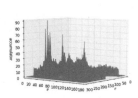

(a) 原图　　(b) 计数器的三维展示　　(c) 计数器的灰度级显示　　(d) 检测到的直线

图 9-15　标准的霍夫直线检测

9.2.3　C++ 实现

与以上 Python 实现类似，定义函数 HTLine 实现标准的霍夫直线检测。代码如下：

```
map<vector<int>, vector<Point>> HTLine(Mat I,Mat & accumulator,float stepTheta
=1, float stepRho=1)
{
    //图像的宽、高
    int rows = I.rows;
    int cols = I.cols;
    //可能出现的最大垂线的长度
    int L = round(sqrt(pow(rows-1,2.0)+pow(cols-1,2.0)))+1;
    //初始化投票器
    int numtheta = int(180.0 / stepTheta);
    int numRho = int(2 * L / stepRho + 1);
    accumulator=Mat::zeros(Size(numtheta, numRho), CV_32SC1);
    //初始化 map 类，用于存储共线的点
    map<vector<int> , vector<Point>> lines;
    for (int i = 0; i < numRho; i++)
    {
```

```
            for (int j = 0; j < numtheta; j++)
            {
                lines.insert(make_pair(vector<int>(j,i),vector<Point>()));
            }
        }
        //投票计数
        for (int y = 0; y < rows; y++)
        {
            for (int x = 0; x < cols; x++)
            {
                if (I.at<uchar>(Point(x, y)) == 255)
                {
                    for (int m = 0; m < numtheta; m++)
                    {
                        //对每一个角度，计算对应的rho值
                        float rho1 = x*cos(stepTheta*m / 180.0*CV_PI);
                        float rho2 = y*sin(stepTheta*m / 180.0*CV_PI);
                        float rho = rho1 + rho2;
                        //计算投票到哪一个区域
                        int n = int(round(rho + L) / stepRho);
                        //累加 1
                        accumulator.at<int>(n, m) += 1;
                        //记录该点
                        lines.at(vector<int>(m,n)).push_back(Point(x,y));
                    }
                }
            }
        }
        return lines;
    }
```

利用上述实现的函数进行直线检测，主函数代码如下：

```
#include<opencv2/core/core.hpp>
#include<opencv2/highgui/highgui.hpp>
#include<opencv2/imgproc/imgproc.hpp>
using namespace cv;
#include<map>
```

```cpp
using namespace std;
map<vector<int>, vector<Point>> HTLine(Mat I,Mat & accumulator,float stepTheta
=1, float stepRho=1);
int main(int argc, char*argv[])
{
    //输入图像
    Mat img = imread(argv[1], CV_LOAD_IMAGE_GRAYSCALE);
    //图像边缘检测
    Mat edge;
    Canny(img, edge, 50, 200);
    //霍夫直线检测
    Mat accu;//投票器
    map<vector<int>, vector<Point>> lines;
    lines = HTLine(edge, accu);
    //投票器的灰度级可视化
    double maxValue;//找到投票器中的最大值
    minMaxLoc(accu, NULL, &maxValue, NULL, NULL);
    //数据类型转换,对投票器进行灰度化
    Mat grayAccu;
    accu.convertTo(grayAccu, CV_32FC1,1.0 / maxValue);
    imshow("投票器的灰度级显示", grayAccu);
    //画出投票数大于某一阈值的直线
    int vote = 150;
    for (int r = 1; r < accu.rows-1; r++)
    {
        for (int c = 1; c < accu.cols-1; c++)
        {
            int current = accu.at<int>(r, c);
            //画直线: line 的首末元素为起始点
            if (current> vote)
            {
                int lt = accu.at<int>(r - 1, c - 1);//左上
                int t = accu.at<int>(r - 1, c );//正上
                int rt = accu.at<int>(r - 1, c+1);//右上
                int l = accu.at<int>(r, c - 1);// 左
```

```cpp
                int right = accu.at<int>(r, c + 1);//右
                int lb = accu.at<int>(r+1, c - 1);//左下
                int b = accu.at<int>(r - 1, c );//下
                int rb = accu.at<int>(r + 1, c+1);//右下
                //判断该位置是不是局部最大值
                if (current > lt&& current > t && current > rt
                    &&current > l && current > right&&
                    current > lb && current > b&& current > rb)
                {
                    vector<Point> line = lines.at(vector<int>(c, r));
                    int s = line.size();
                    //画线
                    cv::line(img, line.at(0), line.at(s - 1), Scalar(255), 2);
                }
            }
        }
    }
    imshow("img", img);
    waitKey(0);
}
```

图 9-16（b）和（c）显示了对图（a）进行直线检测的效果，分别为检测到的直线和计数器的灰度级显示。

(a) 原图　　　　　　(b) 检测到的直线

(c) 计数器的灰度级显示

图 9-16　霍夫直线检测

理解了上述过程，就可以掌握 OpenCV 提供的霍夫直线检测函数：

```
void HoughLines(InputArray image, OutputArray lines, double rho, double theta,
int threshold, double srn=0, double stn=0 )
```

该函数的参数解释与以上定义的函数 HTLine 的参数类似，这里不再赘述。对于该函数的使用示例，OpenCV 手册中也给出了详细的代码，这里不再重复。

标准的霍夫直线检测内存消耗比较大，执行时间比较长，基于这一点，参考文献 [3] 提出了概率霍夫直线检测，它随机地从边缘二值图中选择前景像素点，确定检测直线的两个参数，其本质上还是标准的霍夫直线检测。OpenCV 提供的函数：

```
void HoughLinesP(InputArray image, OutputArray lines, double rho, double theta,
 int threshold, double minLineLength=0, double maxLineGap=0 )
```

实现了该功能，其参数和 HoughLines 的参数类似，一般在直线检测中使用 HoughLinesP 而不是 HoughLines。

9.3 霍夫圆检测

9.3.1 标准霍夫圆检测

R. D. Duda 和 P. E. Hart[2] 不仅提出了直线的检测方法，而且推广到霍夫圆的检测方法，通常称为标准的霍夫圆检测。

已知圆的圆心坐标是 (a,b)，半径为 r，则圆在 xoy 平面内的方程可表示为：$(x-a)^2+(y-b)^2=r^2$。反过来考虑一个简单的问题：已知 xoy 平面内的点 (x_1,y_1)、(x_2,y_2)、(x_3,y_3)、$\cdots$，且知道这些点在一个半径为 r 的圆上，如何求这个圆的圆心？

下面通过一个简单的示例来理解上述问题的求解过程。假设在 xoy 平面内有三个点 $(1,3)$、$(2,2)$、$(3,3)$，且知道这三个点在一个半径为 1 的圆上，可以通过初中知识尺规作图法找到圆心，以每个点为圆心、1 为半径分别作圆，则这三个圆的交点即为圆心。现在从另一个角度来理解尺规作图的过程。将点 $(1,3)$ 带入圆的方程中得 $(a-1)^2+(b-3)^2=1^2$，所以可以理解为一个点对应到 aob 平面内的一个圆；同理，通过其他两个点也可以得到两个圆，那么这三个圆在 aob 平面内共同的交点，即为三个点共圆的圆心，如图 9-17 所示。

在上面问题的基础上，提出一个稍微复杂一点的问题：已知 xoy 平面内的点 (x_1,y_1)、(x_2,y_2)、(x_3,y_3)、$\cdots$，且已知这些点在多个圆上，并且这些圆的半径均为 r，那么哪些点在同一个圆上，并计算出圆心的坐标。

9 几何形状的检测和拟合

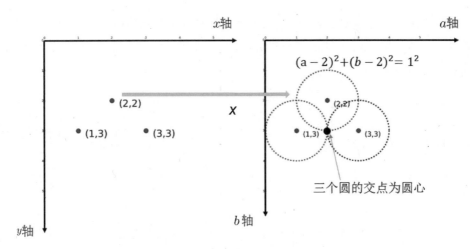

图 9-17 通过同一个圆上的点定位圆心

举例：已知在 xoy 平面内有 5 个点 $(1,3)$、$(2,2)$、$(3,3)$、$(3,1)$、$(4,3)$，且知道这些点可能位于不同的圆上，这些圆的半径均为 1，求出哪些点在同一个圆上。这里也用尺规作图法，首先分别以 5 个点为圆心、1 为半径做出 5 个圆，圆的交点即为圆心，如图 9-18 所示。

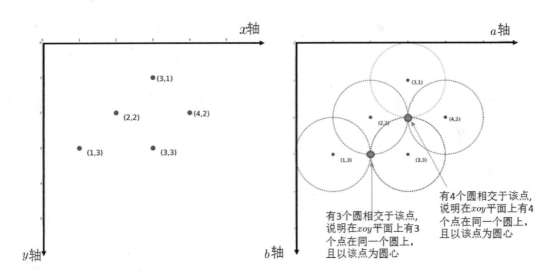

图 9-18 确定哪些点在同一个圆上

以上碰到的两种情况均是在已知半径的情况下，现在引入一个更复杂的问题：已知 xoy 平面内的点 (x_1, y_1)、(x_2, y_2)、(x_3, y_3)、…，求出哪些点在同一个圆上且半径是多少，以及圆心的坐标。因为多了一个参数，所以需要第三维的坐标 r，即需要在三维空间 abr 中讨论该问题。任意一个点 (x_i, y_i) 对应到 abr 空间中的锥面 $r^2 = (a-x_i)^2 + (b-y_i)^2$，那么如果多个锥面相交于一点 (a', b', r')，则说明这些锥面对应的 xoy 平面内的点是共圆的且圆心为 (a', b')，半径为 r'，如图 9-19 所示。

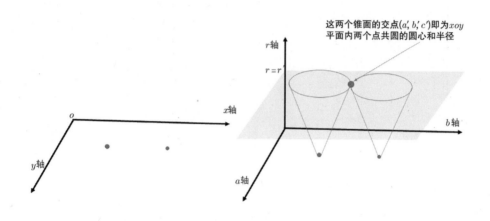

图 9-19　确定哪些点在同一个圆上，以及对应的半径和圆心

该过程相当于先固定 r，然后转换为以上讨论的已知 r 的情况，即第二个问题是第三个问题的一种特殊情况。

与霍夫直线检测类似，图像的霍夫圆检测就是检测哪些前景或边缘像素点在同一个圆上，并给出对应圆的圆心坐标及圆的半径；而且仍然需要计数器来完成该过程，只是这里的计数器从二维变成了三维，9.3.2 节利用 Python 实现来详细描述构造三维计数器的过程。

9.3.2　Python 实现

假设输入图像 I，宽度为 W、高度为 H，通常在霍夫圆检测时，为了减少计算量，一般首先指定需要检测到的圆的半径范围，否则需要对 r 取从 0 到很大的数进行讨论。假设半径范围为 $[r_{min}, r_{max}]$，则大体可以计算出圆心 (a, b) 的取值范围，显然 a 的范围为 $[-r_{max}, W-1+r_{max}]$，b 的范围为 $[-r_{max}, H-1+r_{max}]$，这样对 a、b、r 的基本范围就确定了。与二维计数器类似，还需要知道每一个维度的变换步长，一般都取 1，接下来的步骤就是针对每一个前景像素点坐标 (x_1, y_1)，每固定一个 r，$r \in [r_{min}, r_{max}]$，根据圆的极坐标公式计算 $a = x_1 - r\cos\theta, b = y_1 - r\sin\theta$。具体代码如下：

```python
def HTCircle (I,minR,maxR,voteThresh = 100):
    #宽、高
    H,W = I.shape
    #归为整数
    minr = round(minR)+1
    maxr = round(maxR)+1
    #初始化三维计数器
    r_num = int(maxr-minr+1)
    a_num = int(W-1+maxr+maxr+1)
    b_num = int(H-1+maxr+maxr+1)
    accumulator = np.zeros((r_num,b_num,a_num),np.int32)
    #投票计数
    for y in xrange(H):
        for x  in xrange(W):
            if(I[y][x] == 255):#只对边缘点做霍夫变换
                for k in xrange(r_num):# r的变换步长为 1
                    for theta in np.linspace(0,360,180):
                        #计算对应的a和b
                        a = x - (minr+k)*math.cos(theta/180.0*math.pi)
                        b = y - (minr+k)*math.sin(theta/180.0*math.pi)
                        #取整
                        a = int(round(a))
                        b = int(round(b))
                        #投票
                        accumulator[k,b,a]+=1
    #筛选投票数大于voteThresh的圆
    circles = []
    for k in xrange(r_num):
        for b in xrange(b_num):
            for a in xrange(a_num):
                if(accumulator[k,b,a]>voteThresh):
                    circles.append((k+minr,b,a))
    return circles
```

利用 HTCircle 实现霍夫圆检测的主函数代码如下：

```
if __name__ == "__main__":
```

```python
if len(sys.argv)>1:
    #输入图像
    I = cv2.imread(sys.argv[1],cv2.CV_LOAD_IMAGE_GRAYSCALE)
else:
    print "Usage: python HTCircle.py image"
#Canny 边缘检测
edge = cv2.Canny(I,50,200)
cv2.imshow("edge",edge)
#霍夫圆检测
circles = HTCircle(edge,40,50,80)
#画圆
for i in xrange(len(circles)):
    cv2.circle(I,(int(circles[i][2]),int(circles[i][1])),int(circles[i][0])
        ,(255),2)
cv2.imshow("I",I)
cv2.waitKey(0)
cv2.destroyAllWindows()
```

尽管标准的霍夫变换对于曲线检测是一项强有力的技术，但是随着曲线参数数目的增加，造成计数器的数据结构越来越复杂，如直线检测的计数器是二维的，圆检测的计数器是三维的，这需要大量的存储空间和巨大的计算量，因此通常采用其他方法进行改进，如同概率直线检测对标准霍夫直线检测的改进，那么基于梯度的霍夫圆检测[5][6]就是对标准霍夫圆检测的改进，下面详细介绍其改进步骤。

9.3.3 基于梯度的霍夫圆检测

首先提出一个问题：如图 9-20 所示，如何通过尺规作图法找到图（a）中圆的圆心，并量出半径？首先在圆上至少找到两个点，如图（b）所示，这里取了三个点 A、B、C，然后画出经过 A、B、C 的圆的切线，再分别经过这三个点作切线的垂线（法线），那么这三条法线的交点就是圆心，从圆心到圆上任意一点的距离即为圆的半径。

9 几何形状的检测和拟合

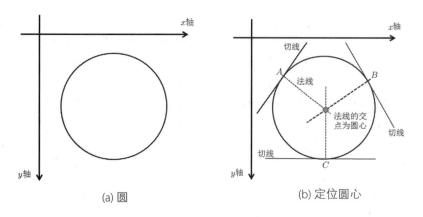

(a) 圆　　　　　　　　　　(b) 定位圆心

图 9-20　通过切线定位圆心

现在反过来考虑一个问题：假设已知某些点，并知道这些点的梯度方向（切线方向），那么如何定位哪些点在同一个圆上，并计算出对应圆的半径。以图 9-21 所示为例来理解该过程。假设已知 xoy 平面内的点 A、B、C、D、E，且知道这些点的梯度方向，首先画出过这些点的法线，如图（b）所示。这里展示的是正好 5 条法线交于一点的情况，不同法线相交于不同点的情况与之类似，那么交点就有可能是圆心，注意只是有可能，还需要通过下一步量半径的过程，如图（c）所示，进一步确定哪些交点是圆心。假设交点 O 到 A、B、C 这三个点的距离是 r_1，到 D 点的距离是 r_3，到 E 点的距离是 r_2，也就是 5 个点到交点 O 半径为 r_1 的支持度是 3，半径为 r_2 的支持度是 1，半径为 r_3 的支持度是 1，通过支持度的高低作为最后对圆的选择，如图（d）所示。

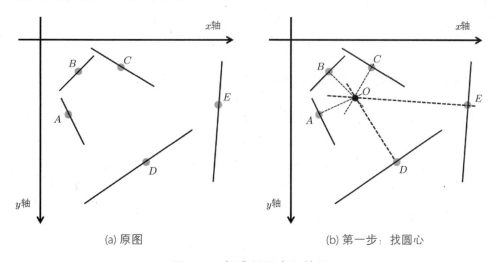

(a) 原图　　　　　　　　　　(b) 第一步：找圆心

图 9-21　标准的霍夫圆检测

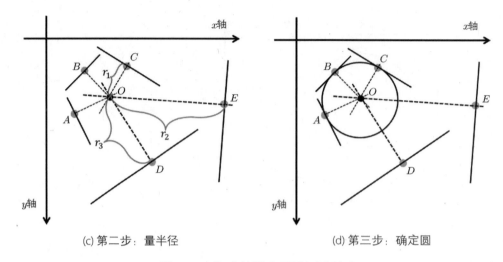

(c) 第二步：量半径　　　　　　　　　　(d) 第三步：确定圆

图 9-21　标准的霍夫圆检测（续）

基于梯度的霍夫圆检测的大体步骤是，首先定位圆心（两个参数），然后计算半径（一个参数）。在代码实现中，首先构造一个二维计数器，然后再构造一个一维计数器，所以又称 2-1 霍夫圆检测。

那么在图像中如何获得一个边缘像素点位置的梯度呢？这一点需要回忆一下 Canny 边缘检测的第三步"非极大值抑制"，在这一步中已经详细介绍了通过 Sobel 算子计算梯度方向。OpenCV 提供的函数 HoughCircles 实现了基于梯度的霍夫圆检测，在该函数的实现过程中，使用了 Sobel 算子且内部实现了边缘的二值图，所以输入的图像不用像函数 HoughLinesP 和 HoughLines 一样必须是二值图。下面介绍该函数的使用方法。

9.3.4　基于梯度的霍夫圆检测函数 HoughCircles

OpenCV 提供了基于梯度的霍夫圆检测函数：

```
void HoughCircles(InputArray image, OutputArray circles, int method, double dp,
 double minDist, double param1=100, double param2=100, int minRadius=0, int
maxRadius=0 )
```

其参数解释如表 9-4 所示。

表 9-4　函数 HoughCircles 的参数解释

参数	解释
image	输入图像矩阵
circles	返回圆的信息，类型为 vector<Vec3f>，每一个 Vec3f 都代表 $(x, y, radius)$，即圆心的横坐标、纵坐标、半径
method	现在只有 CV_HOUGH_GRADIENT，即 2-1 霍夫圆检测
dp	计数器的分辨率
minDist	圆心之间的最小距离，如果距离太小，则会产生很多相交的圆；如果距离太大，则会漏掉正确的圆
param1	Canny 边缘检测的双阈值中的高阈值，低阈值默认是它的一半
param2	最小投票数（基于圆心的投票数）
minRadius	需要检测圆的最小半径
maxRadius	需要检测圆的最大半径

对于该函数的 Python API：

cv2.HoughCircles(image, method, dp, minDist[, circles[, param1[, param2[, minRadius[, maxRadius]]]]])

注意参数的顺序和 C++ API 是不同的，返回的 N 个圆的信息存储在 $1 \times N \times 3$ 的 ndarray 中。对于该函数的 C++ API 的使用，OpenCV 手册和示例文档中都给出了示例，这里不再重复。下面给出该函数的 Python API 的使用方式，代码如下：

```
# -*- coding: utf-8 -*-
import cv2
import sys
#主函数
if __name__ =="__main__":
    if len(sys.argv) > 1:
        #输入图像
        image = cv2.imread(sys.argv[1],cv2.IMREAD_GRAYSCALE)
    else:
        print "Usge:python houghCircle.py imageFile"
    #基于梯度的霍夫圆检测
    circles = cv2.HoughCircles(image,cv2.HOUGH_GRADIENT,1,100,200,param2=60,
minRadius=54)
    #打印返回值的类型，以及它的 shape 属性
```

```
print type(circles)
print circles.shape
#将检测到的圆画到原图上
n = circles.shape[1]#圆的个数
for i in xrange(n):
    #圆心
    center = (int(circles[0,i,0]),int(circles[0,i,1]))
    #半径
    radius = circles[0,i,2]
    cv2.circle(image,center,radius,255,3)
#显示原图和正规化效果
cv2.imshow("src",image)
cv2.waitKey(0)
cv2.destroyAllWindows()
```

如图 9-22 所示，对图（a）进行基于梯度的霍夫圆检测，定位两个圆形硬币的位置，通过调整不同的参数查看结果。如图（b）所示，发现有很多相交的圆，看到这种情况很有可能是 minDist 参数值设置太小的原因，将 minDist 的值设置得稍微大一点得到图（c）所示的结果，显然圆少了一些，但是仍然有一个干扰的圆，而且这个圆的半径比较小，所以将圆的最小半径 minRadius 参数值设置得稍微大一点进行筛选，最终得到图（d）所示的结果。霍夫圆检测的缺点是在不知道一些先验知识的情况下，需要多次调整参数才有可能得到我们想要的结果。

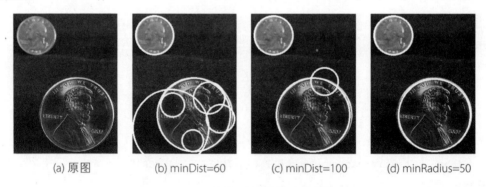

(a) 原图　　　　(b) minDist=60　　　　(c) minDist=100　　　　(d) minRadius=50

图 9-22　基于梯度的霍夫圆检测

对于霍夫变换不限于对直线、圆进行检测，也可以对椭圆等其他几何形状进行拟合。同时从原理中可以看出，霍夫变换的一个较大的优点就是可以检测出部分或者遮挡的直线和圆，当然其他几何形状也可以。

回忆一下 9.1 节，主要讨论了点集的最小外包直立矩形、旋转矩形、圆、凸包、三角形，这些点集可以是无序的，也可以是有序的，9.4 节主要针对有序的点集进行进一步讨论。

9.4 轮廓

9.4.1 查找、绘制轮廓

在 9.1 节对点集的几何单元拟合代码示例中，点集是手动输入或者随机生成的，那么 OpenCV 有没有提供一个函数返回或者输出一个有序的点集或者有序的点集的集合（指多个有序的点集），事实上 OpenCV 还真提供了一个函数：

```
void findContours(InputOutputArray image, OutputArrayOfArrays contours,
OutputArray hierarchy, int mode, int method, Point offset=Point())
```

从函数名可以看出是"寻找轮廓"的意思。首先了解一下轮廓的定义。一个轮廓代表一系列的点（像素），这一系列的点构成一个有序的点集，所以可以把一个轮廓理解为一个有序的点集。

在边缘检测、阈值分割两章中，通过不同的算法得到了边缘二值图或者前景二值图，二值图的边缘像素或者前景像素就可以被看成是由多个轮廓（点集）组成的。函数 findContours 的作用就是将二值图的边缘像素或者前景像素拆分成多个轮廓，便于分开讨论每一个轮廓，其中参数 image 代表一张二值图，contours 代表输出的多个轮廓。对于该函数的 C++ API，对一个轮廓的描述用 vector<Point>；在 Python API 中，用一个 $N \times 1 \times 2$ 的 ndarray 表示，那么多个轮廓（多个点集）如何表示呢？即参数 contours 是什么数据结构？在 C++ API 中，用 vector<vector<Point>> 描述多个轮廓，即将多个轮廓存在一个 vector 中；而在 Python API 中，用一个 list 表示，其中 list 中的每一个元素是一个 $N \times 1 \times 2$ 的 ndarray，即将多个轮廓存在一个 list 中。对于该函数的 Python API 的使用方式，OpenCV 2.X 和 OpenCV 3.X 稍有不同，下面的示例程序中会提到。

为了直观地理解所找到的轮廓，可以通过函数：

```
void drawContours(InputOutputArray image, InputArrayOfArrays contours, int
contourIdx, const Scalar& color, int thickness=1, int lineType=8, InputArray
hierarchy=noArray(),int maxLevel=INT_MAX, Point offset=Point() )
```

绘制出 findContours 所找到的多个轮廓，其中参数 image 代表输入的图像矩阵，将轮廓画在该图上；contours 代表多个轮廓；contourIdx 是一个索引，代表绘制 contours 中的第几个轮廓；color 代表绘制的颜色；thickness 代表绘制的粗细，如果该参数值小于 0，则表示填充整个轮廓内的区域。OpenCV 示例手册 opencv_tutorials.pdf 中的 3.20 节介绍了利用这两个函数的 C++ API 在一张图上使用随机颜色绘制不同的轮廓。下面使用这两个函数的 Python API，找到一幅图像边缘的轮廓，并分别绘制在不同的黑色画布上。基于 OpenCV 2.X 的代码如下：

```python
# -*- coding: utf-8 -*-
import numpy as np
import cv2
import sys
#主函数
if __name__ =="__main__":
    #第一步：输入图像
    if len(sys.argv)>1:
        img = cv2.imread(sys.argv[1],cv2.CV_LOAD_IMAGE_GRAYSCALE)
    else:
        print "Usage draw.py image"
    #第二步：边缘检测或者阈值处理生成一张二值图
    img = cv2.GaussianBlur(img,(3,3),0.5)#高斯平滑处理
    binaryImg = cv2.Canny(img,50,200)
    cv2.imshow("binaryImg",binaryImg)
    #第三步：边缘的轮廓，返回的 contours 是一个 list 列表
    contours, h= cv2.findContours(binaryImg,cv2.RETR_EXTERNAL,cv2.CHAIN_APPROX_SIMPLE)
    #打印轮廓 contours 的数据类型
    print type(contours)
    # contours 的每一个元素都是一个 ndarray，打印它的 shape 属性
    print contours[0].shape
    #轮廓的数量
    n = len(contours)
    contoursImg = []
    #画出找到的轮廓
    for i in xrange(n):
        #创建一个黑色画布
        temp = np.zeros(binaryImg.shape,np.uint8)
        contoursImg.append(temp)
        #在第i个黑色画布上，画第i个轮廓
        cv2.drawContours(contoursImg[i],contours,i,255,2)
```

```
        cv2.imshow("contour-"+str(i),contoursImg[i])
cv2.waitKey(0)
cv2.destroyAllWindows()
```

图 9-23 显示了对图（a）所示的图像进行 Canny 边缘检测后得到图（b）所示的结果，然后利用函数 findContours 找到 32 个轮廓，当然不同的参数找到的轮廓数量是不一样的，这里只显示其中几个轮廓，注意这些轮廓有可能会交叉有共同的坐标点。

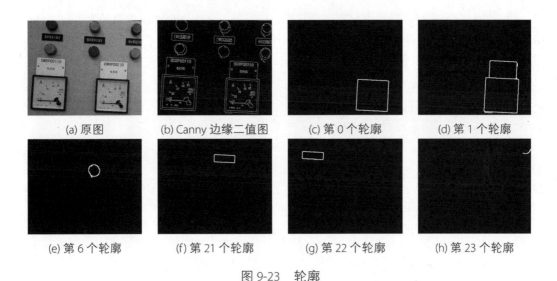

图 9-23　轮廓

接下来，就可以利用所得到的这些轮廓（点集）信息，对最小外包圆、旋转矩形等其他形状进行操作了。对于函数 findContours，OpenCV 2.X 和 OpenCV 3.X 版本还是稍微有些区别的，返回值均是一个二元元组，但在 OpenCV 2.X 版本中第一个元素是轮廓；在 OpenCV 3.X 版本中返回的元组的第二个元素才是轮廓，将上述代码的第三步替换成如下代码就可以了。

```
#第三步：寻找轮廓，返回一个二元元组
hc = cv2.findContours(binaryImg,cv2.RETR_EXTERNAL,cv2.CHAIN_APPROX_SIMPLE)
print type(hc)#打印返回值的类型，是 tuple 类型
#轮廓是元组的第二个元素
contours = hc[1]
```

9.4.2 外包、拟合轮廓

上面介绍了寻找图像中轮廓的方法和点集的拟合,那么这两部分合起来,就可以处理图像目标的定位问题了,如定位图 9-23(a)所示的仪表区域。对于这一类定位问题步骤如下。

第一步:对图像边缘检测或者阈值分割得到二值图,有时也需要对这些二值图进行形态学处理。

第二步:利用函数 findContours 寻找二值图中的多个轮廓。

第三步:对于通过第二步得到的多个轮廓,其中每一个轮廓都可以作为函数 convexHull、minAreaRect 等的输入参数,然后就可以拟合出包含这个轮廓的最小凸包、最小旋转矩形等。下面以定位图 9-23(a)所示的仪表区域为例,代码如下:

```cpp
#include<opencv2/core/core.hpp>
#include<opencv2/highgui/highgui.hpp>
#include<opencv2/imgproc/imgproc.hpp>
using namespace cv;
#include<vector>
#include<iostream>
using namespace std;
int main(int argc, char*argv[])
{
    //输入图像
    Mat img = imread(argv[1], IMREAD_GRAYSCALE);
    //第一步:边缘检测,得到边缘二值图(也可以是阈值分割等函数)
    GaussianBlur(img, img, Size(3, 3), 0.5);
    Mat binaryImg;
    Canny(img, binaryImg, 50, 200);
    imshow("显示边缘", binaryImg);
    //第二步:边缘的轮廓
    vector<vector<Point>> contours;
    findContours(binaryImg, contours, CV_RETR_EXTERNAL, CV_CHAIN_APPROX_SIMPLE)
;
    //第三步:对每一个轮廓进行拟合,这里用旋转矩形
    int num = contours.size();//轮廓的数量
    for (int i = 0; i < num; i++)
    {
        //只支持最小外包直立矩形
```

```
        Rect  rect = boundingRect(contours[i]);
        if (rect.area()>10000)//筛选出面积大于 10000 的矩形
        {
            //在原图中画出外包矩形
            rectangle(img, rect, Scalar(255));
        }
    }
    imshow("img", img);
    waitKey(0);
    return 0;
}
```

图 9-24 显示了定位后的效果，其中图（a）显示了所找到的所有轮廓（即图 9-23 中找到的轮廓）的最小外包直立矩形，可以看出仪表盘区域的外包矩形的面积比较大，所以我们可以通过矩形的面积进行筛选，得到的结果如图（b）所示，这样就达到了目的。

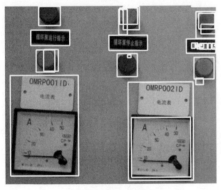 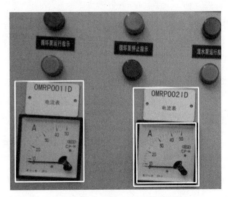

(a) 所有的外包矩形　　　　　　　　(b) 面积大于 10000 的矩形

图 9-24　定位目标区域

接下来再处理另一个问题。假设需要定位图 9-25（a）中小狗的区域，仍然采用上述方式，如图 9-25 所示，首先进行 Canny 边缘检测得到图（b），然后对图（b）进行寻找轮廓的操作，再对每一个轮廓求出最小外包直立矩形得到图（c），最后对外包矩形进行筛选，只留下面积大于 2000 的矩形，如图（d）所示，发现并没有得到我们想要的结果，这是因为图（a）的边缘信息比较复杂，无法单独得到小狗的边缘，所以这时需要利用另一种常用的二值图，即阈值二值图，不再是边缘二值图。

   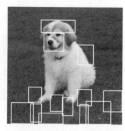

(a) 原图　　　　(b) Canny 边缘　　　(c) 所有外包矩形　　(d) 面积大于 2000 的矩形

图 9-25　轮廓的最小外包矩形

通过观察图 9-25（a）发现，小狗区域的灰度值明显比背景区域大，所以使用阈值处理得到二值图，然后利用该二值图进行寻找轮廓的操作，再进行轮廓的最小外包处理会比较好。代码如下：

```python
# -*- coding: utf-8 -*-
import cv2
import sys
import numpy as np
#主函数
if __name__ =="__main__":
    if len(sys.argv)>1:
        img = cv2.imread(sys.argv[1],cv2.IMREAD_GRAYSCALE)
    else:
        print "Usage findContours.py image"
    #第一步：阈值化，生成二值图
    #图像平滑
    dst = cv2.GaussianBlur(img,(3,3),0.5)
    # Otsu 阈值分割
    OtsuThresh = 0
    OtsuThresh,dst = cv2.threshold(dst,OtsuThresh,255,cv2.THRESH_OTSU)
    # 形态学开运算（消除细小白点）
    #创建结构元
    s = cv2.getStructuringElement(cv2.MORPH_RECT,(5,5))
    dst = cv2.morphologyEx(dst,cv2.MORPH_OPEN,s,iterations=2)
    #第二步：寻找二值图的轮廓，返回值是一个元组，hc[1]代表轮廓
    hc= cv2.findContours(dst,cv2.RETR_EXTERNAL,cv2.CHAIN_APPROX_SIMPLE)
    contours = hc[1]
    #第三步：画出所找到的轮廓并用多边形拟合轮廓
```

```python
#轮廓的数量
n = len(hc[1])
#将轮廓画在该黑色画布上
contoursImg = np.zeros(img.shape,np.uint8)
for i in xrange(n):
    #画出轮廓
    cv2.drawContours(contoursImg,contours,i,255,2)
    #画出轮廓的最小外包圆
    circle = cv2.minEnclosingCircle(contours[i])
    cv2.circle(img,(int(circle[0][0]),int(circle[0][1])),int(circle[1]),0,5)
    #多边形逼近（注意与凸包的区别）
    approxCurve = cv2.approxPolyDP(contours[i],0.3,True)
    #多边形顶点个数
    k = approxCurve.shape[0]
    #顶点连接，绘制多边形
    for i in xrange(k-1):
        cv2.line(img,(approxCurve[i,0,0],approxCurve[i,0,1]),(approxCurve[i+1,0,0],approxCurve[i+1,0,1]),0,5)
    #首尾相接
    cv2.line(img,(approxCurve[k-1,0,0],approxCurve[k-1,0,1]),(approxCurve[0,0,0],approxCurve[0,0,1]),0,5)
#显示轮廓
cv2.imshow("contours",contoursImg)
#显示拟合的多边形
cv2.imshow("dst",img)
cv2.waitKey(0)
cv2.destroyAllWindows()
```

图 9-26（a）显示了 Otsu 阈值处理的结果，然后利用图（a）寻找轮廓，画出轮廓得到图（b），对图（b）所显示的轮廓进行最小外包圆或者最小外包凸包的处理分别得到图（c）和图（d）。前面介绍了很多关于点集的最小外包操作，OpenCV 同样提供了点集的拟合操作，图（e）、图（f）、图（g）、图（h）就是利用点集的拟合，多边形逼近拟合函数 approxPolyDP，该函数通过输入的点集和设置拟合精确度得到输入点集的最佳拟合多边形，但是这些多边形可能不是凸多边形。

图 9-26 轮廓的拟合多边形

除了拟合多边形函数 approxPolyDP，OpenCV 还提供了 fitline 或者 fitEllipse 分别用于拟合直线或者椭圆，这两个函数这里不再详细介绍，其背后的数学原理就是最小二乘法拟合，它们的使用方法与点集的外包函数类似。

9.4.3 轮廓的周长和面积

1. 原理详解

点集是指坐标点的集合，点集中坐标点的顺序决定了依次相连后得到轮廓的形状。比如有四个坐标点 (0,0)、(100,100)、(50,30)、(100,0)，它们构成了一个点集，如图 9-27（a）所示，如果这四个点的顺序是 (0,0)、(50,30)、(100,100)、(100,0)，将这四个点依次相连便可得到图（b）；改变这四个点的顺序，如变为 (0,0)、(100,100)、(100,0)、(50,30)，将这四个点依次相连便可得到图（c）。所以，虽然坐标点是一样的，但是如果坐标点的顺序不一样，那么依次相连后得到的轮廓就会不同。

如何计算点集所围区域的周长和面积呢？OpenCV 对这两方面的度量都给出了相应的计算函数。其中函数：

```
double arcLength(InputArray curve, bool closed)
```

用来计算点集所围区域的周长，参数 curve 代表输入点集，对于该函数的 C++ API，假设点集中有 n 个坐标点，curve 一般有三种形式：vector<Point>、$n \times 2$ 的单通道 Mat（一行代表一个坐标点）、$n \times 1$ 的双通道 Mat；参数 closed 是指点集是否首尾相接。

函数：

`double contourArea(InputArray contour, bool oriented=false )`

用来计算点集所围区域的面积，参数 contour 和函数 arcLength 的参数 curve 类似，代表一个点集。

下面介绍 contourArea 和 arcLength 的 C++ API 和 Python API 的使用方式。

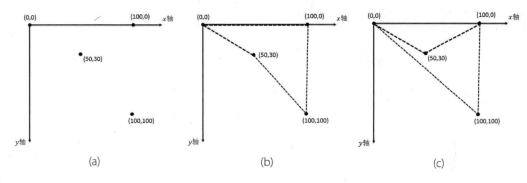

图 9-27　点集

2. C++ 实现

利用函数 arcLength 和 contourArea 计算 (0, 0)、(50, 30)、(100, 0)、(100, 100) 这四个坐标点所围区域的周长和面积。具体代码如下：

```cpp
#include<opencv2/core.hpp>
#include<opencv2/imgproc.hpp>
using namespace cv;
#include<iostream>
using namespace std;
int main(int argc, char*argv[])
{
    //点集
    vector<Point> points;
    points.push_back(Point2f(0, 0));
    points.push_back(Point2f(50, 30));
    points.push_back(Point2f(100, 0));
    points.push_back(Point2f(100, 100));
```

```cpp
//计算点集所围区域的周长和面积
double length1 = arcLength(points,false);
double length2 = arcLength(points, true);
double area = contourArea(points);
//打印周长和面积
cout << "首尾不相连的周长:" << length1 << endl;
cout << "首尾相连的周长:" << length2 << endl;
cout << "面积:" << area << endl;
return 0;
}
```

以上四个坐标点构成的点集也可以采用如下两种形式：

```cpp
Mat points =(Mat_<float >(4, 2) << 0, 0, 50, 30, 100, 0, 100,100);
```

或者

```cpp
Mat points = (Mat_<Vec2f >(4, 1) << Vec2f(0, 0), Vec2f(50, 30), Vec2f(100, 0), Vec2f(100, 100));
```

打印结果如下：

首尾不相连的周长:216.619
首尾相连的周长:358.04
面积:3500

3. Python 实现

下面介绍如何利用函数 arcLength 和 contourArea 的 Python API 计算点集所围区域的周长和面积，这时点集的形式是一个 $n \times 2$ 的二维 ndarray 或者 $n \times 1 \times 2$ 的三维 ndarray。仍以 9.4.3 节的 "C++ 实现" 中的点集为例，具体代码如下：

```python
# -*- coding: utf-8 -*-
import numpy as np
import cv2
#主函数
if __name__ == "__main__":
    #点集
    points = np.array ([[[0,0]],[[50,30]],[[100,0]],[[100,100]]] ,np.float32)
```

```
#计算点集所围区域的周长
length1 = cv2.arcLength(points,False)#首尾不相连
length2 = cv2.arcLength(points,True)#首尾相连
#计算点集所围区域的面积
area = cv2.contourArea(points)
#打印周长和面积
print length1,length2,area
```

也可以将上述代码中点集的形式写为 4×2 的二维 ndarray，代码如下：

```
points = np.array ([[0,0],[50,30],[100,0],[100,100]] ,np.float32)
```

9.4.4 点和轮廓的位置关系

1. 原理详解

在 9.4.3 节中我们了解到通过点集可以围成一个封闭的轮廓，那么空间中任意一点和这个轮廓无非有三种关系：点在轮廓外、点在轮廓上、点在轮廓内。OpenCV 提供的函数：

```
double pointPolygonTest(InputArray contour, Point2f pt, bool measureDist)
```

实现了点和点集的关系，其参数解释如表 9-5 所示。其中参数 measureDist 是 bool 类型，当其值为 false 时，函数 pointPolygonTest 的返回值有三种，即 +1、0、−1，+1 代表 pt 在点集围成的轮廓内，0 代表 pt 在点集围成的轮廓上，−1 代表 pt 在点集围成的轮廓外；当其值为 true 时，则返回值为 pt 到轮廓的实际距离。

表 9-5 函数 pointPolygonTest 的参数解释

参数	解释
contour	输入的点集
pt	坐标点
measureDist	是否计算坐标点到轮廓的距离

2. Python 实现

利用函数 pointPolygonTest 的 Python API 计算三个坐标点分别与轮廓的关系，具体代码如下：

```python
# -*- coding: utf-8 -*-
import cv2
import numpy as np
#点集
contour = np.array([[0,0],[50,30],[100,100],[100,0]],np.float32)
#判断三个坐标点和点集所构成的轮廓的关系
dist1 = cv2.pointPolygonTest(contour,(80,40),False)
dist2 = cv2.pointPolygonTest(contour,(50,0),False)
dist3 = cv2.pointPolygonTest(contour,(40,80),False)
#打印结果
print dist1,dist2,dist3
```

上述代码的打印结果为：

1.0,0.0,-1.0

依次代表三个坐标点分别在轮廓内、轮廓上、轮廓外。

3. C++ 实现

对于函数 pointPolygonTest 的 C++ API 的使用代码如下，其中设置参数 measureDist 的值为 true，计算坐标点到轮廓的实际距离。

```cpp
#include<opencv2\core.hpp>
#include<opencv2\highgui.hpp>
#include<opencv2\imgproc.hpp>
using namespace cv;
#include<vector>
#include<iostream>
using namespace std;
int main(int argc, char*argv[])
{
    //点集围成的轮廓
    vector<Point> contour;
    contour.push_back(Point(0, 0));
    contour.push_back(Point(50, 30));
    contour.push_back(Point(100, 100));
    contour.push_back(Point(100, 0));
```

```
//画出点集围成的轮廓
Mat img = Mat::zeros(Size(130, 130), CV_8UC1);
int num = contour.size();//点的数量
for (int i = 0; i < num-1; i++)
{
    //用直线依次连接轮廓中相邻的点
    line(img, contour[i], contour[i + 1], Scalar(255), 1);
}
//首尾相连
line(img, contour[0], contour[num - 1], Scalar(255), 1);
//标注点的位置
circle(img, Point(80, 40), 3, Scalar(255),CV_FILLED );
circle(img, Point(50, 0), 3, Scalar(255), CV_FILLED);
circle(img, Point(40, 80), 3, Scalar(255), CV_FILLED);
//点在轮廓内
double dist1 = pointPolygonTest(contour, Point2f(80, 40), true);
cout << "dist1: " << dist1 << endl;
//点在轮廓上
double dist2 = pointPolygonTest(contour, Point2f(50, 0), true);
cout << "dist2: " << dist2 << endl;
//点在轮廓外
double dist3 = pointPolygonTest(contour, Point2f(40, 80), true);
cout << "dist3: " << dist3 << endl;
//显示点集围成的轮廓和三个标注点
imshow("轮廓", img);
waitKey(0);
return 0;
}
```

如图 9-28 所示为代码中三个坐标点与轮廓的关系。

(a) 点集围成的轮廓　　(b) 坐标点 (80,40)　　(c) 坐标点 (50,0)　　(d) 坐标点 (40,80)

图 9-28　点和点集的关系

9.4.5 轮廓的凸包缺陷

1. 原理详解

在 9.1 节中我们已经知道通过函数 convexHull 可以得到点集的最小凸包,OpenCV 还提供了一个函数:

```
void convexityDefects(InputArray contour, InputArray convexhull, OutputArray convexityDefects)
```

用来衡量凸包的缺陷。对于该函数的 C++ API,参数 contour 代表轮廓(有序的点集),形式为 vector<Point>;参数 convexhull 是函数 convexHull 的输出值,形式为 vector<int>,代表轮廓 contour 中哪些点构成了轮廓的凸包;参数 convexityDefects 代表返回的凸包缺陷的信息,形式为 vector<Vec4i>,每一个 Vec4i 代表一个缺陷,它的四个元素依次代表:缺陷的起点、终点、最远点的索引及最远点到凸包的距离。对于该函数的 Python API,参数 contour 的形式为 $n \times 2$ 的 ndarray;参数 convexhull 是函数 convexHull 的输出值,形式为 $m \times 1$ 的 ndarray;参数 convexityDefects 的形式为 $k \times 1 \times 4$ 的三维 ndarray。下面介绍这个函数的具体使用方法。

2. Python 实现

对于函数 convexityDefects 的 Python API 的使用方法,这里通过一个简单的例子来理解。假设有一个轮廓,该轮廓由 6 个点 (20, 20)、(50, 70)、(20, 120)、(120, 120)、(100, 70)、(120, 20) 围成,如图 9-29(a)所示,计算该轮廓的凸包缺陷。具体代码如下:

```python
# -*- coding: utf-8 -*-
import cv2
import numpy as np
#轮廓
contour = np.array([[20,20],[50,70],[20,120],[120,120],[100,70],[120,20]],np.int32)
#轮廓的凸包
hull = cv2.convexHull(contour,returnPoints=False)
defects = cv2.convexityDefects(contour,hull)
#打印凸包
print hull
#打印凸包的缺陷
print defects
```

在上述代码中，首先计算出轮廓的凸包，并打印凸包的信息，结果如下：

[[3]

[2]

[0]

[5]]

代表轮廓的第 3、2、0、5 个点构成了该轮廓的凸包，然后将其作为函数 convexityDefects 的输入参数，返回凸包缺陷，打印其结果如下：

[[[3 5 4 5120]]

[[0 2 1 7680]]]

其中 [[3 5 4 5120]] 代表在轮廓的第 3 个和第 5 个点之间存在一个凸包缺陷，在该缺陷中离凸包最远的点是第 4 个点，这个点到凸包的距离为 $\frac{5120}{256}$，注意是将第四个元素除以 256；另一个缺陷与之类似，如图 9-29（b）所示。

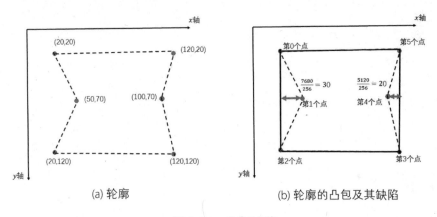

(a) 轮廓　　　　　　　　　(b) 轮廓的凸包及其缺陷

图 9-29　凸包缺陷

3. C++ 实现

对于函数 convexityDefects 的 C++ API，仍然采用 9.4.5 节的"Python 实现"中的示例，具体代码如下：

```
#include<opencv2/core.hpp>
#include<opencv2/imgproc.hpp>
#include<opencv2/highgui.hpp>
using namespace cv;
```

```cpp
#include<iostream>
using namespace std;
int main(int argc, char*argv[])
{
    //轮廓
    vector<Point> contour;
    contour.push_back(Point(20, 20));
    contour.push_back(Point(50, 70));
    contour.push_back(Point(20, 120));
    contour.push_back(Point(120, 120));
    contour.push_back(Point(100, 70));
    contour.push_back(Point(120, 20));
    //计算轮廓的凸包
    vector<int> hull;
    convexHull(contour, hull, false, false);
    //计算凸包缺陷
    vector<Vec4i> defects;
    convexityDefects(contour, hull, defects);
    //打印凸包缺陷
    for (int i = 0; i < defects.size(); i++)
    {
        cout << defects[i] << endl;
    }
    return 0;
}
```

打印结果如下:

[3,5,4,5120]
[0,2,1,7680]

对凸包的缺陷检测在判断物体形状等方面发挥着很重要的作用,与凸包缺陷类似的还有如矩形度、椭圆度、圆度等,它们均是衡量目标物体形态的度量。

9.5 参考文献

[1] P. V. C. Hough. Method and means for recognizing complex patterns. U.S. Patent 3 069 654, Dec. 18, 1962.

[2] R. D. Duda and P. E. Hart, Use of the Hough transform to detect lines and curves in pictures, CACM 15, 11–15,1972.

[3] Matas, J. and Galambos, C. and Kittler, J.V.. Robust Detection of Lines Using the Progressive Probabilistic Hough Transform. CVIU 78 1, pp 119–137 (2000).

[4] J. ILLINGWORTH AND J. KITTLER. A Survey of the Hough Transform, COMPUTER VISION, GRAPHICS, AND IMAGE PROCESSING 44, 87–116 (1988).

[5] Davies E. R. A modified Hough scheme for general circle location, Pattern Recognition Letters, vol 7, no. 1, pp 37–44, 1988.

[6] Yuen, H. K. and Princen, J. and Illingworth, J. and Kittler, J.. Comparative study of Hough transform methods for circle finding. Image Vision Comput. 8 1, pp 71–77 (1990).

10 傅里叶变换

10.1 二维离散的傅里叶（逆）变换

傅里叶变换是线性系统分析的一个有力工具，它使我们能够定量分析数字化系统，把傅里叶变换的理论同其物理解释相结合，将有助于解决大多数图像处理问题。对于傅里叶变换，一般需要先理解一维的情况，再推广到二维，本章越过一维的情况，直接介绍二维傅里叶变换的性质及其在图像处理中的应用。首先解释有关二维傅里叶变换的数学演算，这有助于理解其性质及 OpenCV 中对应函数的使用。

10.1.1 数学理解篇

假设有 M 行 N 列的复数矩阵 f，其中 $f(x,y)$ 代表 f 第 x 行第 y 列对应的值，那么对于任意的 $x \in [0, M-1]$，$y \in [0, N-1]$，是否存在 M 行 N 列的复数矩阵 F，使得以下公式成立：

$$f(x,y) = \frac{1}{MN} \sum_{u=0}^{M-1} \sum_{v=0}^{N-1} F(u,v) e^{(\frac{2\pi}{M}ux + \frac{2\pi}{N}vy)i}, 0 \leq x < M, 0 \leq y < N$$

答案是肯定的，下面我们求解该复数矩阵 F。

解：对于任意固定的 u_1 和 v_1，其中 $0 \leq u_1 < M$，$0 \leq v_1 < N$，上述等式两边同乘以 $e^{-(\frac{2\pi}{M}u_1 x + \frac{2\pi}{N}v_1 y)i}$，即：

$$MN * f(x,y)\mathrm{e}^{-(\frac{2\pi}{M}u_1 x + \frac{2\pi}{N}v_1 y)i} =$$

$$F(0,0)\mathrm{e}^{-(\frac{2\pi}{M}(0-u_1)x + \frac{2\pi}{N}(0-v_1)y)i} + \cdots + F(0,N-1)\mathrm{e}^{-(\frac{2\pi}{M}(0-u_1)x + \frac{2\pi}{N}((N-1)-v_1)y)i} +$$

$$F(1,0)\mathrm{e}^{-(\frac{2\pi}{M}(1-u_1)x + \frac{2\pi}{N}(0-v_1)y)i} + \cdots + F(1,N-1)\mathrm{e}^{-(\frac{2\pi}{M}(1-u_1)x + \frac{2\pi}{N}((N-1)-v_1)y)i} +$$

$$F(2,0)\mathrm{e}^{-(\frac{2\pi}{M}(2-u_1)x + \frac{2\pi}{N}(0-v_1)y)i} + \cdots + F(2,N-1)\mathrm{e}^{-(\frac{2\pi}{M}(2-u_1)x + \frac{2\pi}{N}((N-1)-v_1)y)i} +$$

$$F(3,0)\mathrm{e}^{-(\frac{2\pi}{M}(3-u_1)x + \frac{2\pi}{N}(0-v_1)y)i} + \cdots + F(3,N-1)\mathrm{e}^{-(\frac{2\pi}{M}(3-u_1)x + \frac{2\pi}{N}((N-1)-v_1)y)i} +$$

……

$$F(M-1,0)\mathrm{e}^{-(\frac{2\pi}{M}((M-1)-u_1)x + \frac{2\pi}{N}(0-v_1)y)i} + \cdots + F(M-1,N-1)\mathrm{e}^{-(\frac{2\pi}{M}((M-1)-u_1)x + \frac{2\pi}{N}((N-1)-v_1)y)i}$$

接着等式两边针对 x 和 y 求和，则：

$$MN * \sum_{x=0}^{M-1}\sum_{y=0}^{N-1} f(x,y)\mathrm{e}^{-(\frac{2\pi}{M}u_1 x + \frac{2\pi}{N}v_1 y)i} =$$

$$\sum_{x=0}^{M-1}\sum_{y=0}^{N-1} F(0,0)\mathrm{e}^{-(\frac{2\pi}{M}(0-u_1)x + \frac{2\pi}{N}(0-v_1)y)i} + \cdots + \sum_{x=0}^{M-1}\sum_{y=0}^{N-1} F(0,N-1)\mathrm{e}^{-(\frac{2\pi}{M}(0-u_1)x + \frac{2\pi}{N}((N-1)-v_1)y)i} +$$

$$\sum_{x=0}^{M-1}\sum_{y=0}^{N-1} F(1,0)\mathrm{e}^{-(\frac{2\pi}{M}(1-u_1)x + \frac{2\pi}{N}(0-v_1)y)i} + \cdots + \sum_{x=0}^{M-1}\sum_{y=0}^{N-1} F(1,N-1)\mathrm{e}^{-(\frac{2\pi}{M}(1-u_1)x + \frac{2\pi}{N}((N-1)-v_1)y)i} +$$

$$\sum_{x=0}^{M-1}\sum_{y=0}^{N-1} F(2,0)\mathrm{e}^{-(\frac{2\pi}{M}(2-u_1)x + \frac{2\pi}{N}(0-v_1)y)i} + \cdots + \sum_{x=0}^{M-1}\sum_{y=0}^{N-1} F(2,N-1)\mathrm{e}^{-(\frac{2\pi}{M}(2-u_1)x + \frac{2\pi}{N}((N-1)-v_1)y)i} +$$

$$\sum_{x=0}^{M-1}\sum_{y=0}^{N-1} F(3,0)\mathrm{e}^{-(\frac{2\pi}{M}(3-u_1)x + \frac{2\pi}{N}(0-v_1)y)i} + \cdots + \sum_{x=0}^{M-1}\sum_{y=0}^{N-1} F(3,N-1)\mathrm{e}^{-(\frac{2\pi}{M}(3-u_1)x + \frac{2\pi}{N}((N-1)-v_1)y)i} +$$

……

$$\sum_{x=0}^{M-1}\sum_{y=0}^{N-1} F(M-1,0)\mathrm{e}^{-(\frac{2\pi}{M}((M-1)-u_1)x + \frac{2\pi}{N}(0-v_1)y)i} + \cdots +$$

$$\sum_{x=0}^{M-1}\sum_{y=0}^{N-1} F(M-1,N-1)\mathrm{e}^{-(\frac{2\pi}{M}((M-1)-u_1)x + \frac{2\pi}{N}((N-1)-v_1)y)i}$$

只要满足 $(u-u_1)$ 和 $(v-v_1)$ 不同时为 0，那么

$$\sum_{x=0}^{M-1}\sum_{y=0}^{N-1}\mathrm{e}^{-(\frac{2\pi}{M}(u-u_1)x+\frac{2\pi}{N}(v-v_1)y)i}=\sum_{x=0}^{M-1}\mathrm{e}^{-(\frac{2\pi}{M}(u-u_1)i)x}\sum_{y=0}^{N-1}\mathrm{e}^{-(\frac{2\pi}{N}(v-v_1)i)y}=0$$

所以

$$MN*\sum_{x=0}^{M-1}\sum_{y=0}^{N-1}f(x,y)\mathrm{e}^{-(\frac{2\pi}{M}u_1x+\frac{2\pi}{N}v_1y)i}=MN*F(u_1,v_1)$$

即:

$$F(u_1,v_1)=\sum_{x=0}^{M-1}\sum_{y=0}^{N-1}f(x,y)\mathrm{e}^{-(\frac{2\pi}{M}u_1x+\frac{2\pi}{N}v_1y)i}$$

因为上式是对任意的 u_1 和 v_1 计算出来的结果,所以把 u_1 和 v_1 换成 u 和 v,即可得到下式:

$$F(u,v)=\sum_{x=0}^{M-1}\sum_{y=0}^{N-1}f(x,y)\mathrm{e}^{-(\frac{2\pi}{M}ux+\frac{2\pi}{N}vy)i}, 0\leqslant u<M, 0\leqslant v<N$$

那么称 F 为 f 的傅里叶变换,而称 f 为 F 的傅里叶逆变换,常表示为 $f\Longleftrightarrow F$。虽然我们讨论的图像矩阵是实数矩阵,但是所得到的 F 一般都会有复数元素。

二维离散的傅里叶变换可以分解为一维离散的傅里叶变换:

$$F(u,v)=\sum_{x=0}^{M-1}[\sum_{y=0}^{N-1}f(x,y)\mathrm{e}^{-\frac{2\pi}{N}vyi}]\mathrm{e}^{-\frac{2\pi}{M}uxi}, 0\leqslant u<M, 0\leqslant v<N$$

方括号中的项表示在图像的行上计算傅里叶变换,方括号外边的求和则表示在行傅里叶变换的基础上在列上计算傅里叶变换。接下来利用矩阵的形式表示二维离散的傅里叶变换。

傅里叶变换用矩阵的形式可以写为 $F=UfV$,其中

$$U=\begin{pmatrix} (\mathrm{e}^{-\frac{2\pi i}{M}0})^0 & (\mathrm{e}^{-\frac{2\pi i}{M}1})^0 & \cdots & (\mathrm{e}^{-\frac{2\pi i}{M}(M-1)})^0 \\ (\mathrm{e}^{-\frac{2\pi i}{M}0})^1 & (\mathrm{e}^{-\frac{2\pi i}{M}1})^1 & \cdots & (\mathrm{e}^{-\frac{2\pi i}{M}(M-1)})^1 \\ \vdots & \vdots & \vdots & \vdots \\ (\mathrm{e}^{-\frac{2\pi i}{M}0})^u & (\mathrm{e}^{-\frac{2\pi i}{M}1})^u & \cdots & (\mathrm{e}^{-\frac{2\pi i}{M}(M-1)})^u \\ \vdots & \vdots & \vdots & \vdots \\ (\mathrm{e}^{-\frac{2\pi i}{M}0})^{M-1} & (\mathrm{e}^{-\frac{2\pi i}{M}1})^{M-1} & \cdots & (\mathrm{e}^{-\frac{2\pi i}{M}(M-1)})^{M-1} \end{pmatrix}$$

$$\boldsymbol{V} = \begin{pmatrix} (\mathrm{e}^{-\frac{2\pi i}{N}0})^0 & (\mathrm{e}^{-\frac{2\pi i}{N}0})^1 & \cdots & (\mathrm{e}^{-\frac{2\pi i}{N}0})^v & \cdots & (\mathrm{e}^{-\frac{2\pi i}{N}0})^{N-1} \\ (\mathrm{e}^{-\frac{2\pi i}{N}1})^0 & (\mathrm{e}^{-\frac{2\pi i}{N}1})^1 & \cdots & (\mathrm{e}^{-\frac{2\pi i}{N}1})^v & \cdots & (\mathrm{e}^{-\frac{2\pi i}{N}1})^{N-1} \\ \vdots & \vdots & \vdots & \vdots & \vdots & \vdots \\ (\mathrm{e}^{-\frac{2\pi i}{N}(N-1)})^0 & (\mathrm{e}^{-\frac{2\pi i}{N}(N-1)})^1 & \cdots & (\mathrm{e}^{-\frac{2\pi i}{N}(N-1)})^v & \cdots & (\mathrm{e}^{-\frac{2\pi i}{N}(N-1)})^{N-1} \end{pmatrix}$$

$\boldsymbol{U}$ 和 $\boldsymbol{V}$ 为复数矩阵,且两者的逆有如下关系:

$$\boldsymbol{U}^{-1} = \frac{1}{M}((\boldsymbol{U}^*))^{\mathrm{T}}, \boldsymbol{V}^{-1} = \frac{1}{N}((\boldsymbol{V}^*))^{\mathrm{T}}$$

这里以 $\boldsymbol{U}$ 为例进行证明,$\boldsymbol{U}$ 的复共轭 $\boldsymbol{U}^*$,即对每一个值进行共轭运算,显然

$$\boldsymbol{U}^* = \frac{1}{M} \begin{pmatrix} (\mathrm{e}^{\frac{2\pi i}{M}0})^0 & (\mathrm{e}^{\frac{2\pi i}{M}1})^0 & \cdots & (\mathrm{e}^{\frac{2\pi i}{M}(M-1)})^0 \\ (\mathrm{e}^{\frac{2\pi i}{M}0})^1 & (\mathrm{e}^{\frac{2\pi i}{M}1})^1 & \cdots & (\mathrm{e}^{\frac{2\pi i}{M}(M-1)})^1 \\ \vdots & \vdots & \vdots & \vdots \\ (\mathrm{e}^{\frac{2\pi i}{M}0})^u & (\mathrm{e}^{\frac{2\pi i}{M}1})^u & \cdots & (\mathrm{e}^{\frac{2\pi i}{M}(M-1)})^u \\ \vdots & \vdots & \vdots & \vdots \\ (\mathrm{e}^{\frac{2\pi i}{M}0})^{M-1} & (\mathrm{e}^{\frac{2\pi i}{M}1})^{M-1} & \cdots & (\mathrm{e}^{\frac{2\pi i}{M}(M-1)})^{M-1} \end{pmatrix}$$

然后对 $\boldsymbol{U}^*$ 转置,因为 $\boldsymbol{U}^*$ 是对称的,所以 $(\boldsymbol{U}^*)^{\mathrm{T}} = \boldsymbol{U}^*$。$\boldsymbol{U}$ 的第 u_1 行点乘 $\boldsymbol{U}^*$ 的第 u_2 行,如果 $u_1 = u_2$,则值为 1;如果 $u_1 \neq u_2$,则值为 0,即:

$$\sum_{r=0}^{M-1} (\mathrm{e}^{-\frac{2\pi i}{M}ru_1} \frac{1}{M} \mathrm{e}^{\frac{2\pi i}{M}ru_2}) = \frac{1}{M} \sum_{r=0}^{M-1} \mathrm{e}^{\frac{2\pi i}{M}r(u_2-u_1)} = \begin{cases} 1, & u_1 = u_2 \\ 0, & u_1 \neq u_2 \end{cases}$$

所以 $\boldsymbol{U}^{-1} = \frac{1}{M}\boldsymbol{U}^*$,同理 $\boldsymbol{V}^{-1} = \frac{1}{M}\boldsymbol{V}^*$。因为 $\boldsymbol{F} = \boldsymbol{U}f\boldsymbol{V}$,所以 $f = \boldsymbol{U}^{-1}\boldsymbol{F}\boldsymbol{V}^{-1} = \frac{1}{MN}\boldsymbol{U}^*\boldsymbol{F}\boldsymbol{V}^*$。

因为图像是实数矩阵,如图 10-1 所示为对图像进行傅里叶变换处理的最基本步骤,即先对图像矩阵进行傅里叶变换,然后进行傅里叶逆变换,接着取实部,就可以恢复原图像。

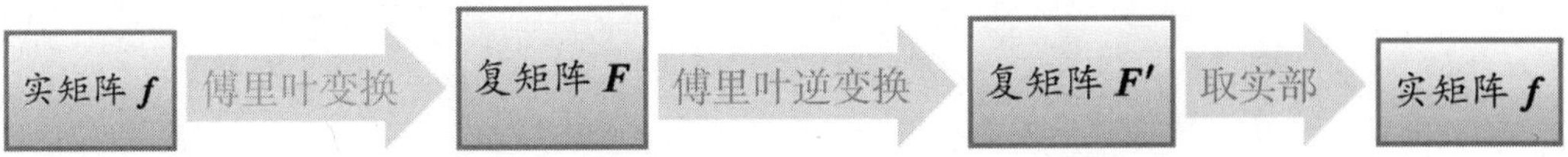

实矩阵 f →傅里叶变换→ 复矩阵 $\boldsymbol{F}$ →傅里叶逆变换→ 复矩阵 $\boldsymbol{F}'$ →取实部→ 实矩阵 f

图 10-1 图像傅里叶(逆)变换的步骤

OpenCV 提供了函数:

```
void dft(InputArray src, OutputArray dst, int flags=0, int nonzeroRows=0)
```

来实现矩阵的傅里叶(逆)变换,通过参数 flags 说明是傅里叶变换还是傅里叶逆变换。该函数的参数解释如表 10-1 所示。

表 10-1 函数 dft 的参数解释

参数	解释
src	输入矩阵,只支持 CV_32F 或者 CV_64F 的单通道或双通道矩阵
dst	输出矩阵
flags	DFT_COMPLEX_OUTPUT:输出复数形式 DFT_REAL_OUTPUT:只输出实部 DFT_INVERSE:傅里叶逆变换 DFT_SCALE:是否除以 $M*N$ DFT_ROWS:输入矩阵的每行进行傅里叶变换或者逆变换

如果输入矩阵 src 是单通道的,则代表实数矩阵;如果是双通道的,则代表复数矩阵。而输出矩阵 dst 是单通道的还是双通道的,则需要参数 flags 指定,其中 flags 的值可以组合使用,在进行傅里叶逆变换时,常用的组合为 DFT_INVERSE+DFT_SCALE+DFT_COMPLEX_OUTPUT。利用该函数实现图 10-1 所示的过程,具体代码如下:

```cpp
//输入图像矩阵
Mat I = imread(argv[1], CV_LOAD_IMAGE_GRAYSCALE);
//数据类型:将CV_8U转换成CV_32F或者CV_64F
Mat fI;
I.convertTo(fI, CV_64F);
//傅里叶变换
Mat F;
dft(fI, F, DFT_COMPLEX_OUTPUT);
//傅里叶逆变换,只取实部
Mat iF;
dft(F, iF, DFT_REAL_OUTPUT + DFT_INVERSE + DFT_SCALE);
//计算的iF是浮点型,转换为CV_8U
Mat II;
iF.convertTo(II, CV_8U);
```

在上述代码中，因为 dft 接收的 Mat 的数据类型是浮点型的，所以首先进行数据类型转换，所得到的傅里叶逆变换 iF 也是浮点型的，然后转换为 CV_8U 类型，这样得到的 II 和输入矩阵 I 是完全相同的。

10.1.2　快速傅里叶变换

从傅里叶变换的步骤可以看出，傅里叶变换理论上需要 $O((MN)^2)$ 次运算，这是非常耗时的，并极大地降低了傅里叶变换在图像处理中的应用。幸运的是，当 $M = 2^m$ 和 $N = 2^n$ 时[1]，或者对于任意的 M 和 N，傅里叶变换通过 $O(MN \log(MN))$ 次运算就可以完成[2]，这通常称为傅里叶变换的快速算法，简称"快速傅里叶变换"。

在 OpenCV 中实现的傅里叶变换的快速算法是针对行数和列数均满足可以分解为 $2^p \times 3^q \times 5^r$ 的情况的，所以在计算二维矩阵的快速傅里叶变换时需要先对原矩阵进行扩充，在矩阵的右侧和下侧补 0，以满足该规则，对于补多少行多少列的 0，可以使用函数：

```
int getOptimalDFTSize(int vecsize)
```

进行计算，该函数返回一个不小于 vecsize，且可以分解为 $2^p \times 3^q \times 5^r$ 的整数。

对图 10-1 稍微进行改进，即可实现利用 OpenCV 对图像矩阵进行快速傅里叶（逆）变换的步骤，如图 10-2 所示。对图像完成快速傅里叶变换后，再通过快速傅里叶逆变换，接着取实部，然后裁剪，即可恢复原图像。

图 10-2　图像快速傅里叶（逆）变换的步骤

10.1.3　C++ 实现

利用函数 getOptimalDFTSize 和 dft 完成图像矩阵的快速傅里叶变换，其中参数 I 为输入的矩阵，数据类型为浮点型；输出矩阵 F 是复矩阵，存储为双通道，第一通道用于存储实部，第二通道用于存储虚部。具体代码如下：

```cpp
void fft2Image(InputArray I, OutputArray F)
{
    //得到Mat类型
    Mat I = I.getMat();
    int rows = I.rows;
    int cols = I.cols;
    //满足快速傅里叶变换的最优行数和列数
    int rPadded = getOptimalDFTSize(rows);
    int cPadded = getOptimalDFTSize(cols);
    //左侧和下侧补0
    Mat f;
    copyMakeBorder(I, f, 0, rPadded - rows, 0, cPadded - cols, BORDER_CONSTANT,
     Scalar::all(0));
    //快速傅里叶变换（双通道，用于存储实部和虚部）
    dft(f, F, DFT_COMPLEX_OUTPUT);
}
```

同理，按照图 10-2 所示的步骤，在已知一幅图像的傅里叶变换的情况下，也可以恢复原图像。代码如下：

```cpp
//傅里叶逆变换，并只取实部
dft(F,f,DFT_INVERSE + DFT_REAL_OUTPUT + DFT_SCALE);
//裁剪
I=f(Rect(0,0,cols,rows));
```

通过以下主函数，可以测试图 10-2 所示的整个过程。

```cpp
int main(int argc, char*argv[])
{
    //输入图像矩阵
    Mat I = imread(argv[1], CV_LOAD_IMAGE_GRAYSCALE);
    if (!I.data)
        return -1;
    //数据类型转换：转换为浮点型
    Mat fI;
    img.convertTo(fI, CV_64FC1);
    //快速傅里叶变换
    Mat F;
```

```
    fft2Image(fI, F);
    //傅里叶逆变换,并只取实部
    Mat iF;
    cv::dft(F, iF, DFT_INVERSE + DFT_REAL_OUTPUT + DFT_SCALE);
    //通过裁剪傅里叶逆变换的实部得到的i等于I
    Mat i = I(Rect(0, 0, I.cols, I.rows)).clone();
    //数据类型转换
    i.convertTo(i, CV_8U)
    return 0;
}
```

10.1.4 Python 实现

与 C++ 实现的过程类似,利用函数 getOptimalDFTSize 和 dft 的 Python API 实现快速傅里叶变换。仍以图 10-2 所示的步骤为例,具体代码如下:

```
def fft2Image(src):
    #得到行、列
    r,c = src.shape[:2]
    #得到快速傅里叶变换的最优扩充
    rPadded = cv2.getOptimalDFTSize(r)
    cPadded = cv2.getOptimalDFTSize(c)
    #边缘扩充,下边缘和右边缘的扩充值为0
    fft2 = np.zeros((rPadded,cPadded,2),np.float32)
    fft2[:r,:c,0]=src
    #快速傅里叶变换
    cv2.dft(fft2,fft2,cv2.DFT_COMPLEX_OUTPUT)
    return fft2
```

通过以下主函数测试图像的快速傅里叶变换,并通过快速傅里叶变换恢复原图像。代码如下:

```
if __name__ =="__main__":
    if len(sys.argv) > 1:
        image = cv2.imread(sys.argv[1],cv2.CV_LOAD_IMAGE_GRAYSCALE)
    else:
        print "Usge:python fft2.py imageFile"
```

```
#计算图像矩阵的快速傅里叶变换
fft2 = fft2Image(image)
#傅里叶逆变换
ifft2 = np.zeros(fft2.shape[:2],np.float32)
cv2.dft(fft2,ifft2,cv2.DFT_REAL_OUTPUT + cv2.DFT_INVERSE + cv2.DFT_SCALE)
#裁剪
img = np.copy(ifft2[:image.shape[0],:image.shape[1]])
#裁剪后的结果image等于img
#通过判断原矩阵减去逆变换裁剪后的矩阵是否为零矩阵，验证两者是否相同
print np.max(image - img)#相减后的最大值是否为0
```

10.2 傅里叶幅度谱与相位谱

10.2.1 基础知识

既然对图像 I 进行快速傅里叶变换后得到复数矩阵 F，那么接下来就通过幅度谱和相位谱两个度量来了解该复数矩阵。分别记 Real 为矩阵 F 的实部，Imaginary 为矩阵 F 的虚部，即：

$$F = \text{Real} + i * \text{Imaginary}$$

幅度谱（Amplitude Spectrum），又称傅里叶谱，通过以下公式计算：

$$\text{Amplitude} = \sqrt{\text{Real}^2 + \text{Imaginary}^2}$$

其中 $\text{Amplitude}(u,v) = \sqrt{\text{Real}(u,v)^2 + \text{Imaginary}(u,v)^2}$。根据傅里叶变换公式知 $F(0,0) = \sum_{x=0}^{M-1}\sum_{y=0}^{N-1} f(x,y)$，则 $\text{Amplitude}(0,0) = F(0,0)$，即在 $(0,0)$ 处的值等于输入矩阵 f 的所有值的和，这个值很大，是幅度谱中最大的值，它可能比其他项大几个数量级。

相位谱（Phase SpectruM）通过以下公式计算：

$$\text{Phase} = \arctan(\frac{\text{Imaginary}}{\text{Real}})$$

其中 $\text{Phase}(u,v) = \arctan(\frac{\text{Imaginary}(u,v)}{\text{Real}(u,v)})$。

显然，复数矩阵 **F** 可以由幅度谱和相位谱表示：

$$F = \text{Amplitude}.*\cos(\text{Phase}) + i * \text{Amplitude}.*\sin(\text{Phase})$$

其中 .* 代表矩阵的点乘，即对应位置相乘：

$$F(u,v) = \text{Amplitude}(u,v) * \cos(\text{Phase}(u,v)) + i * \text{Amplitude}(u,v) * \sin(\text{Phase}(u,v))$$

下面对幅度谱和相位谱进行灰度级显示，注意区别幅度谱及其灰度级和相位谱及其灰度级，两者灰度级显示的目的是为了使人眼能够观察到对幅度谱和相位谱所做的特殊处理。

10.2.2 Python 实现

对于幅度谱的实现，可以利用 Numpy 包提供的函数 power 分别计算傅里叶变换的实部和虚部矩阵中每一个值的平方，然后利用函数 sqrt 计算矩阵中的每一个值的开方。代码如下：

```python
def amplitudeSpectrum(fft2):
    #求幅度
    real2 = np.power(fft2[:,:,0],2.0)
    Imag2 = np.power(fft2[:,:,1],2.0)
    amplitude = np.sqrt(real2+Imag2)
    return amplitude
```

将计算出的幅度规格化为灰度级显示，幅度矩阵中的值大部分比较大，往往大于 255，如果将它们只是简单地截断为 255 显示，那么幅度谱呈现的信息会很少。所以一般采用对数函数对幅度谱进行数值压缩，再进行归一化，这样得到的幅度谱的灰度级显示的对比度会比较高。具体代码如下：

```python
def graySpectrum(amplitude):
    #对比度拉伸
    amplitude = np.log(amplitude+1.0)
    #归一化,傅里叶谱的灰度级显示
    spectrum = np.zeros(amplitude.shape,np.float32)
    cv2.normalize(amplitude,spectrum,0,1,cv2.NORM_MINMAX)
    return spectrum
```

对于相位谱的计算，利用 Numpy 中的函数 arctan2，该函数的第一个参数是输入的虚部矩阵，第二个参数是输入的实部矩阵，返回值为对应位置的相位角，数值范围为 $[-\pi,\pi]$，可以将返回的矩阵除以 π 再乘以 180，规格化到 $[-180,180]$。代码如下：

```python
#相位谱
def phaseSpectrum(fft2):
    #得到行数、列数
    rows,cols = fft2.shape[:2]
    #计算相位角
    phase = np.arctan2(fft2[:,:,1],fft2[:,:,0])
    #将相位角转换为[-180,180]
    spectrum = phase/math.pi*180
    return spectrum
```

因为幅度谱的最大值在 (0,0) 处，即左上角，通常为了便于观察，需要将其移动到幅度谱的中心，那么需要在进行傅里叶变换前，将图像矩阵乘以 $(-1)^{r+c}$。整个步骤在图 10-2 所示步骤的基础上进行改进，如图 10-3 所示。

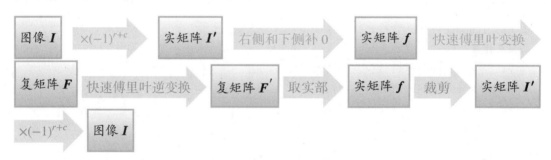

图 10-3　零频中心化的快速傅里叶变换

因为乘以 $(-1)^{r+c}$ 也是可逆的，所以最终仍可以按照过程的逆操作还原图像，第 11 章要介绍的频率域滤波就需要图像矩阵乘以 $(-1)^{r+c}$。通过以下主程序，观察傅里叶变换的幅度谱的灰度级中心化和非中心化的区别。

```python
if __name__ =="__main__":
    if len(sys.argv) > 1:
        #读入图像矩阵
        image = cv2.imread(sys.argv[1],cv2.CV_LOAD_IMAGE_GRAYSCALE)
    else:
        print "Usge:python spectrum.py imageFile"
    #显示原图
```

```
cv2.imshow("image",image)
#快速傅里叶变换
fft2 = fft2Image(image)
#求幅度谱
amplitude = amplitudeSpectrum(fft2)
#幅度谱的灰度级显示
ampSpectrum = graySpectrum(amplitude)
cv2.imshow("amplitudeSpectrum",ampSpectrum)
#相位谱的灰度级显示
phaseSpe = phaseSpectrum(fft2)
cv2.imshow("phaseSpectrum",phaseSpe)
#以下是傅里叶变换的幅度谱的中心化
#第一步:图像矩阵乘以(-1)^(r+c)
rows,cols = image.shape
fimg = np.copy(image)
fimg = fimg.astype(np.float32)
for r in xrange(rows):
    for c in xrange(cols):
        if (r+c)%2:
            fimg[r][c] =-1*image[r][c]
#第二步:快速傅里叶变换
imgfft2 = fft2Image(fimg)
#第三步:求傅里叶变换的幅度谱
amSpe = amplitudeSpectrum(imgfft2)
#幅度谱的灰度级显示
graySpe = graySpectrum(amSpe)
cv2.imshow("amSpe",graySpe)
graySpe *=255
graySpe = graySpe.astype(np.uint8)
cv2.imshow("centerAmp",graySpe)
cv2.waitKey(0)
cv2.destroyAllWindows()
```

以上程序处理图像的结果如图 10-4 所示,按照图 10-2 所示步骤得到的幅度谱的灰度级,比较亮的部分在四个角;相反,中心化后,幅度谱在中心处比较亮,即零频落在矩阵的中心,频率以其中心沿四周增长。

(a) 原图　　　(b) 幅度谱的灰度级　　　(c) 相位谱的灰度级　　　(d) 中心化幅度谱的灰度级

图 10-4　幅度谱与相位谱的灰度级显示结果

10.2.3　C++ 实现

虽然在 OpenCV 中同样提供了幂函数 pow 用来计算矩阵中每一个值的幂，但是可以利用函数：

`void magnitude(InputArray x, InputArray y, OutputArray magnitude)`

直接计算两个矩阵对应位置平方和的平方根，其参数解释如表 10-2 所示。

表 10-2　函数 magnitude 的参数解释

参数	解释
x	浮点型矩阵
y	浮点型矩阵
magnitude	幅度谱 $magnitude(r,c) = \sqrt{x(r,c)^2 + y(r,c)^2}$

因为对图像进行傅里叶变换后得到的是一个复数矩阵，保存在一个双通道 Mat 类中，所以在使用函数 magnitude 计算幅度谱时，需要利用 OpenCV 提供的函数 split 将傅里叶变换的实部和虚部分开。具体实现代码如下：

```cpp
void amplitudeSpectrum(InputArray _srcFFT, OutputArray _dstSpectrum)
{
    //判断傅里叶变换有两个通道
    CV_Assert(_srcFFT.channels() == 2);
    //分离通道
    vector<Mat> FFT2Channel;
    split(_srcFFT, FFT2Channel);
    //计算傅里叶变换的幅度谱 sqrt(pow(R,2)+pow(I,2))
    magnitude(FFT2Channel[0], FFT2Channel[1], _dstSpectrum);
}
```

对于傅里叶谱的灰度级显示，OpenCV 提供了函数 log，该函数可以计算矩阵中每一个值的对数。进行归一化后，为了保存傅里叶谱的灰度级，有时需要将矩阵乘以 255，然后转换为 8 位图。具体代码如下：

```cpp
Mat graySpectrum(Mat spectrum)
{
    Mat dst;
    log(spectrum + 1, dst);
    //归一化
    normalize(dst, dst, 0, 1, NORM_MINMAX);
    //为了进行灰度级显示，做类型转换
    dst.convertTo(dst, CV_8UC1, 255, 0);
    return dst;
}
```

计算傅里叶变换的相位谱，与 Python 实现类似，在 C++ 的基本类库中提供了函数 atan2 用来计算反正切值。代码如下：

```cpp
Mat phaseSpectrum(Mat _srcFFT)
{
    //相位谱
    Mat phase;
    phase.create(_srcFFT.size(), CV_64FC1);
    //分离通道
    vector<Mat> FFT2Channel;
    split(_srcFFT, FFT2Channel);
    //计算相位谱
    for (int r = 0; r<phase.rows; r++)
    {
        for (int c = 0; c < phase.cols; c++)
        {
            //实部、虚部
            double real = FFT2Channel[0].at<double>(r, c);
            double imaginary = FFT2Channel[1].at<double>(r, c);
            //atan2的返回值范围：[0,180]，[-180,0]
            phase.at<double>(r, c) = atan2(imaginary, real);
        }
    }
```

```
    return phase;
}
```

理解了相位谱的计算方式,就可以理解 OpenCV 提供的计算相位谱的函数:

```
void phase(InputArray x, InputArray y, OutputArray angle, bool angleInDegrees=false)
```

其参数解释如表 10-3 所示。

表 10-3 函数 phase 的参数解释

参数	解释
x	输入矩阵
y	输如矩阵
angle	输出矩阵,且 angle = $\arctan(\frac{y}{x})$
angleInDegrees	是否将角度转换到 [-180, 180]

利用该函数计算傅里叶变换的相位谱时,将傅里叶变换的实部矩阵赋值给参数 x,将虚部矩阵赋值给参数 y 即可。如图 10-5 所示为一些图的幅度谱的灰度级显示结果,仔细观察会发现一个有趣的现象——中心化后的傅里叶谱比较亮的区域大致与原图中的主要目标垂直。

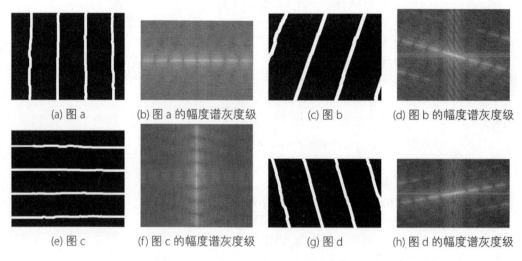

(a) 图 a   (b) 图 a 的幅度谱灰度级   (c) 图 b   (d) 图 b 的幅度谱灰度级

(e) 图 c   (f) 图 c 的幅度谱灰度级   (g) 图 d   (h) 图 d 的幅度谱灰度级

图 10-5 中心化幅度谱的灰度级显示结果

10.3 谱残差显著性检测

生物视觉研究表明,视觉注意机制是一种具有选择性的注意,它首先由视觉内容中最显著的、与其周围其他内容相比差异更大的成分引起,然后根据观察者的主观意识去选择注意。视觉显著性检测可以看作抽取信息中最具差异的部分或者最感兴趣或首先关注的部分,赋予对图像分析的选择性能力,对提高图像的处理效率是极为重要的。

显著性检测的方法有很多,本节介绍一种简单、高效的基于幅度谱残差的方法[2],只要明白幅度谱和相位谱就可以实现这种方法。

10.3.1 原理详解

通过 10.2.1 节的介绍可知,图像的傅里叶变换可以由幅度谱和相位谱表示,注意不是幅度谱和相位谱的灰度级,也就是通过已知的幅度谱和相位谱就可以还原图像。谱残差显著性检测通过改变幅度谱和相位谱来改变图像的显示,即只显示图像的显著目标。该算法的步骤如下。

第一步:计算图像的快速傅里叶变换矩阵 $\boldsymbol{F}$。

第二步:计算傅里叶变换的幅度谱的灰度级 graySpectrum。

第三步:计算相位谱 phaseSpectrum,然后根据相位谱计算对应的正弦谱和余弦谱。

第四步:对第二步计算出的灰度级进行均值平滑,记为 $f_{\text{mean}}(\text{graySpectrum})$。

第五步:计算谱残差(spectralResidual)。谱残差的定义是第二步得到的幅度谱的灰度级减去第四步得到的均值平滑结果,即:

$$\text{spectralResidual} = \text{graySpectrum} - f_{\text{mean}}(\text{graySpectrum})$$

第六步:对谱残差进行幂指数运算 exp(spectralResidual),即对谱残差矩阵中的每一个值进行指数运算。

第七步:将第六步得到的幂指数作为新的"幅度谱",仍然使用原图的相位谱,根据新的"幅度谱"和相位谱进行傅里叶逆变换,可得到一个复数矩阵。

第八步:对于第七步得到的复数矩阵,计算该矩阵的实部和虚部的平方和的开方,然后进行高斯平滑,最后进行灰度级的转换,即得到显著性。

10.3.2　Python 实现

对于谱残差显著性检测的 Python 实现，Numpy 分别提供了函数 sin 和 cos 用来计算矩阵中每一个值的正弦值和余弦值；对于矩阵的幂指数运算，可以利用 Numpy 提供的函数 exp 来实现；对于均值平滑和高斯平滑，可以采用 OpenCV 的 Python API 的函数 cv2.boxFilter 和 cv2.GaussianBlur 来实现。具体代码如下：

```
#第一步：计算图像的快速傅里叶变换
fft2 = fft2Image(image)
#第二步：计算傅里叶变换的幅度谱的灰度级
#求幅度谱
amplitude = amplitudeSpectrum(fft2)
#幅度谱的灰度级
logAmplitude = graySpectrum(amplitude)
#第三步：计算相位谱
phase = phaseSpectrum(fft2)
#余弦谱（用于计算实部）
cosSpectrum = np.cos(phase)
#正弦谱（用于计算虚部）
sinSectrum = np.sin(phase)
#第四步：对幅度谱的灰度级进行均值平滑
meanLogAmplitude = cv2.boxFilter(logAmplitude,cv2.CV_32FC1,(3,3))
#第五步：计算谱残差
spectralResidual = logAmplitude - meanLogAmplitude
#第六步：谱残差的幂指数运算
expSR = np.exp(spectralResidual)
#分别计算实部和虚部
real = expSR*cosSpectrum
imaginary = expSR*sinSectrum
#合并实部和虚部
com = np.zeros((real.shape[0],real.shape[1],2),np.float32)
com[:,:,0]=real
com[:,:,1]=imaginary
#第七步：根据新的幅度谱和相位值，进行傅里叶逆变换
ifft2=np.zeros(com.shape,np.float32)
cv2.dft(com,ifft2,cv2.DFT_COMPLEX_OUTPUT+cv2.DFT_INVERSE)
```

```
#第八步：显著性
saliencymap = np.power(ifft2[:,:,0],2)+np.power(ifft2[:,:,1],2)
#对显著性进行高斯平滑
saliencymap = cv2.GaussianBlur(saliencymap,(11,11),2.5)
#显示检测到的显著性
#cv2.normalize(saliencymap,saliencymap,0,1,cv2.NORM_MINMAX)
saliencymap   = saliencymap/np.max(saliencymap)
#提高对比度，进行伽马变换
saliencymap = np.power(saliencymap,0.5)
saliencymap = np.round(saliencymap*255)
saliencymap = saliencymap.astype(np.uint8)
cv2.imshow("saliencymap",saliencymap)
```

通过谱残差分析所得到的图像的显著性，往往对比度较低，可以通过伽马变换提高对比度，图 10-6 显示的是利用谱残差法得到的图像的显著性。

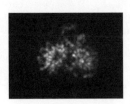

(a) 原图 a　　　　(b) 显著性检测　　　　(c) 原图 b　　　　(d) 显著性检测

图 10-6　谱残差的显著性检测结果

10.3.3　C++ 实现

在使用 OpenCV 的 C++ API 实现谱残差法时，其中计算矩阵的指数采用的是 OpenCV 提供的函数 exp，其他的按照代码中的注释对应到该算法的步骤，即可理解每一行的意思。代码如下：

```
//读入图像（灰度化）
Mat image = imread(argv[1], CV_LOAD_IMAGE_GRAYSCALE);
if (!image.data)
    return -1;
imshow("原图", image);
```

```cpp
//转换为double类型
Mat fImage;
image.convertTo(fImage, CV_64FC1,1.0/255);
//快速傅里叶变换
Mat fft2;
fft2Image(fImage, fft2);
//幅度谱（又称傅里叶谱）
Mat amplitude;
amplitudeSpectrum(fft2, amplitude);
//对幅度谱进行对数运算
Mat logAmplitude;
cv::log(amplitude + 1.0, logAmplitude);
//均值平滑
Mat meanLogAmplitude;
cv::blur(logAmplitude, meanLogAmplitude, Size(3, 3),Point(-1,-1));
//谱残差
Mat spectralResidual = logAmplitude - meanLogAmplitude;
//相位谱
Mat phase = phaseSpectrum(fft2);
//余弦谱cos(phase)
Mat cosSpectrum(phase.size(), CV_64FC1);
//正弦谱sin(phase)
Mat sinSpectrum(phase.size(), CV_64FC1);
for (int r = 0; r < phase.rows; r++)
{
    for (int c = 0; c < phase.cols; c++)
    {
        cosSpectrum.at<double>(r, c) = cos(phase.at<double>(r, c));
        sinSpectrum.at<double>(r, c) = sin(phase.at<double>(r, c));
    }
}
//指数运算
exp(spectralResidual, spectralResidual);
Mat real = spectralResidual.mul(cosSpectrum);
Mat imaginary = spectralResidual.mul(sinSpectrum);
vector<Mat> realAndImag;
```

```cpp
realAndImag.push_back(real);
realAndImag.push_back(imaginary);
Mat complex;
merge(realAndImag, complex);
//快速傅里叶逆变换
Mat ifft2;
dft(complex, ifft2, DFT_COMPLEX_OUTPUT + DFT_INVERSE);
//傅里叶逆变换的幅度
Mat ifft2Amp;
amplitudeSpectrum(ifft2, ifft2Amp);
//平方运算
pow(ifft2Amp, 2.0, ifft2Amp);
//高斯平滑
GaussianBlur(ifft2Amp, ifft2Amp, Size(11,11), 2.5);
//显著性显示
normalize(ifft2Amp, ifft2Amp, 1.0, 0, NORM_MINMAX);
//提升对比度，进行伽马变换
pow(ifft2Amp, 0.5, ifft2Amp);
//数据类型转换
Mat saliencyMap;
ifft2Amp.convertTo(saliencyMap, CV_8UC1,255);
imshow("显著性", saliencyMap);
```

至此，通过幅度谱和相位谱等性质，我们对图像的傅里叶变换有了大体的认识，接下来介绍傅里叶变换的一个重要作用。回忆一下在第 5 章中提到的卷积运算，一般利用定义和矩阵法进行计算，而当核的尺寸较大时，这两种计算方法都非常耗时。幸运的是，通过卷积和傅里叶变换的某种关系，也可以利用傅里叶变换进行计算，即 10.4.1 节提到的卷积定理。

10.4 卷积与傅里叶变换的关系

10.4.1 卷积定理

假设 I 是 M 行 N 列的图像矩阵，k 是 m 行 n 列的卷积核，那么 I 与 k 的全卷积 $I \star k$ 具有 $M+m-1$ 行 $N+n-1$ 列，这里在全卷积的运算过程中，采取用 0 扩充边界的策略。

在 I 的右侧和下侧进行补 0，且将 I 的尺寸扩充到与全卷积的尺寸相同，即：

$$\mathbf{I\_padded}(r,c) = \begin{cases} I(r,c), & 0 \leqslant r < M, 0 \leqslant c < N \\ 0, & \text{else} \end{cases}, 0 \leqslant r < M+m-1, 0 \leqslant c < N+n-1$$

同样，在卷积核 k 的右侧和下侧进行补 0，且将 k 的尺寸扩充到与全卷积的尺寸相同，即：

$$\mathbf{k\_padded}(r,c) = \begin{cases} k(r,c), & 0 \leqslant r < m, 0 \leqslant c < n \\ 0, & \text{else} \end{cases}, 0 \leqslant r < M+m-1, 0 \leqslant c < N+n-1$$

假设 **FT_Ip** 和 **FT_kp** 分别是 **I_padded** 和 **k_padded** 的傅里叶变换，那么 $I \star k$ 的傅里叶变换就等于 **FT_Ip**.∗**FT_kp**，即：

$$I \star k \Longleftrightarrow \mathbf{FT\_Ip} . * \mathbf{FT\_kp}$$

其中 .∗ 代表对应位置的元素相乘，即对应位置的两个复数相乘，该性质通常称为卷积定理。

利用傅里叶变换计算卷积，主要步骤概括为，首先计算两个傅里叶变换的点乘，然后进行傅里叶逆变换，并只取逆变换的实部。

10.4.2 Python 实现

在卷积定理中会进行两个复数矩阵的点乘，指的是两个复数矩阵对应位置的复数相乘，即：

$$\begin{aligned} c(r,c) &= a(r,c) * b(r,c) \\ &= \text{real}(a(r,c)) * \text{real}(b(r,c)) - \text{Imaginary}(a(r,c)) * \text{Imaginary}(b(r,c)) \\ &\quad + i * (\text{real}(a(r,c)) * \text{Imaginary}(b(r,c)) + \text{Imaginary}(a(r,c)) * \text{real}(b(r,c))) \end{aligned}$$

其中 real 代表取一个复数的实部，Imaginary 代表取一个复数的虚部。对于两个复数矩阵的点乘，可以利用 OpenCV 提供的函数：

cv2.mulSpectrums(a, b, flags[, c[, conjB]])

来计算，其参数解释如表 10-4 所示。

表 10-4 函数 mulSpectrums 的参数解释

参数	解释
a	输入的三维数组，对应于 Mat 类的双通道矩阵
b	输入的三维数组，对应于 Mat 类的双通道矩阵
c	复数矩阵 a 和复数矩阵 b 点乘的结果
flags	现在只支持 DFT_ROWS
conjB	是否对 b 共轭，默认值为 False

在主程序中，以一个 8×8 的浮点型矩阵 I 和 3×3 的卷积核 kernel 为例，这里通过两个方面来理解卷积定理，第一，根据卷积定义计算出的 I 和 kernel 的卷积结果，是否与通过傅里叶变换计算出的卷积结果相同；第二，对于 I 和 kernel 的全卷积结果的傅里叶变换，是否与两个核扩充后的傅里叶变换点乘相同。具体实现代码如下：

```python
# -*- coding: utf-8 -*-
import numpy as np
from scipy import signal
import cv2
#主函数
if __name__ =="__main__":
    #图像矩阵
    I = np.array([[34,56,1,0,255,230,45,12],[0,201,101,125,52,12,124,12],
                  [3,41,42,40,12,90,123,45],[5,245,98,32,34,234,90,123],
                  [12,12,10,41,56,89,189,5],[112,87,12,45,78,45,10,1],
                  [42,123,234,12,12,21,56,43],[1,2,45,123,10,44,123,90]],np.
                 float64)
    #卷积核
    kernel = np.array([[1,0,-1],[1,0,1],[1,0,-1]],np.float64)
    #I与kernel进行full卷积
    confull = signal.convolve2d(I,kernel,mode='full',boundary = 'fill',
                                fillvalue=0)
    #I的傅里叶变换
    FT_I = np.zeros((I.shape[0],I.shape[1],2),np.float64)
    cv2.dft(I,FT_I,cv2.DFT_COMPLEX_OUTPUT)
    #kernel的傅里叶变换
    FT_kernel = np.zeros((kernel.shape[0],kernel.shape[1],2),np.float64)
    cv2.dft(kernel,FT_kernel,cv2.DFT_COMPLEX_OUTPUT)
```

```python
#傅里叶变换
fft2= np.zeros((confull.shape[0],confull.shape[1]),np.float64)
#对I的右侧和下侧补 0
I_Padded = np.zeros((I.shape[0]+kernel.shape[0]-1,I.shape[1]+kernel.shape
[1]-1),np.float64)
I_Padded[:I.shape[0],:I.shape[1]] = I
FT_I_Padded = np.zeros((I_Padded.shape[0],I_Padded.shape[1],2),np.float64)
cv2.dft(I_Padded,FT_I_Padded,cv2.DFT_COMPLEX_OUTPUT)
#对kernel的右侧和下侧补0
kernel_Padded = np.zeros((I.shape[0]+kernel.shape[0]-1,I.shape[1]+kernel.
shape[1]-1),np.float64)
kernel_Padded[:kernel.shape[0],:kernel.shape[1]] = kernel
FT_kernel_Padded = np.zeros((kernel_Padded.shape[0],kernel_Padded.shape
[1],2),np.float64)
cv2.dft(kernel_Padded,FT_kernel_Padded,cv2.DFT_COMPLEX_OUTPUT)
#两个傅里叶变换的对应位置相乘
FT_Ikernel = cv2.mulSpectrums(FT_I_Padded,FT_kernel_Padded,cv2.DFT_ROWS)
#利用傅里叶变换求full卷积
ifft2 = np.zeros(FT_Ikernel.shape[:2],np.float64)
cv2.dft(FT_Ikernel,ifft2,cv2.DFT_REAL_OUTPUT+cv2.DFT_INVERSE+cv2.DFT_SCALE)
print np.max(ifft2 - confull)
#full卷积结果的傅里叶变换与两个傅里叶变换的点乘相同
FT_confull = np.zeros((confull.shape[0],confull.shape[1],2),np.float64)
cv2.dft(confull,FT_confull,cv2.DFT_COMPLEX_OUTPUT)
print np.max(FT_confull-FT_Ikernel)
```

在上述代码中,打印的两个值均为0,代表主程序中需要比较的两个方面均成立,通过卷积定理得到的是以0扩充边界的full卷积;而在图像处理中,为了不改变图像的尺寸,通常计算的是same卷积,且采取其他比较理想的边界扩充策略。在上述实现中并没有采用快速傅里叶变换。下面就介绍如何利用快速傅里叶变换,且采用其他的边界扩充策略,从而得到same卷积结果。

10.5 通过快速傅里叶变换计算卷积

10.5.1 步骤详解

假设 I 是 M 行 N 列的图像矩阵，k 是 m 行 n 列的卷积核，在图像处理中用到的卷积核的尺寸往往为奇数，即 m 和 n 均为奇数，且锚点的位置在中心点 ($\frac{m-1}{2}, \frac{n-1}{2}$) 处。卷积定理是针对 full 卷积的，而 same 卷积是 full 卷积的一部分。利用快速傅里叶变换，根据卷积定理，计算 same 卷积，步骤如下。

第一步：对 I 进行边界扩充，在上侧和下侧均补充 $\frac{m-1}{2}$ 行，在左侧和右侧均补充 $\frac{n-1}{2}$ 列。扩充策略和卷积计算的一样，效果比较好的是对边界进行镜像扩充，扩充后的结果记为 **I_padded**，且行数为 $M+m-1$，列数为 $N+n-1$。

第二步：在 **I_padded** 和 k 的右侧和下侧扩充 0。为了利用快速傅里叶变换，将得到的结果记为 **I_padded_zeros** 和 **k_zeros**。

$$\text{I\_padded\_zeros}(r,c) = \begin{cases} \text{I\_padded}(r,c), & 0 \leqslant r < M+m-1, 0 \leqslant c < N+n-1 \\ 0, & \text{else} \end{cases}$$

$$\text{k\_zeros}(r,c) = \begin{cases} k(r,c), & 0 \leqslant r < m, 0 \leqslant c < n \\ 0, & \text{else} \end{cases}$$

第三步：计算 **I_padded_zeros** 和 **k_zeros** 的傅里叶变换，分别记为 **fft2_Ipz** 和 **fft2_kz**。

第四步：计算上述两个复数矩阵（傅里叶变换）的点乘。

$$\text{fft2\_Ipkz} = \text{fft2\_Ipz}.*\text{fft2\_kz}$$

第五步：计算 **fft2_Ipkz** 的傅里叶逆变换，然后只取实部，得到的是 full 卷积的结果。

$$\text{fullConv} = \text{Real}(\text{ifft2}(\text{fft2\_Ipkz}))$$

第六步：裁剪。从 **fullConv** 的左上角 ($m-1, n-1$) 开始裁剪到右下角 ($m-1+M, n-1+N$) 的位置，该区域就是 same 卷积的结果。

10.5.2　Python 实现

通过定义函数 fft2Conv 来实现快速傅里叶变换计算图像 **I** 与 **kernel** 的 same 卷积，其中 **kernel** 的宽、高均为奇数，锚点在其中心位置，返回值为 same 卷积结果。代码如下：

```python
def fft2Conv(I,kernel,borderType=cv2.BORDER_DEFAULT):
    #图像矩阵的高、宽
    R,C = I.shape[:2]
    #卷积核的高、宽
    r,c = kernel.shape[:2]
    #卷积核的半径
    tb = (r-1)/2
    lr = (c-1)/2
    #第一步：扩充边界
    I_padded = cv2.copyMakeBorder(I,tb,tb,lr,lr,borderType)
    #第二步：在I_padded和kernel的右侧和下侧补0
    #满足二维快速傅里叶变换的行数、列数
    rows = cv2.getOptimalDFTSize(I_padded.shape[0]+r-1)
    cols = cv2.getOptimalDFTSize(I_padded.shape[1]+c-1)
    #补0
    I_padded_zeros = np.zeros((rows,cols),np.float64)
    I_padded_zeros[:I_padded.shape[0],:I_padded.shape[1]] = I_padded
    kernel_zeros = np.zeros((rows,cols),np.float64)
    kernel_zeros[:kernel.shape[0],:kernel.shape[1]] = kernel
    #第三步：快速傅里叶变换
    fft2_Ipz = np.zeros((rows,cols,2),np.float64)
    cv2.dft(I_padded_zeros,fft2_Ipz,cv2.DFT_COMPLEX_OUTPUT)
    fft2_kz = np.zeros((rows,cols,2),np.float64)
    cv2.dft(kernel_zeros,fft2_kz,cv2.DFT_COMPLEX_OUTPUT)
    #第四步：两个快速傅里叶变换点乘
    Ipz_rz = cv2.mulSpectrums(fft2_Ipz,fft2_kz,cv2.DFT_ROWS)
    #第五步：傅里叶逆变换，并只取实部
    ifft2FullConv = np.zeros((rows,cols),np.float64)
    cv2.dft(Ipz_rz,ifft2FullConv,cv2.DFT_REAL_OUTPUT+cv2.DFT_INVERSE+cv2.DFT_SCALE)
    print np.max(ifft2FullConv)
    #第六步：裁剪，与所输入的图像矩阵的尺寸一样
```

```
    sameConv = np.copy(ifft2FullConv[r-1:R+r-1,c-1:C+c-1])
    return sameConv
```

对于卷积核为任意尺寸或者锚点在任意位置的情况，只是最后的裁剪部分不同。虽然通过定义计算卷积比较耗时，但是当卷积核较小时，通过快速傅里叶变换计算卷积并没有明显的优势；只有当卷积核较大时，利用傅里叶变换的快速算法计算卷积才会表现出明显的优势。

10.5.3　C++ 实现

利用快速傅里叶变换计算卷积的 C++ 实现与 Python 实现类似，但是需要注意的是，因为函数 dft 的输入矩阵的数据类型为浮点型，所以下面实现的通过快速傅里叶变换计算卷积的输入矩阵也是浮点型的，使用时需要将 8 位图转换为浮点型。具体代码如下：

```cpp
Mat fft2Conv(Mat I, Mat kernel, int borderType = BORDER_DEFAULT,Scalar value = Scalar())
{
    // I的高、宽
    int R = I.rows;
    int C = I.cols;
    // 卷积核kernel的高、宽均为奇数
    int r = kernel.rows;
    int c = kernel.cols;
    // 卷积核的半径
    int tb = (r - 1) / 2;
    int lr = (c - 1) / 2;
    /* 第一步：边界扩充 */
    Mat I_padded;
    copyMakeBorder(I, I_padded, tb, tb, lr, lr, borderType, value);
    /* 第二步：在I_padded和kernel的右侧和下侧补0，以满足快速傅里叶变换的行数和列数 */
    //满足二维快速傅里叶变换的行数、列数
    int rows = getOptimalDFTSize(I_padded.rows + r -1);
    int cols = getOptimalDFTSize(I_padded.cols + c - 1);
    //补0
    Mat I_padded_zeros, kernel_zeros;
```

```cpp
    copyMakeBorder(I_padded, I_padded_zeros, 0, rows - I_padded.rows, 0, cols -
     I_padded.cols,BORDER_CONSTANT, Scalar(0,0,0,0));
    copyMakeBorder(kernel, kernel_zeros, 0, rows - kernel.rows, 0, cols -
     kernel.cols, BORDER_CONSTANT, Scalar(0,0,0,0));
    /* 第三步：快速傅里叶变换 */
    Mat fft2_Ipz,fft2_kz;
    dft(I_padded_zeros, fft2_Ipz, DFT_COMPLEX_OUTPUT);
    dft(kernel_zeros, fft2_kz, DFT_COMPLEX_OUTPUT);
    /* 第四步：两个傅里叶变换点乘 */
    Mat Ipz_kz;
    mulSpectrums(fft2_Ipz, fft2_kz, Ipz_kz, DFT_ROWS);
    /* 第五步：傅里叶逆变换，并只取实部 */
    Mat ifft2;
    dft(Ipz_kz, ifft2, DFT_INVERSE + DFT_SCALE + DFT_REAL_OUTPUT);
    /* 第六步：裁剪，与所输入的图像矩阵的尺寸相同 */
    Mat sameConv = ifft2(Rect(c - 1, r - 1, C + c - 1, R + r - 1));
    return sameConv;
}
```

在前面章节中提到的图像平滑和边缘检测这些操作通常被统称为图像的空间域滤波。而通过卷积定理可以看出，基于卷积运算的空间域滤波，也可以在频率域上完成，即在空间域上卷积，大体上就是两个傅里叶变换点乘后的傅里叶逆变换。一般称高斯卷积算子、Sobel 边缘检测算子等为空间域滤波器，这些核按照以上规则补 0 后的傅里叶变换就称为频率域滤波器，只是这些核的尺寸较小，一般直接采用卷积，不需要将其转换为频率域滤波器。在数学运算和代码中，频率域滤波器的呈现就是一个矩阵。第 11 章将详细介绍在频率域上常用的滤波器。

10.6 参考文献

[1] Kenneth R, Castleman. Digital Image Processing.

[2] Xiaodi Hou, Liqing Zhang. Saliency Detection: A Spectral Residual Approach.

[3] Rafael C. Gonzalez, Richard E. Woods. Digital Image Processing, Third Edition.

[4] J. R. Parker. Algorithms for Image Processing and Computer Vision.

11 频率域滤波

11.1 概述及原理详解

在第 10 章中,我们已经了解了图像的傅里叶变换及其两个重要的度量:幅度谱和相位谱。在介绍本章内容前,仍需要了解两个重要的概念:低频和高频。低频指的是图像的傅里叶变换"中心位置"附近的区域。注意,如无特殊说明,后面所提到的图像的傅里叶变换都是中心化后的。高频随着到"中心位置"距离的增加而增加,即傅里叶变换中心位置的外围区域,这里的"中心位置"指的是傅里叶变换所对应的幅度谱最大值的位置。

频率域滤波器在程序或者数学运算中的呈现可以理解为一个矩阵,该矩阵的宽、高和图像的傅里叶变换的宽、高是相同的,下面所涉及的常用的低通、高通、带通、带阻等滤波的关键步骤,就是通过一定的准则构造该矩阵的。对第 10 章中的图 10-3 稍加改进,即可得到频率域滤波的步骤,如图 11-1 所示。

图 11-1 频率域滤波的步骤

下面通过一个简单的例子来详细解释频率域滤波的整个步骤。

第一步：输入图像矩阵 I。假设为：

$$\begin{bmatrix} 34 & 56 & 1 & 0 & 255 & 230 & 45 \\ 0 & 201 & 101 & 125 & 52 & 12 & 124 \\ 3 & 41 & 42 & 40 & 12 & 90 & 123 \\ 5 & 245 & 98 & 32 & 34 & 234 & 90 \\ 12 & 12 & 10 & 41 & 56 & 89 & 189 \\ 112 & 87 & 12 & 45 & 78 & 45 & 10 \\ 42 & 123 & 234 & 12 & 12 & 21 & 56 \end{bmatrix}$$

第二步：图像矩阵的每一个像素值乘以 $(-1)^{r+c}$ 得到矩阵 I'，$I' = I.*(-1)^{r+c}$，其中 r 和 c 代表当前像素值在矩阵中的位置索引。

$$\begin{bmatrix} 34 & -56 & 1 & 0 & 255 & -230 & 45 \\ 0 & 201 & -101 & 125 & -52 & 12 & -124 \\ 3 & -41 & 42 & -40 & 12 & -90 & 123 \\ -5 & 245 & -98 & 32 & -34 & 234 & -90 \\ 12 & -12 & 10 & -41 & 56 & -89 & 189 \\ -112 & 87 & -12 & 45 & -78 & 45 & -10 \\ 42 & -123 & 234 & -12 & 12 & -21 & 56 \end{bmatrix}$$

第三步：因为图像矩阵的宽和高均为 7，为了利用傅里叶变换的快速算法，对 I' 补 0，使用命令 getOptimalDFTSize(7) 得到一个不小于 7 且可以分解为 $2^p \times 3^q \times 5^r$ 的最小整数，计算结果为 8。所以在矩阵 I' 的右侧和下侧各补一行 0，记为 f：

$$\begin{bmatrix} 34 & -56 & 1 & 0 & 255 & -230 & 45 & 0 \\ 0 & 201 & -101 & 125 & -52 & 12 & -124 & 0 \\ 3 & -41 & 42 & -40 & 12 & -90 & 123 & 0 \\ -5 & 245 & -98 & 32 & -34 & 234 & -90 & 0 \\ 12 & -12 & 10 & -41 & 56 & -89 & 189 & 0 \\ -112 & 87 & -12 & 45 & -78 & 45 & -10 & 0 \\ 42 & -123 & 234 & -12 & 12 & -21 & 56 & 0 \\ 0 & 0 & 0 & 0 & 0 & 0 & 0 & 0 \end{bmatrix}$$

第四步：利用傅里叶变换的快速算法得到复数矩阵 $\boldsymbol{F}$。

$$\begin{bmatrix} 681 & 37-275i & -120-53i & -431-501i & 139 & -431-501i & -120-53i & 37+275i \\ -209-89i & -28-540i & 152+109i & -689+76i & 574+831i & 248+138i & 867-974i & -78+156i \\ -23+258i & -361+50i & 770+267i & -717-474i & 179+266i & -269+612i & 226+21i & 203-144i \\ 57-447i & -541-133i & -37-340i & 10-118i & -150+533i & -436-330i & 514-171i & 97+101i \\ 61 & -114+379i & -428+1191i & -468+101i & 3623 & -468+101i & -428-1191i & -113-379i \\ 57+448i & 97-100i & 514+171i & -436+330i & -150-533i & 10+118i & -37+350i & -541+134i \\ -23-258i & 203+144i & 226-21i & -269-612i & 179-266i & -717+474i & 770-267i & -361-50i \\ -208+90i & -78-156i & 868+974i & 249-139i & 574-831i & -689-76i & 152-109i & -28+540i \end{bmatrix}$$

注意：OpenCV 是将复数矩阵按照双通道存储的，即第一通道存储的是复数矩阵的实部，第二通道存储的是复数矩阵的虚部。

第五步：构建频率域滤波器 Filter。频率域滤波器本质上是一个和第四步得到的快速傅里叶变换矩阵 $\boldsymbol{F}$ 具有相同行数、列数的复数矩阵，一般情况下为实数矩阵，这里假设是一个全是 1 的矩阵：

$$\begin{bmatrix} 1 & 1 & 1 & 1 & 1 & 1 & 1 \\ 1 & 1 & 1 & 1 & 1 & 1 & 1 \\ 1 & 1 & 1 & 1 & 1 & 1 & 1 \\ 1 & 1 & 1 & 1 & 1 & 1 & 1 \\ 1 & 1 & 1 & 1 & 1 & 1 & 1 \\ 1 & 1 & 1 & 1 & 1 & 1 & 1 \\ 1 & 1 & 1 & 1 & 1 & 1 & 1 \end{bmatrix}$$

本章提到的频率域滤波，如低通滤波、高通滤波、自定义滤波等，其关键步骤就是通过一定的标准构造该矩阵以完成图像在频率域上的滤波。

第六步：将第四步得到的快速傅里叶变换矩阵 $\boldsymbol{F}$ 和第五步得到的频率域滤波器 Filter 的对应位置相乘（矩阵的点乘）。当然，如果滤波器是一个实数矩阵，那么在代码实现中，将傅里叶变换的实部和虚部分别与频率域滤波器进行点乘即可，即 $\boldsymbol{F}_{\text{filter}} = \boldsymbol{F}.*\text{Filter}$，因为这里构造的滤波器是一个全是 1 的矩阵，所以 $\boldsymbol{F}_{\text{filter}} = \boldsymbol{F}$。

第七步：对第六步得到的点乘矩阵 $\boldsymbol{F}_{\text{filter}}$ 进行傅里叶逆变换，得到复数矩阵 $\boldsymbol{F}'$。

第八步：取复数矩阵 $\boldsymbol{F}'$ 的实部。

第九步：与第二步类似，将第八步得到的矩阵乘以 $(-1)^{r+c}$。

第十步：因为在快速傅里叶变换的步骤中进行了补 0 操作，所以第九步得到的实部矩阵的尺寸有可能比原图大，所以要进行裁剪，取该实部矩阵的左上角，尺寸和原图相同。裁剪得到的结果，即为频率域滤波的结果。在该示例中，因为滤波器是一个全是 1 的矩阵，相当于对原图没有做任何处理，即最后滤波的结果和原图是一样的。

频率域滤波算法均是按照上述十个步骤完成的,接下来详细介绍常用滤波器的构建方法、代码实现及其效果。

11.2 低通滤波和高通滤波

针对图像的傅里叶变换,低频信息表示图像中灰度值缓慢变化的区域;而高频信息则正好相反,表示灰度值变化迅速的部分,如边缘。低通滤波,顾名思义,保留傅里叶变换的低频信息;或者削弱傅里叶变换的高频信息;而高通滤波则正好相反,保留傅里叶变换的高频信息,移除或者削弱傅里叶变换的低频信息。

11.2.1 三种常用的低通滤波器

构建低通滤波器的过程,本质上是按照某些规则构建一个矩阵的过程。假设 H、W 分别代表图像快速傅里叶变换的高、宽,傅里叶谱的最大值(中心点)的位置在 $(\text{maxR}, \text{maxC})$,radius 代表截断频率,$D(r,c)$ 代表到中心位置的距离,其中 $0 \leqslant r < H$,$0 \leqslant c < C$,$D(r,c) = \sqrt{(r-\text{maxR})^2 + (c-\text{maxC})^2}$。下面根据以上假设,说明构建常用的三种低通滤波器的规则。

1. 理想低通滤波器

第一种是理想低通滤波器,记 **ilpFilter** = $[\text{ilpFilter}(r,c)]_{H \times W}$,根据以下准则生成:

$$\textbf{ilpFilter}(r,c) = \begin{cases} 1, & D(r,c) \leqslant \text{radius} \\ 0, & D(r,c) > \text{radius} \end{cases}$$

2. 巴特沃斯低通滤波器

第二种是巴特沃斯低通滤波器,记 **blpFilter** = $[\text{blpFilter}(r,c)]_{H \times W}$,根据以下准则生成:

$$\textbf{blpFilter}(r,c) = \frac{1}{1 + [D(r,c)/\text{radius}]^{2n}}$$

其中 n 代表阶数。

3. 高斯低通滤波器

第三种是高斯低通滤波器,记 **glpFilter** = $[\text{glpFilter}(r,c)]_{H \times W}$,根据以下准则生成:

$$\text{ghpFilter}(r,c) = e^{-D^2(r,c)/2\text{radius}^2}$$

可以观察到,这三种滤波器越靠近中心点位置的值越接近于 1,越远离中心位置的值就越小于 1,与傅里叶变换相乘后,相当于保留了低频信息,消弱或者移除了高频信息。了解了构建规则后,下面给出构建这三种滤波器的 C++ 和 Python 实现。

4. 构建三种低通滤波器的 C++ 实现

通过定义函数 createLPFilter 构建低通滤波器,其中参数 size 代表滤波器的尺寸,即快速傅里叶变换的尺寸;center 代表傅里叶谱的中心位置(即:最大值的位置);radius 代表截断频率;type 代表所定义的枚举类型,enum LPFILTER_TYPE { ILP_FILTER = 0, BLP_FILTER = 1, GLP_FILTER = 2 } 代表三种不同的低通滤波器;n 是只有在构建巴特沃斯滤波器时才用到的参数。具体代码如下:

```
Mat createLPFilter(Size size, Point center, float radius, int type, int n=2)
{
    Mat lpFilter = Mat::zeros(size, CV_32FC1);
    int rows = size.height;
    int cols = size.width;
    if (radius <= 0)
        return lpFilter;
    //构建理想低通滤波器
    if (type == ILP_FILTER)
    {
        for (int r = 0; r < rows; r++)
        {
            for (int c = 0; c < cols; c++)
            {
                float norm2 = pow(abs(float(r - center.y)), 2) + pow(abs(float(
                c - center.x)), 2);
                if (sqrt(norm2) < radius)
                    lpFilter.at<float>(r, c) = 1;
                else
```

```cpp
                    lpFilter.at<float>(r, c) = 0;
                }
            }
        }
        //构建巴特沃斯低通滤波器
        if (type == BLP_FILTER)
        {
            for (int r = 0; r < rows; r++)
            {
                for (int c = 0; c<cols; c++)
                {
                    lpFilter.at<float>(r, c) = float(1.0 / (1.0 + pow(sqrt(pow(r - 
                        center.y, 2.0) + pow(c - center.x, 2.0)) /radius, 2.0*n)));
                }
            }
        }
        //构建高斯低通滤波器
        if (type == GLP_FILTER)
        {
            for (int r = 0; r< rows; r++)
            {
                for (int c = 0; c < cols; c++)
                {
                    lpFilter.at<float>(r, c) = float(exp(-(pow(c - center.x, 2.0) +
                        pow(r - center.y, 2.0)) / (2 * pow(radius, 2.0))));
                }
            }
        }
        return lpFilter;
}
```

5. 构建三种低通滤波器的 Python 实现

构建三种低通滤波器的 Python 实现与 C++ 实现类似，通过定义函数 createLPFilter 来完成，其中参数 shape 代表快速傅里叶变换的尺寸，是一个二元元组，其第一个值代表高，第二个值代表宽；center 代表傅里叶谱的中心位置；radius 代表截断频率；lpType 代表低通滤波器的类型，默认为高斯低通滤波器；n 是只有在构建巴特沃斯低通滤波器时才使用的参数。代码如下：

```python
def createLPFilter(shape,center,radius,lpType=2,n=2):
    #滤波器的高和宽
    rows,cols = shape[:2]
    r,c = np.mgrid[0:rows:1,0:cols:1]
    c-=center[0]
    r-=center[1]
    d = np.power(c,2.0)+np.power(r,2.0)
    #构建低通滤波器
    lpFilter = np.zeros(shape,np.float32)
    if(radius<=0):
        return lpFilter
    if(lpType == 0):#理想低通滤波器
        lpFilter = np.copy(d)
        lpFilter[lpFilter<pow(radius,2.0)]=1
        lpFilter[lpFilter>=pow(radius,2.0)]=0
    elif(lpType == 1): #巴特沃斯低通滤波器
        lpFilter = 1.0/(1.0+np.power(np.sqrt(d)/radius,2*n))
    elif(lpType == 2): #高斯低通滤波器
        lpFilter = np.exp(-d/(2.0*pow(radius,2.0)))
    return lpFilter
```

接下来利用以上已经实现的构建滤波器的函数，按照频率域滤波的十个步骤，分别完成图像低通滤波的 C++ 和 Python 实现。

11.2.2 低通滤波的 C++ 实现

对于低通滤波的实现，将使用在第 10 章中定义的求傅里叶谱的函数 amplitudeSpectrum 和傅里叶谱的灰度级显示函数 graySpectrum。注意，傅里叶谱在低通滤波中并没有起到任何作用，只是通过傅里叶谱的灰度级显示来观察低通滤波器与傅里叶变换点乘后的灰度级显示是怎样的效果。为了同时观察三种滤波器和截断频率对低通滤波效果的影响，在下面实现中加入了两个进度条来实时调整这两个参数。代码如下：

```cpp
#include<opencv2/core/core.hpp>
#include<opencv2/highgui/highgui.hpp>
#include<opencv2/imgproc/imgproc.hpp>
```

```cpp
using namespace cv;
Mat I;//输入的图像矩阵
Mat F;//图像的快速傅里叶变换
Point maxLoc;//傅里叶谱的最大值的坐标
int radius = 20;//截断频率
const int Max_RADIUS = 100;//设置最大的截断频率
Mat lpFilter;//低通滤波器
int lpType = 0;//低通滤波器的类型
const int MAX_LPTYPE = 2;
Mat F_lpFilter;//低通傅里叶变换
Mat FlpSpectrum;//低通傅里叶变换的傅里叶谱的灰度级
Mat result;//低通滤波后的效果
string lpFilterspectrum = "低通傅里叶谱";//显示窗口的名称
//快速傅里叶变换
void fft2Image(InputArray _src, OutputArray _dst);
//幅度谱
void amplitudeSpectrum(InputArray _srcFFT, OutputArray _dstSpectrum);
//幅度谱的灰度级显示
Mat graySpectrum(Mat spectrum);
void callback_lpFilter(int, void*);
//低通滤波器类型:理想低通滤波器、巴特沃斯低通滤波器、高斯低通滤波器
enum LPFILTER_TYPE { ILP_FILTER = 0, BLP_FILTER = 1, GLP_FILTER = 2 };
//构建低通滤波器
Mat createLPFilter(Size size, Point center, float radius, int type, int n=2);
//主函数
int main(int argc, char*argv[])
{
    /* -- 第一步:读入图像矩阵 -- */
    I = imread(argv[1], CV_LOAD_IMAGE_GRAYSCALE);
    if (!I.data)
        return -1;
    imwrite("I1.jpg", I);
    //数据类型转换,转换为浮点型
    Mat fI;
    I.convertTo(fI, CV_32FC1, 1.0, 0.0);
    /* -- 第二步:每一个数乘以(-1)^(r+c) -- */
```

```cpp
        for (int r = 0; r < fI.rows; r++)
        {
            for (int c = 0; c < fI.cols; c++)
            {
                if ((r + c) % 2)
                    fI.at<float>(r, c) *= -1;
            }
        }
        /* -- 第三、四步：补0和快速傅里叶变换 -- */
        fft2Image(fI, F);
        //傅里叶谱
        Mat amplSpec;
        amplitudeSpectrum(F, amplSpec);
        //傅里叶谱的灰度级显示
        Mat spectrum = graySpectrum(amplSpec);
        imshow("原傅里叶谱的灰度级显示", spectrum);
        imwrite("spectrum.jpg", spectrum);
        //找到傅里叶谱的最大值的坐标
        minMaxLoc(spectrum, NULL, NULL, NULL, &maxLoc);
        /* -- 低通滤波 -- */
        namedWindow(lpFilterspectrum, WINDOW_AUTOSIZE);
        createTrackbar("低通类型:", lpFilterspectrum, &lpType, MAX_LPTYPE,
            callback_lpFilter);
        createTrackbar("半径:", lpFilterspectrum, &radius, Max_RADIUS,
            callback_lpFilter);
        callback_lpFilter(0, 0);
        waitKey(0);
        return 0;
}
//回调函数：调整低通滤波器的类型及截断频率
void callback_lpFilter(int, void*)
{
    /* -- 第五步：构建低通滤波器 -- */
    lpFilter = createLPFilter(F.size(), maxLoc, radius, lpType, 2);
    /*-- 第六步：低通滤波器和图像的快速傅里叶变换点乘 --*/
    F_lpFilter.create(F.size(), F.type());
```

```cpp
    for (int r = 0; r < F_lpFilter.rows; r++)
    {
        for (int c = 0; c < F_lpFilter.cols; c++)
        {
            //分别取出当前位置的快速傅里叶变换和理想低通滤波器的值
            Vec2f F_rc = F.at<Vec2f>(r, c);
            float lpFilter_rc = lpFilter.at<float>(r, c);
            //低通滤波器和图像的快速傅里叶变换的对应位置相乘
            F_lpFilter.at<Vec2f>(r, c) = F_rc*lpFilter_rc;
        }
    }

    //低通傅里叶变换的傅里叶谱
    amplitudeSpectrum(F_lpFilter,FlpSpectrum);
    //低通傅里叶谱的灰度级显示
    FlpSpectrum = graySpectrum(FlpSpectrum);
    imshow(lpFilterspectrum, FlpSpectrum);
    imwrite("FlpSpectrum.jpg", FlpSpectrum);
    /* -- 第七、八步：对低通傅里叶变换执行傅里叶逆变换，并只取实部 -- */
    dft(F_lpFilter, result, DFT_SCALE + DFT_INVERSE + DFT_REAL_OUTPUT);
    /* -- 第九步：同乘以(-1)^(x+y) -- */
    for (int r = 0; r < result.rows; r++)
    {
        for (int c = 0; c < result.cols; c++)
        {
            if ((r + c) % 2)
                result.at<float>(r, c) *= -1;
        }
    }
    //注意将结果转换为 CV_8U 类型
    result.convertTo(result, CV_8UC1, 1.0, 0);
    /* -- 第十步：截取左上部分,其大小与输入图像的大小相同--*/
    result = result(Rect(0, 0, I.cols, I.rows)).clone();
    imshow("经过低通滤波后的图片", result);
    imwrite("lF.jpg", result);
}
```

利用以上介绍的三种低通效果滤波器处理图 11-2（a），截断频率均取 5，其中图（b）是图（a）的傅里叶谱的灰度级显示效果，图（i-1）、图（b-1）、图（g-1）分别是三种滤波器与图（a）的傅里叶变换进行点乘，然后进行灰度级显示的效果，图（i-2）、图（b-2）、图（g-2）分别是理想低通滤波、巴特沃斯低通滤波、高斯低通滤波后的效果，显然低通滤波的效果模糊了灰度突变的区域，保留了灰度缓慢变化的区域，而且高斯低通滤波的效果比其他两者更好，显示更平滑。与后面的高通滤波的效果相比较，会更容易理解。

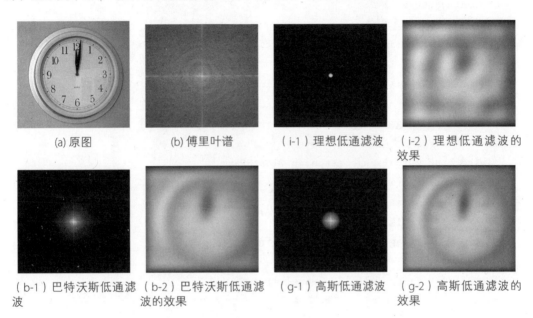

图 11-2　低通滤波效果

11.2.3　低通滤波的 Python 实现

对于低通滤波的 Python 实现，与 C++ 实现类似，将使用第 10 章中定义的求傅里叶谱的函数 amplitudeSpectrum 和傅里叶谱的灰度级显示函数 graySpectrum，按照频率域低通滤波的十个步骤来完成。代码如下：

```
# -*- coding: utf-8 -*-
import sys
import numpy as np
import cv2
#截断频率
radius = 50
```

```python
MAX_RADIUS = 100
#低通滤波器的类型
lpType = 0
MAX_LPTYPE = 2
#主函数
if __name__ =="__main__":
    if len(sys.argv) > 1:
        #第一步：读入图像
        image = cv2.imread(sys.argv[1],cv2.CV_LOAD_IMAGE_GRAYSCALE)
    else:
        print "Usge:python LPFilter.py imageFile"
    #显示原图
    cv2.imshow("image",image)
    #第二步：每一元素乘以 (-1)^(r+c)
    fimage = np.zeros(image.shape,np.float32)
    for r in xrange(image.shape[0]):
        for c in xrange(image.shape[1]):
            if (r+c)%2:
                fimage[r][c] = -1*image[r][c]
            else:
                fimage[r][c] = image[r][c]
    #第三、四步：补0和快速傅里叶变换
    fImagefft2 = fft2Image(fimage)
    #傅里叶谱
    amplitude = amplitudeSpectrum(fImagefft2)
    #傅里叶谱的灰度级显示
    spectrum = graySpectrum(amplitude)
    cv2.imshow("originalSpectrum",spectrum)
    #找到傅里叶谱的最大值的位置
    minValue,maxValue,minLoc,maxLoc = cv2.minMaxLoc(amplitude)
    #低通傅里叶谱的灰度级显示窗口
    cv2.namedWindow("lpFilterSpectrum",1)
    def nothing(*arg):
        pass
    #调整低通滤波器的类型
    cv2.createTrackbar("lpType","lpFilterSpectrum",lpType,MAX_LPTYPE,nothing)
```

```python
#调整截断频率
cv2.createTrackbar("radius","lpFilterSpectrum",radius,MAX_RADIUS,nothing)
#低通滤波的结果
result = np.zeros(spectrum.shape,np.float32)
while True:
    #得到当前的截断频率、低通滤波器的类型
    radius = cv2.getTrackbarPos("radius","lpFilterSpectrum")
    lpType = cv2.getTrackbarPos("lpType","lpFilterSpectrum")
    #第五步：构建低通滤波器
    lpFilter = createLPFilter(spectrum.shape,maxLoc,radius,lpType)
    #第六步：低通滤波器和快速傅里叶变换的对应位置相乘（点乘）
    rows,cols = spectrum.shape[:2]
    fImagefft2_lpFilter = np.zeros(fImagefft2.shape,fImagefft2.dtype)
    for i in xrange(2):
        fImagefft2_lpFilter[:rows,:cols,i] = fImagefft2[:rows,:cols,i]*
        lpFilter
    #低通傅里叶变换的傅里叶谱
    lp_amplitude = amplitudeSpectrum(fImagefft2_lpFilter)
    #显示低通滤波后的傅里叶谱的灰度级
    lp_spectrum = graySpectrum(lp_amplitude)
    cv2.imshow("lpFilterSpectrum", lp_spectrum)
    #第七、八步：对低通傅里叶变换执行傅里叶逆变换，并只取实部
    cv2.dft(fImagefft2_lpFilter,result,cv2.DFT_REAL_OUTPUT+cv2.DFT_INVERSE+
    cv2.DFT_SCALE)
    #第九步：乘以(-1)^(r+c)
    for r in xrange(rows):
        for c in xrange(cols):
            if (r+c)%2:
                result[r][c]*=-1
    #第十步：数据类型转换，截取左上角部分，其大小和输入图像的大小相同
    for r in xrange(rows):
        for c in xrange(cols):
            if result[r][c] < 0:
                result[r][c] = 0
            elif result[r][c] > 255:
                result[r][c] = 255
```

```
        lpResult = result.astype(np.uint8)
        lpResult = lpResult[:image.shape[0],:image.shape[1]]
        cv2.imshow("LPFilter",lpResult)
        ch = cv2.waitKey(5)
        if ch == 27:
            break
cv2.destroyAllWindows()
```

通过调整低通滤波器的类型和截断频率，观察低通滤波的效果。缩小截断频率，更容易发现低频信息代表图像中灰度值缓慢变化的区域。

11.2.4 三种常用的高通滤波器

假设 H、W 分别代表图像傅里叶变换的高、宽，$(\text{maxR}, \text{maxC})$ 代表图像傅里叶谱的最大值的位置，其中 $0 \leqslant r < H$，$0 \leqslant c < C$，radius 代表截断频率，n 为阶数，记 $D(r,c) = \sqrt{(r - \text{maxR})^2 + (c - \text{maxC})^2}$。下面介绍构建常用的三种高通滤波器的规则。

1. 理想高通滤波器

   第一种是理想高通滤波器，记 $\mathbf{ihpFilter} = [\mathbf{ihpFilter}(r,c)]_{H \times W}$，根据以下准则生成：

$$\mathbf{ihpFilter}(r,c) = \begin{cases} 0, & D(r,c) \leqslant \text{radius} \\ 1, & D(r,c) > \text{radius} \end{cases}$$

2. 巴特沃斯高通滤波器

   第二种是巴特沃斯高通滤波器，记 $\mathbf{bhpFilter} = [\mathbf{bhpFilter}(r,c)]_{H \times W}$，根据以下准则生成：

$$\mathbf{bhpFilter}(r,c) = 1 - \frac{1}{1 + [D(r,c)/\text{radius}]^{2n}}$$

3. 高斯高通滤波器

   第三种是高斯高通滤波器，记 $\mathbf{ghpFilter} = [\mathbf{ghpFilter}(r,c)]_{H \times W}$，根据以下准则生成：

$$\mathbf{ghpFilter}(r,c) = 1 - e^{-D^2(r,c)/2\text{radius}^2}$$

显然，高通滤波器和低通滤波器满足这样的关系：**hpFilter** = 1 − **lpFilter**，即 1 减去 11.2.1 节中通过 createLPFilter 得到的矩阵就可以得到高通滤波器。对于图像的高通滤波，只需要将低通滤波的 C++ 或者 Python 实现中的第五步替换成高通滤波器就可以了，所以完整的代码这里不再给出，可以到本书下载资源中查看。

图 11-3 显示了对图 11-2（a）进行高通滤波的效果，其中图（i-2）、图（b-2）、图（g-2）分别是理想高通滤波、巴特沃斯高通滤波、高斯高通滤波的效果，截断频率 radius = 15。从效果可以看出，只保留了灰度突变的区域，即边缘信息，所以高频信息对应着原图中灰度突变的区域。图（i-1）、图（b-1）、图（g-1）分别是理想高通滤波器、巴特沃斯高通滤波器、高斯高通滤波器与原图的傅里叶变换点乘后，进行灰度级显示的效果。图（g-4）显示的是截断频率为 25 时高斯高通滤波的效果，图（g-3）显示的是对应的高斯高通傅里叶谱的灰度级显示效果。

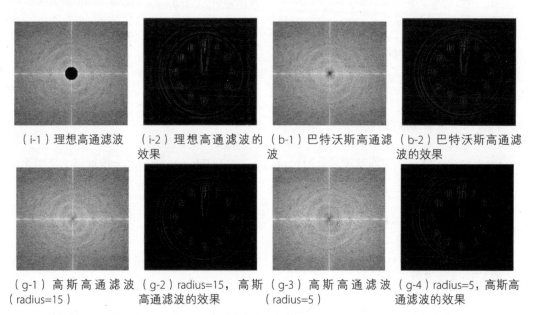

（i-1）理想高通滤波　（i-2）理想高通滤波的效果　（b-1）巴特沃斯高通滤波　（b-2）巴特沃斯高通滤波的效果

（g-1）高斯高通滤波（radius=15）　（g-2）radius=15，高斯高通滤波的效果　（g-3）高斯高通滤波（radius=5）　（g-4）radius=5，高斯高通滤波的效果

图 11-3　高通滤波效果

显然，随着截断频率的增大，代表高频的部分通过得越少，越能明显地表示高频部分代表的是灰度值迅速变化的区域。

11.3 带通和带阻滤波

11.3.1 三种常用的带通滤波器

带通滤波是指只保留某一范围区域的频率带。下面介绍三种常用的带通滤波器。假设 BW 代表带宽,D_0 代表带宽的径向中心,其他符号与低通、高通滤波相同。

1. 理想带通滤波器

第一种是理想带通滤波器,记 **ibpFilter** = $[\text{ibpFilter}(r,c)]_{H \times W}$,根据以下准则生成:

$$\text{ibpFilter}(r,c) = \begin{cases} 1, & D_0 - \frac{\text{BW}}{2} \leqslant D(r,c) \leqslant D_0 + \frac{\text{BW}}{2} \\ 0, & \text{else} \end{cases}$$

2. 巴特沃斯带通滤波器

第二种是巴特沃斯带通滤波器,记 **bbpFilter** = $[\text{bbpFilter}(r,c)]_{H \times W}$,根据以下准则生成:

$$\text{bbpFilter}(r,c) = 1 - \frac{1}{1 + (\frac{D * \text{BW}}{D(r,c)^2 - D_0^2})^{2n}}$$

3. 高斯带通滤波器

第三种是高斯带通滤波器,记 **gbpFilter** = $[\text{gbpFilter}(r,c)]_{H \times W}$,根据以下准则生成:

$$\text{gbpFilter}(r,c) = \exp(-(\frac{D(r,c)^2 - D_0^2}{D(r,c) * \text{BW}})^2)$$

图 11-4 显示的是带通滤波的效果,其中图(i-2)是取 $D_0 = 18$、BW = 23 的理想带通滤波的效果,图(i-4)、图(b-2)、图(g-2)分别是取 $D_0 = 50$、BW = 40 的理想带通滤波、巴特沃斯带通滤波、高斯带通滤波的效果,图(i-1)、图(i-3)、图(b-1)、图(g-1)分别是带通滤波器与傅里叶变换点乘后的带通傅里叶谱的灰度级显示效果。

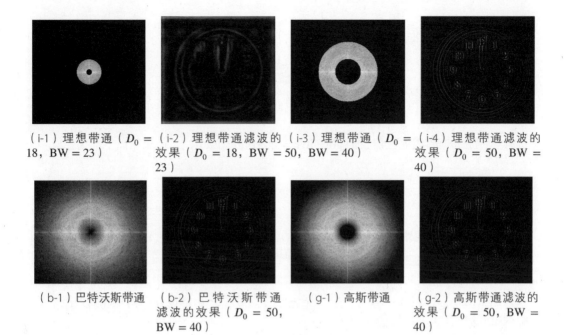

(i-1)理想带通($D_0 =$ 18, BW = 23) (i-2)理想带通滤波的效果($D_0 =$ 18, BW = 23) (i-3)理想带通($D_0 =$ 50, BW = 40) (i-4)理想带通滤波的效果($D_0 =$ 50, BW = 40)

(b-1)巴特沃斯带通 (b-2)巴特沃斯带通滤波的效果($D_0 = 50$, BW = 40) (g-1)高斯带通 (g-2)高斯带通滤波的效果($D_0 = 50$, BW = 40)

图 11-4 带通滤波效果

11.3.2 三种常用的带阻滤波器

与带通滤波相反,带阻滤波是指撤销或者消弱指定范围区域的频率带。下面介绍三种常用的带阻滤波器。假设 BW 代表带宽,D_0 代表带宽的径向中心,其他符号与带通滤波相同。

1. 理想带阻滤波器

第一种是理想带阻滤波器,记 **ibrFilter** = $[\mathbf{ibrFilter}(r,c)]_{H \times W}$,根据以下准则生成:

$$\mathbf{ibrFilter}(r,c) = \begin{cases} 0, & D_0 - \frac{\mathrm{BW}}{2} \leqslant D(r,c) \leqslant D_0 + \frac{\mathrm{BW}}{2} \\ 1, & \text{其他} \end{cases}$$

2. 巴特沃斯带阻滤波器

第二种是巴特沃斯带阻滤波器,记 **bbrFilter** = $[\mathbf{bbrFilter}(r,c)]_{H \times W}$,根据以下准则生成:

$$\text{bbrFilter}(r,c) = \cfrac{1}{1+(\cfrac{D*\text{BW}}{D(r,c)^2-D_0^2})^{2n}}$$

3. 高斯带阻滤波器

第三种是高斯带阻滤波器，记 **gbrFilter** = $[\text{gbrFilter}(r,c)]_{H \times W}$，根据以下准则生成：

$$\text{gbrFilter}(r,c) = 1 - \exp(-(\cfrac{D(r,c)^2 - D_0^2}{D(r,c)*\text{BW}})^2)$$

显然，1 减去带通滤波就可以得到相应的带阻滤波。图 11-5 显示的是带阻滤波的效果，其中图（i-2）是取 $D_0 = 18$、$\text{BW} = 23$ 的理想带阻滤波的效果，图（i-4）、图（b-2）、图（g-2）分别是取 $D_0 = 50$、$\text{BW} = 40$ 的理想带阻滤波、巴特沃斯带阻滤波、高斯带阻滤波的效果，图（i-1）、图（i-3）、图（b-1）、图（g-1）分别是带阻滤波器与傅里叶变换点乘后的带阻傅里叶谱的灰度级显示效果。

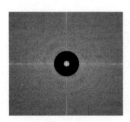  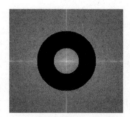 

（i-1）理想带阻（$D_0 = 18$, $\text{BW} = 23$）　（i-2）理想带阻滤波的效果（$D_0 = 18$, $\text{BW} = 23$）　（i-3）理想带阻（$D_0 = 50$, $\text{BW} = 40$）　（i-4）理想带阻滤波的效果（$D_0 = 50$, $\text{BW} = 40$）

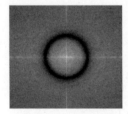  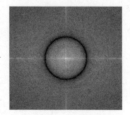 

（b-1）巴特沃斯带阻　（b-2）巴特沃斯带阻滤波的效果（$D_0 = 50$, $\text{BW} = 40$）　（g-1）高斯带阻　（g-2）高斯带阻滤波的效果（$D_0 = 50$, $\text{BW} = 40$）

图 11-5　带阻滤波效果

对于带通和带阻滤波，在程序实现上与低通、高通滤波只是在第五步的构建滤波器（即：构建矩阵）的规则上有所不同，所以这里不再给出完整的代码，在本书的下载资源中有完整的 C++ 和 Python 实现代码。

11.4 自定义滤波器

11.4.1 原理详解

低通、高通、带通、带阻滤波均是按照某一特定规则构建滤波器的。下面通过交互式的方式，构建自定义滤波，便于消除指定的频率。自定义滤波器通常用于消除结构化噪声或者目标，如：可通过自定义滤波消除图 11-6 中的水平或者垂直方向上的线。

(a) 原图　　　　　　　　(b) 傅里叶谱的灰度级显示效果

图 11-6　傅里叶谱的灰度级显示

11.4.2 C++ 实现

对于自定义频率域滤波器，仍然按照频率域滤波的十个步骤来进行，具体代码如下：

```
#include<opencv2/core/core.hpp>
#include<opencv2/highgui/highgui.hpp>
#include<opencv2/imgproc/imgproc.hpp>
using namespace cv;
Mat image;//输入的图像矩阵
Mat fImageFFT;//图像的快速傅里叶变换
Point maxLoc;//傅里叶谱的最大值的坐标（中心点坐标）
//快速傅里叶变换
void fft2Image(InputArray _src, OutputArray _dst);
```

```cpp
string windowName = "幅度谱的灰度级";
//傅里叶变换的傅里叶谱
Mat fImageFFT_spectrum;
//鼠标事件
bool drawing_box = false;
Point downPoint;
Rect rectFilter;
bool gotRectFilter = false;
void mouseRectHandler(int event, int x, int y, int, void*)
{
    switch (event)
    {
        //按下鼠标左键
    case CV_EVENT_LBUTTONDOWN:
        drawing_box = true;
        //记录起点
        downPoint = Point(x, y);
        break;
        //移动鼠标
    case CV_EVENT_MOUSEMOVE:
        if (drawing_box)
        {
            //将鼠标指针移动到 downPoint 的右下角
            if (x >= downPoint.x && y >= downPoint.y)
            {
                rectFilter.x = downPoint.x;
                rectFilter.y = downPoint.y;
                rectFilter.width = x - downPoint.x;
                rectFilter.height = y - downPoint.y;
            }
            //将鼠标指针移动到 downPoint 的右上角
            if (x >= downPoint.x && y <= downPoint.y)
            {
                rectFilter.x = downPoint.x;
                rectFilter.y = y;
                rectFilter.width = x - downPoint.x;
```

```cpp
                rectFilter.height = downPoint.y - y;
            }
            //将鼠标指针移动到 downPoint 的左上角
            if (x <= downPoint.x && y <= downPoint.y)
            {
                rectFilter.x = x;
                rectFilter.y = y;
                rectFilter.width = downPoint.x - x;
                rectFilter.height = downPoint.y - y;
            }
            //将鼠标指针移动到 downPoint 的左下角
            if (x <= downPoint.x && y >= downPoint.y)
            {
                rectFilter.x = x;
                rectFilter.y = downPoint.y;
                rectFilter.width = downPoint.x - x;
                rectFilter.height = y - downPoint.y;
            }
        }
        break;
    //松开鼠标左键
    case CV_EVENT_LBUTTONUP:
        drawing_box = false;
        gotRectFilter = true;
        break;
    default:
        break;
    }
}
//主函数
int main(int argc, char*argv[])
{
    /* -- 第一步：读入图像矩阵 -- */
    image = imread(argv[1],CV_LOAD_IMAGE_GRAYSCALE);
    if (!image.data)
        return -1;
```

```cpp
imshow("原图", image);
Mat fImage;
image.convertTo(fImage, CV_32FC1, 1.0, 0.0);
/* -- 第二步:图像矩阵的每一个数乘以 (-1)^(r+c) -- */
for (int r = 0; r < fImage.rows; r++)
{
    for (int c = 0; c < fImage.cols; c++)
    {
        if ((r + c) % 2)
            fImage.at<float>(r, c) *= -1;
    }
}
/* -- 第三、四步:快速傅里叶变换 -- */
fft2Image(fImage, fImageFFT);
//傅里叶谱
Mat amplSpec;
amplitudeSpectrum(fImageFFT, amplSpec);
//傅里叶谱的灰度级显示
Mat spectrum = graySpectrum(amplSpec);
//找到傅里叶谱的最大值的坐标
minMaxLoc(amplSpec, NULL, NULL, NULL, &maxLoc);
/* -- 第五步:自定义滤波 -- */
namedWindow(windowName, CV_WINDOW_AUTOSIZE);
setMouseCallback(windowName, mouseRectHandler, NULL);
for (;;)
{
    spectrum(rectFilter).setTo(0);
    /* -- 第六步:自定义滤波器与傅里叶变换点乘 -- */
    fImageFFT(rectFilter).setTo(Scalar::all(0));
    imshow(windowName, spectrum);
    //按下Esc键退出编辑
    if (waitKey(10)== 27)
        break;
}
/* -- 第七、八步:傅里叶逆变换,并只保留实部 -- */
Mat result;
```

```
dft(fImageFFT, result, DFT_SCALE + DFT_INVERSE + DFT_REAL_OUTPUT);
/* -- 第九步：将第八步的结果的每一个元素乘以 (-1)^(r+c) --*/
int rows = result.rows;
int cols = result.cols;
for (int r = 0; r < rows; r++)
{
    for (int c = 0; c < cols; c++)
    {
        if ((r + c) % 2)
            result.at<float>(r, c) *= -1;
    }
}
//数据类型转换
result.convertTo(result, CV_8UC1, 1.0, 0);
/* -- 第十步：裁剪图片，取左上部*/
result = result(Rect(0, 0, image.cols, image.rows));
imshow("经过自定义滤波后的图片", result);
waitKey(0);
return 0;
}
```

对于上述程序，操作步骤是，在显示傅里叶谱的窗口中，按下鼠标左键，然后移动鼠标指针消弱某部分的频率，松开鼠标左键，可重复该操作多次，然后按下 Esc 键，查看效果。如图 11-7 所示，图（a）是在显示傅里叶谱的窗口中，操作两次消弱水平方向上的频率的效果，图（b）是按下 Esc 键后显示的滤波效果，图（c）是在显示傅里叶谱的窗口中，操作两次消弱垂直方向上的频率的效果，图（d）是按下 Esc 键后显示的滤波效果。从图 11-7 可以发现一个有趣的现象——如果消弱水平方向上的频率，则会去除图像中垂直方向上的线；相反，如果消弱垂直方向上的频率，则会去除图像中水平方向上的线。

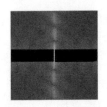 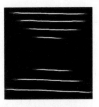 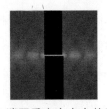 

(a) 消弱水平方向上的频率　　(b) 滤波后的效果　　(c) 消弱垂直方向上的频率　　(d) 滤波后的效果

图 11-7　自定义频率域滤波器

11.5 同态滤波

11.5.1 原理详解

同态滤波背后的图像处理原理是基于图像由反射分量和入射分量乘积而形成的[3]，这里只关注它背后的数学运算步骤，对图 11-1 进行简单的修改就可以得到同态滤波的步骤，如图 11-8 所示。

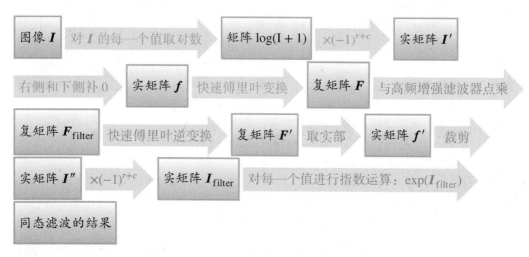

图 11-8 同态滤波的步骤

同态滤波与频率域滤波的不同之处是，它在最开始对输入的图像矩阵进行对数运算，在最后一步进行对数运算的逆运算，即指数运算，其中间步骤就是频率域滤波的步骤。

11.5.2 Python 实现

根据图 11-8 实现同态滤波的功能，详细的代码如下，可根据注释理解整个过程。

第一步：输入图像矩阵。

```
I = cv2.imread(sys.argv[1],cv2.CV_LOAD_IMAGE_GRAYSCALE)
```

第二步：对 I 的每一个值取对数，对数函数的自变量不能为 0，所以需要加 1。

```
lI = np.log(I+1.0)
lI = lI.astype(np.float32)
```

第三步：II 的每一个值都乘以对应的 $(-1)^{r+c}$。

```
fI = np.copy(lI)
for r in xrange(I.shape[0]):
    for c in xrange(I.shape[1]):
        if (r+c)%2:
            fI[r][c] = -1*fI[r][c]
```

第四、五步：补 0，然后进行快速傅里叶变换，这里仍然使用上一章中定义的函数 fft2Image。

```
fft2 = fft2Image(fI)
```

第六步：构建高频增强滤波器（High-Emphasis Filter），与高通滤波器类似，就是增强高频，消弱低频，这里取的高频增强滤波器非常接近于高斯高通滤波器[3]，根据以下准则生成：

$$\textbf{heFilter}(r, c) = (\text{high} - \text{low}) * (1 - e^{-k*D^2(r,c)/2\text{radius}^2}) + \text{low}$$

其中 high > 1，low < 1，其他符号的意思与高斯高通滤波器相同。构建过程如下：

```
#找到傅里叶谱中的最大值的位置
amplitude = amplitudeSpectrum(fft2)
minValue,maxValue,minLoc,maxLoc = cv2.minMaxLoc(amplitude)
#滤波器的高和宽
rows,cols = fft2.shape[:2]
r,c = np.mgrid[0:rows:1,0:cols:1]
c-=maxLoc[0]
r-=maxLoc[1]
d = np.power(c,2.0)+np.power(r,2.0)
high,low,k,radius = 2.5,0.5,1,300
heFilter =(high-low)*(1-np.exp(-k*d/(2.0*pow(radius,2.0))))+low
```

第七步：快速傅里叶变换与高频增强滤波器的点乘。

```
fft2Filter = np.zeros(fft2.shape,fft2.dtype)
for i in xrange(2):
    fft2Filter[:rows,:cols,i] = fft2[:rows,:cols,i]*heFilter
```

第八、九步：高频增强傅里叶变换，执行傅里叶逆变换，并只取实部。

```
ifft2 = cv2.dft(fft2Filter,flags=cv2.DFT_REAL_OUTPUT+cv2.DFT_INVERSE+cv2.DFT_SCALE)
```

第十步：裁剪上一步得到的结果，使其和输入图像的尺寸一样。

```
ifI = np.copy(ifft2[:I.shape[0],:I.shape[1]])
```

第十一步：每一个元素都乘以 $(-1)^{r+c}$。

```
for i in xrange(ifI.shape[0]):
    for j in xrange(ifI.shape[1]):
        if (i+j)%2:
            ifI[i][j] = -1*ifI[i][j]
```

第十二步：取指数。因为在计算对数时加上了 1，所以在这一步要减去 1。

```
eifI = np.exp(ifI)-1
```

第十三步：归一化，并进行数据类型转换。

```
eifI = (eifI-np.min(eifI))/(np.max(eifI)-np.min(eifI))
eifI = 255*eifI
eifI = eifI.astype(np.uint8)
cv2.imshow("homomorphicFilter",eifI)
```

图 11-9（b）显示的是对图（a）进行同态滤波的效果，其中使用的高频增强滤波器的参数为 high = 2.5、low = 0.5、k = 1、radius = 300。从效果可以看出，使用同态滤波处理后可以看到原图中更多的信息。

(a) 原图　　　　　　　　　　　(b) 同态滤波的效果

图 11-9　同态滤波

11.6　参考文献

[1] J.R.Parker. Algorithms for Image Processing and Computer Vision.

[2] Kenneth R. Castleman. Digital Image Processing.

[3] Rafael C. Gonzalez, Richard E. Woods. Digital Image Processing, Third Edition.

12 色彩空间

12.1 常见的色彩空间

灰度图像的每一个像素都是由一个数字量化的,而彩色图像的每一个像素都是由三个数字量化的。由于人类视觉系统的特点,人们在三色系统方面投入了大量的人力和物力来进行数字成像,特别是电视摄像机、数字化仪、显示器、打印机等,使得三色模型具有特殊的重要意义,比较常用的三色色彩空间包括 RGB、HSV、HLS、Lab、YUV 等。

12.1.1 RGB 色彩空间

RGB 色彩空间源于使用阴极射线管(CRT)的彩色电视。RGB 模型使用加性色彩混合以获知需要发出什么样的光来产生给定的色彩。具体色彩的值用三个数值的向量来表示,这三个数值分别代表三种基色:Red、Green、Blue 的亮度。假设每种基色的数值量化成 $m = 2^n$ 个数,如同 8 位灰度图像一样,将灰度量化成 $2^8 = 256$ 个数。RGB 图像的红、绿、蓝三个通道的图像都是一幅 8 位图,因此颜色的总数为 $256^3 = 16777216$,如 $(0,0,0)$ 代表黑色,$(255, 255, 255)$ 代表白色。

12.1.2 HSV 色彩空间

HSV——色调(Hue)、饱和度(Saturation)、亮度值(Value),又称 HSB——色调(Hue)、饱和度(Saturation)、亮度(Brightness),HSV 将亮度信息从彩色中分解出来,而色调和饱和

度与人类感知是相对应的，因而使得该模型在开发图像算法中非常有用。如果将对比度增强算法用在 RGB 的每个分量上，那么人类对该图像的色彩感知就变得不够理想了；而如果仅对 HSV 的亮度分量进行增强，让彩色信息不受影响，那么效果就会或多或少地与期望相近。

12.1.3　HLS 色彩空间

HLS 色彩空间主要使用三个数值来描述色彩，分别是 H（Hue，色调）、L（Lightness/Luminance，光亮度/明度）、S（Saturation，饱和度）。HLS 色彩空间也称作 HSI——Hue（色调）、Saturation（饱和度）、Intensity（亮度）。

与 HSV 类似，HLS 只是用"光亮度"替换了"亮度"，差别在于一种纯色的亮度等于白色的亮度，而一种纯色的光亮度等于中度灰的光亮度。

色调用来描述一个纯色彩的基本属性，即在日常生活中所使用的基本色彩名称，比如蓝色、红色等。

亮度是用来描述明亮程度的，通过百分比的方式来表示，以 [0,1] 范围进行量化。通过亮度的大小来衡量有多少光线从物体表面反射出来，是帮助眼睛去感知色彩的重要属性。显然，当一个具有色彩的物体处于较暗或者较亮的地方时，眼睛通常无法正确地分辨出物体表面原本的色彩。

饱和度是用来描述纯色彩所添加的白光的程度的，即色彩的纯度。饱和度通过百分比的方式来表示，以 [0,1] 范围来量化。饱和度的数值越高，则表示色彩的纯度越高；反之，色彩的纯度越低，比如红色，会有深红、浅红之分。

常用的还有 Lab、YUV 色彩空间，它们与 RGB 色彩空间可以相互转换，在 OpenCV 的官方文档中有完整的转换公式，这里不再赘述，这些色彩空间的转换都封装在函数 cvtColor 中。下面介绍本书的最后一个实例——调整彩色图像地饱和度和亮度。

12.2　调整彩色图像的饱和度和亮度

因为在 HLS 或 HSV 色彩空间中都将饱和度和亮度单独分离出来，所以首先将 RGB 图像转换为 HLS 或 HSV 图像，然后调整饱和度和亮度分量，最后将调整后的 HLS 或者 HSV 图像转换为 RGB 图像。

12.2.1 Python 实现

首先将 RGB 图像值归一化到 [0,1]，然后使用函数 cvtColor 进行色彩空间的转换，接下来可以根据处理灰度图像对比度增强的伽马变换或者线性变换调整饱和度和亮度分量，最后再转换到 RGB 色彩空间。具体代码如下：

```python
# -*- coding: utf-8 -*-
import sys
import numpy as np
import cv2
#主函数
if __name__ =="__main__":
    if len(sys.argv)>1:
        image = cv2.imread(sys.argv[1],cv2.CV_LOAD_IMAGE_COLOR)
    else:
        print "Usge:python HLS.py imageFile"
    #显示原图
    cv2.imshow("image",image)
    #图像归一化，且转换为浮点型
    fImg = image.astype(np.float32)
    fImg = fImg/255.0
    #色彩空间转换
    hlsImg = cv2.cvtColor(fImg,cv2.COLOR_BGR2HLS)
    l = 0
    s = 0
    MAX_VALUE = 100
    cv2.namedWindow("l and s",cv2.WINDOW_AUTOSIZE)
    def nothing(*arg):
        pass
    cv2.createTrackbar("l","l and s",l,MAX_VALUE,nothing)
    cv2.createTrackbar("s","l and s",s,MAX_VALUE,nothing)
    #调整饱和度和亮度后的效果
    lsImg = np.zeros(image.shape,np.float32)
    #调整饱和度和亮度
    while True:
        #复制
        hlsCopy = np.copy(hlsImg)
```

```
#得到l 和 s 的值
l = cv2.getTrackbarPos('l', 'l and s')
s = cv2.getTrackbarPos('s', 'l and s')
#调整饱和度和亮度(线性变换)
hlsCopy[:,:,1] = (1.0+l/float(MAX_VALUE))*hlsCopy[:,:,1]
hlsCopy[:,:,1][hlsCopy[:,:,1]>1] = 1
hlsCopy[:,:,2] = (1.0+s/float(MAX_VALUE))*hlsCopy[:,:,2]
hlsCopy[:,:,2][hlsCopy[:,:,2]>1] = 1
# HLS2BGR
lsImg = cv2.cvtColor(hlsCopy,cv2.COLOR_HLS2BGR)
#显示调整后的效果
cv2.imshow("l and s",lsImg)
ch = cv2.waitKey(5)
if ch == 27:
    break
cv2.destroyAllWindows()
```

图 12-1 显示了通过线性变换 $y = ax + b$ 的方式,调整饱和度和亮度后的效果。注意,因为本书是黑白印刷,通过图 12-1 可能很难看出区别,初学者最好通过以上程序,使用彩色图像亲自观察其效果。

(a) 原图 1

(b) $a = 2, b = 2$

(c) 原图 2

(d) $a = 1.6, b = 1.6$

图 12-1 调整饱和度和亮度后的效果

12.2.2 C++ 实现

对于上述步骤的 C++ 实现,仍然使用 highgui 提供的滑动条进行参数调整,这样可以实时观察调整后的效果。代码如下:

```cpp
#include<opencv2/core/core.hpp>
#include<opencv2/highgui/highgui.hpp>
#include<opencv2/imgproc/imgproc.hpp>
using namespace cv;
```

```cpp
Mat image;//输入的彩色图像
Mat fImage;//image 归一化后的结果
Mat hlsImage;//BGR2HLS
Mat lsImg;//调整饱和度和亮度后的图像
//图像大小
int width, height;
//显示窗口
string winName = "调整饱和度和亮度";
int L=0;
int S=0;
int MAX_VALUE = 100;//调整步长为 1/100
void callBack_LS(int, void*);
int main(int argc, char*argv[])
{
    //输入彩色图像
    image = imread(argv[1], CV_LOAD_IMAGE_COLOR);
    if (!image.data || image.channels() != 3)
        return -1;
    imshow("原图", image);
    //图像大小
    width = image.cols;
    height = image.rows;
    //image归一化
    image.convertTo(fImage, CV_32FC3, 1.0 / 255, 0);
    namedWindow(winName, WINDOW_AUTOSIZE);
    //调整饱和度
    createTrackbar("饱和度(S)", winName, &S, MAX_VALUE, callBack_LS);
    //调整亮度
    createTrackbar("亮度(L)", winName, &L, MAX_VALUE, callBack_LS);
    callBack_LS(0, 0);
    waitKey(0);
    return 0;
}
void callBack_LS(int, void*)
{
    //将归一化的BGR格式转换为HLS格式
```

```cpp
    //0 =< H <= 360, 0=< L < = 1, 0=< S <= 1
    cvtColor(fImage, hlsImage, COLOR_BGR2HLS);
    //
    for (int r = 0; r < height; r++)
    {
        for (int c = 0; c < width; c++)
        {
            //调整饱和度和亮度
            Vec3f hls = hlsImage.at<Vec3f>(r, c);
            //通过加法
            /*
            hls = Vec3f(hls[0],
                hls[1] +L/double(MAX_VALUE) > 1 ? 1 : hls[1] + L/double(
                MAX_VALUE),
                hls[2] + S/double(MAX_VALUE) > 1 ? 1 : hls[2] + S/double(
                MAX_VALUE));
            */
            //通过乘法
            hls = Vec3f(hls[0],
                (1 + L / double(MAX_VALUE))*hls[1] > 1 ? 1 : (1 + L / double(
                MAX_VALUE))*hls[1],
                (1 + S / double(MAX_VALUE))*hls[2] > 1 ? 1 : (1 + S / double(
                MAX_VALUE))*hls[2]
            );
            hlsImage.at<Vec3f>(r, c) = hls;
        }
    }
    // 将HLS 转换为 BGR
    cvtColor(hlsImage,lsImg, COLOR_HLS2BGR);
    imshow(winName, lsImg);
}
```

以上实现给出了处理彩色图像的大致步骤。在前面章节中都是以处理灰度图像为例的，处理彩色图像的其他方式，如图像平滑、频率域滤波、形态学处理等，与上述调整饱和度和亮度的步骤类似，往往会根据不同的问题，先将 RGB 图像转换到其他色彩空间，并分离出每一个通道，然后对每一个通道进行处理，接下来合并，最后再转换为 RGB 图像，从而实现 RGB 图像的数字化处理。

经典好书·悦读人生

《TensorFlow 实战》

黄文坚 唐源 著

2017 年 02 月出版

ISBN 978-7-121-30912-0

定价：79.00 元

Google 深度学习框架 TensorFlow 中文教程

程序员启蒙的思想巨著，技术人生的必读经典

反侵权盗版声明

电子工业出版社依法对本作品享有专有出版权。任何未经权利人书面许可,复制、销售或通过信息网络传播本作品的行为;歪曲、篡改、剽窃本作品的行为,均违反《中华人民共和国著作权法》,其行为人应承担相应的民事责任和行政责任,构成犯罪的,将被依法追究刑事责任。

为了维护市场秩序,保护权利人的合法权益,我社将依法查处和打击侵权盗版的单位和个人。欢迎社会各界人士积极举报侵权盗版行为,本社将奖励举报有功人员,并保证举报人的信息不被泄露。

举报电话:(010)88254396;(010)88258888

传　　真:(010)88254397

E-mail:　dbqq@phei.com.cn

通信地址:北京市万寿路173信箱　电子工业出版社总编办公室

邮　　编:100036